新工科建设之路·数据科学与大数据系列

Python实战
之数据分析与处理

刘宇宙 刘 艳 ◎ 编著

电子工业出版社·
Publishing House of Electronics Industry
北京·BEIJING

内容简介

本书是为使用 Python 进行科学计算的新手或刚入门者量身定做的，是作者学习和使用 Python 进行人工智能项目研发的体会与经验总结，涵盖了实际开发中的基础知识点，内容详尽，代码可读性及可操作性强。

本书主要介绍 NumPy、Pandas、Matplotlib 的基本操作。本书使用通俗易懂的描述，引入了丰富的示例代码，同时结合智慧城市中的一些事件，使内容呈现尽可能生动有趣，让一些原本复杂的处理能够通过另一种辅助解释得以简单化，从而使读者充分感受学习的乐趣和魅力。

本书可供有一定 Python 基础但没有 NumPy、Pandas、Matplotlib 操作经验的人员，有 Python 基础并且想进一步学习使用 Python 进行科学计算的人员，有一些 Python 基础并且打算入门人工智能的人员，以及培训机构、中学及大专院校的学生阅读。

图书在版编目（CIP）数据

Python 实战之数据分析与处理 / 刘宇宙，刘艳编著. —北京：电子工业出版社，2020.1

ISBN 978-7-121-36347-4

Ⅰ. ① P… Ⅱ. ①刘… ②刘… Ⅲ. ① 软件工具－程序设计－高等学校－教材 Ⅳ. ① TP311.561

中国版本图书馆 CIP 数据核字（2019）第 069877 号

责任编辑：章海涛　　　　　特约编辑：田学清
印　　刷：北京捷迅佳彩印刷有限公司
装　　订：北京捷迅佳彩印刷有限公司
出版发行：电子工业出版社
　　　　　北京市海淀区万寿路 173 信箱　　邮编：100036
开　　本：787×1092　1/16　　印张：19.5　　字数：499 千字
版　　次：2020 年 1 月第 1 版
印　　次：2024 年 7 月第 6 次印刷
定　　价：64.00 元

凡所购买电子工业出版社图书有缺损问题，请向购买书店调换。若书店售缺，请与本社发行部联系，联系及邮购电话：（010）88254888，88258888。

质量投诉请发邮件至 zlts@phei.com.cn，盗版侵权举报请发邮件至 dbqq@phei.com.cn。

本书咨询联系方式：192910558（QQ 群）。

序

《Python 3.5 从零开始学》（2017 年）和《Python 3.7 从零开始学》（2018 年）出版后，很多读者向我询问是否可以再出版一本 Python 高级应用方面的书籍。

起初我并没有朝这个方向继续写作的意愿，Python 高级应用方面的书籍写起来并不容易，需要长期的技术积累，否则很容易误导读者。

在本书写作之际，我已经加入了一个人工智能团队，主要从事一些人工智能项目的研发工作。在研发过程中，我经常思考这样一个问题——如何让和我一样是门外汉但对人工智能感兴趣的人员快速步入人工智能的研发行列？基于对此问题的思考，所以就有了本书的大体结构。

2018 年，电子工业出版社的章海涛编辑找到我，询问是否可以出版一些 Python 方面的教程，仔细思考后，结合自己的一些体会列出了三本 Python 方面的书稿提纲。第一本是《Python 实用教程》，主要编写 Python 基础方面的内容。第二本是《Python 实战之数据库应用和数据获取》，主要编写 Python 与数据库交互和数据爬取等方面的内容。第三本是《Python 实战之数据分析与处理》，详细讲解 NumPy、Pandas 和 Matplotlib 三方面的内容，并结合这三方面的内容讲解一些具体的数据分析与处理的实战项目。

这三本书将会打造成一个"三部曲"，三本书之间有一定的联系。"Python 快乐学习班"将贯穿这三本书，每一本书中，"Python 快乐学习班"的学员都有一条学习的主线，并以这条主线为基础，在几个不同的地点完成不同的知识点的学习。

《Python 实用教程》以"Python 快乐学习班"的学员去往 Python 库游玩为主线，在 Python 库中所游玩的每个"景点"都和《Python 实用教程》各章的知识点紧密相关，通过旅游的"触景生情"，学员可以加深对应章节内容的理解。

《Python 实战之数据库应用和数据获取》以数字校园为主线，在数字校园里，"Python 快乐学习班"的学员会接触到不同的数据库，将学习关系型数据库（MySQL）和非关系型数据库（MongoDB）的基本知识与基本操作方式，并将使用 Python 实现对不同数据库的操作。同时，引入数据爬取相关内容，并以在音乐池中使用爬虫网爬取数据鱼结束。

《Python 实战之数据分析与处理》以智慧城市为主线，"Python 快乐学习班"的学员将在游览"NumPy 科技馆""Pandas 数据展览中心"和"Matplotlib 艺术宫"的过程中逐步学习 NumPy、Pandas 和 Matplotlib 相关的知识点。本书可以帮助读者向人工智能方向迈进，我也把本书称为通往人工智能的"最后一公里"。

由于本书主要面向的是有一定 Python 基础的读者，所以书中没有 Python 基础的相关内容。对于没有 Python 基础的读者，不建议直接阅读本书，可以先阅读《Python 3.5 从零开始学》《Python 3.7 从零开始学》《Python 实用教程》中的任何一本，也可以选择 Python 基础方面的其他书籍。之所以推荐《Python 3.5 从零开始学》《Python 3.7 从零开始学》《Python 实用教程》，主要是因为本书的一些内容和这三本书有一定的联系，购买这三本书中的任何一本进行阅读，都可以帮助读者更快速地理解本书中的部分内容。

刘宇宙

前　　言

发挥自由想象，并且不囿于已知的知识框架体系，人们就可以根据自己的理解不断进行尝试与突破。计算机技术本身就是没有唯一答案的科学知识体系，在该体系中，任何事情都有可能发生。

作者以一种比较容易理解的方式进行编写，是作者对这门技术的一种诠释，同时可以帮助更多读者更好地学习本书内容。在阅读本书的过程中，希望读者多加思考，用自己的理解做一些尝试，也希望读者在阅读本书之后能获取超出本书更多的知识。

本书内容偏向于 Python 应用的高级部分，并运用了很多大学数学的相关知识，但由于作者知识水平有限，书中难免存在不足之处，希望广大读者不吝指教。

本书定义为通向人工智能的"最后一公里"，阅读本书可以为人工智能相关知识的学习奠定良好的基础。

人工智能算法中会涉及大量数学方面的知识，这些知识点更好地体现在 NumPy、Pandas 的应用中。NumPy 和 Pandas 中提供了大量科学计算与数据处理方面的函数，所以在人工智能算法的编写过程中，开发人员可以少写很多科学计算方面的函数，在数据处理中也不需要开发人员自己再造"轮子"。

在编写本书的过程中，作者也在学习一些机器学习的相关知识，并且观看了吴恩达关于机器学习的一些视频。在吴恩达的课程中，他特地用一些章节讲解代数基础和科学计算工具（Octave）的使用，其中特意提到了 NumPy。机器学习或深度学习都涉及科学计算，而科学计算大部分都离不开 NumPy，所以学习 NumPy 是通向人工智能必不可少的环节。

作者在写作过程中参考了众多书籍和网络资源，特别是在当今互联网环境下，技术人员在网络上分享了很多有用的信息，作者从中受益颇多，在此向那些热爱分享的技术人员表示衷心的感谢。

本书的特色

本书是为使用 Python 进行科学计算的新手或刚入门者量身定做的，是作者学习和使用 Python 进行人工智能项目研发的体会和经验总结，涵盖了实际开发中的基础知识点，内容详尽，代码可读性及可操作性强。

本书主要介绍 NumPy、Pandas、Matplotlib 的基本操作。本书使用通俗易懂的描述，引入了丰富的示例代码，同时结合智慧城市中的一些事件，使内容呈现尽可能生动有趣，让一些原本复杂的处理能够通过另一种辅助解释得以简单化，从而使读者充分感受学习的乐趣和魅力。

本书的内容

本书包含 5 部分，共 9 章，内容安排如下。

第一部分　数据分析与处理简介：介绍数据分析与处理概述。

第 1 章主要介绍数据分析与处理的一些基本概念，为读者学习后续章节做铺垫。

第二部分　科学计算之门——NumPy：以参观"NumPy 科技馆"作为开端，介绍 NumPy 的基本知识及部分高级操作。

第 2 章以排队进入"NumPy 科技馆"作为开端，逐步引出 NumPy 的一些基础操作。

第 3 章主要介绍 NumPy 的一些高级应用，如数学函数、统计函数等的使用。

第三部分　数据处理法宝——Pandas：以参观"Pandas 数据展览中心"为主线，由 Pandas 的基本知识逐步过渡到高级知识的了解。

第 4 章主要介绍 Pandas 的基本知识及基础操作。

第 5 章主要讲解 Pandas 的一些高级特性，如统计、聚合、分组及合并等。

第四部分　优雅的艺术——Matplotlib：通过"Matplotlib 艺术宫"，将 NumPy 和 Pandas 的科技魅力以艺术形式展现出来。

第 6 章主要讲解 Matplotlib 的基本概念及基础操作。

第 7 章主要讲解 Matplotlib 的一些高级操作。

第五部分　项目实战：包括使用 NumPy 及 Pandas 对各种文本格式文件进行处理操作，Pandas 连接数据库操作，以及数据分析及数据可视化操作。

第 8 章主要讲解通过 Pandas 操作数据库，以及通过 NumPy 和 Pandas 对各种文本格式的数据进行处理。

第 9 章通过实例展示如何进行数据分析。

读者对象

有一定的 Python 基础，但没有 NumPy、Pandas、Matplotlib 操作经验的人员。

有 Python 基础，想进一步学习使用 Python 进行科学计算的人员。

有一定的 Python 基础，想入门人工智能的人员。

培训机构、中学及大专院校的学生。

致谢

作者在写作过程中参考了一些相关资源的写作手法，并借鉴了其中一些技术点，使本书的内容可以更形象、更生动地展现出来。本书参考的内容主要包括《Python 3.5 从零开始学》《Python 3.7 从零开始学》《Python 实用教程》《Python 实战之数据库应用和数据获取》及 W3C 等资源，在此，对它们的编者表示衷心感谢。

另外，刘艳参与了本书部分章节的修改及校稿，对本书的部分内容进行了指正和写作。在刘艳的帮助下，本书的编写进程有了不少提升。

相对于基础类书籍，本书的内容相对来说更为深入。希望读者在阅读过程中保持不断求知的心态，时刻保持学习的热情，向更广阔的知识海洋不断探索。

CSDN 技术博客：youzhouliu

技术问答 E-mail：jxgzyuzhouliu@163.com

技术问答 QQ 群：700103920

随书源码地址：https://github.com/liuyuzhou/ai_pre_sourcecode.git

刘宇宙

目　　录

第一部分　数据分析与处理简介

第二部分　科学计算之门——NumPy

第三部分　数据处理法宝——Pandas

第四部分　优雅的艺术——Matplotlib

第五部分　项目实战

第一部分　数据分析与处理简介

在信息时代人们接触最多的是数据，然而数据应该如何使用，有哪些工具可以帮助人们更好地使用已有的数据，本书将逐步展开介绍。在此之前需要先简单了解数据分析与处理的一些基本内容。

第 1 章　数据分析与处理概述

正如大家所能感知到的，现在已经进入大数据时代，身处这个时代，周围很多事物都被数字化。几乎每个处在这个时代的人，每天都会产生大量的数据。虽然产生了大量的数据，但其中大部分都被抛弃了，只有少部分被加以利用并转化为新的产能。这是因为当前缺乏技术人员，能做数据分析与处理的人才很少，所以很多企业想做也做不到，更多详情可参考下面的讲解。

1.1　了解大数据

在阐述数据分析与处理之前，需要先了解大数据。

"大数据"是伴随数据信息的存储、分析等技术进步，而被人们所收集、利用的超出以往数据体量，且具有更高价值的数据集合、信息资产。

"大数据"仍然是数据信息的一类，之所以称为"大数据"，是因为其具有不同于传统数据信息的特征。

"大数据"这一理念直到最近几年才在国内受到高度关注，也是近几年才得到大部分企业的认可。实际上，早在 20 世纪 80 年代，未来学家、社会思想家阿尔文·托夫勒（Alvin Toffler）已在《第三次浪潮》（*The Third Wave*）中提出了"大数据"，并称"大数据"为"第三次浪潮的华彩乐章"。

《自然》（*Nature*）于 2008 年 9 月推出了名为"大数据"的封面专栏，从科学及社会经济等多个领域描述了"数据信息"在其中所扮演的越来越重要的角色，让人们对"数据信息"的广阔前景有了更多的期待，对身处或即将来临的大数据时代充满了好奇。

真正让"大数据"成为互联网信息时代科技界热词的是麦肯锡全球研究院（MGI）。麦肯锡全球研究院在 2011 年 5 月发布了一份名为《大数据：下一个创新、竞争和生产力的前沿》（*The next frontier for innovation，competition and productivity*）的研究报告，这是第一份从经济和商业等多个维度阐述大数据发展潜力的研究成果的报告，并对大数据的概念进行了描述，列举了大数据相关的核心技术，分析了大数据在各行业的应用，同时为政府和企业的决策者提出了应对大数据发展的策略。该报告的发布，极大地推动了大数据的发展。此后，大数据迅速成为科技热词，并引起了各国政府及商业巨头的广泛关注。

2012 年 1 月，瑞士达沃斯世界经济论坛将大数据作为论坛的主题之一，并发布了名为《大数据，大影响：国际发展新机遇》（*Big Data，Big Impact：New Possibilities for International Development*）的报告。

2012 年 3 月，美国奥巴马政府颁布《大数据的研究和发展计划》，启动了一项耗资超过 2 亿美元、涉及 12 个联邦政府部门，以及共计 82 项与大数据相关的研究和发展计划，希望通过提高大型复杂数据的处理能力，加快美国科技发展的步伐。

2012 年 4 月，成立于 2003 年的 SPLUNK 公司成为大数据处理领域第一家成功上市的公司，在 NASDAQ 上市的首个交易日以 109%的涨幅让人们对大数据充满了想象空间。

2012 年 5 月，英国建立了世界上首个关于政府数据信息开放的研究所。

2013 年，澳大利亚、法国等先后将大数据上升到国家战略层面，这是继美国和英国之后，新一轮关于大数据国家发展战略的动向。

从 2012 年开始，我国以 BAT（阿里巴巴、腾讯、百度）为首的互联网企业以及传统的运营商企业也纷纷启动了关于大数据的研发和应用。

2014 年 3 月，大数据首次进入国家政府工作报告；2015 年年初，李克强总理在政府工作报告中提出"互联网+"行动计划，推动移动互联网、云计算、大数据、物联网等与现代制造业结合。

大数据（Big Data）的概念目前并没有得到学术界或实业界一致公认的十分确切的界定。目前对大数据的定义比较有说服力的主要有如下两种。

第一种对大数据的定义如下：大数据，或称巨量数据、海量数据、大资料，指的是所涉及的数据量规模大到无法通过人工，在合理时间内实现截取、管理、处理，并整理成人类所能解读的信息。

第二种对大数据的定义如下：大数据，是指无法在一定时间范围内用常规软件工具进行捕捉、管理和处理的数据集合，是需要新处理模式才能具有更强的决策力、洞察发现力和流程优化能力的海量、高增长率和多样化的信息资产。

2011 年 5 月，麦肯锡全球研究院在《大数据：下一个创新、竞争和生产力的前沿》中对"大数据"的描述为，"大小超出了典型数据库软件的采集、存储、管理和分析等能力的数据集"，这一界定只是十分基础的定义，仅仅从数据信息的体量上进行了界定。

IT 研究与顾问咨询公司 Gartner 给出的定义如下：大数据是具有更强决策力、洞察发现力和流程优化能力的海量、高增长率、多样化的信息资产。虽然对大数据尚未有公认的界定，但这并不意味着人们对这个概念没有达成较为普遍的共识，从以上定义来看，可以认为大数据是伴随数据信息的存储、分析等技术，而被人们所收集、利用的超出以往数据体量、类型，且具有更高价值的数据集合、信息资产。

目前，大数据的范围一般是从 TB 级到 PB 级。随着信息技术的高速发展，数据体量已从 GB 级（1GB=1024MB）升级到 TB 级（1TB=1024GB）、PB 级（1PB=1024TB），甚至 EB 级（1EB=1024PB）、ZB 级（1ZB=1024EB）。据国际数据公司（IDC）预测，2020 年全球数据量将达到 35.2ZB。

数名计算机科学家和业内高管称，2008 年大数据开始在技术圈内出现。起初，许多科学家和工程师都认为大数据只不过是一个营销术语。2008 年年末，大数据得到部分美国知名计算机科学研究人员的认可，业界组织"计算社区联盟"（Computing Community Consortium）发表了一份有影响力的白皮书——《大数据计算：在商务、科学和社会领域创建革命性突破》，该书由 3 位计算机科学家共同完成，分别是卡内基·梅隆大学的兰道尔·布赖恩特（Randal E. Bryant）、加利福尼亚大学伯克利分校的兰迪·卡兹（Randy H. Katz）、华盛顿大学的爱德华·拉佐斯加（Edward D. Lazowska）。他们的认可对大数据提供了智力支持。而对大数据的发展史来说，2012 年十分重要，大数据由技术圈走入了真正的主流市场。

当前，大数据仍然是数据信息的一个类别，之所以称为大数据，是因为其具有不同于传统数据信息的特征。

Gartner 的分析师道格拉斯·兰尼（Douglas Laney）于 2001 年首次提出了大数据的"3V"特征，即容量大（Volume）、多样化（Variety）和速度快（Velocity）。

随着技术的进步，以及对大数据研究的深入，人们对大数据特征的认识也发生了一些变化。目前，业界普遍认可的一种理解大致如下。

（1）巨量，即数据体量十分庞大。

（2）多样，即信息类型多样，包括结构化信息（如消费者提交的信息、交易信息等）和大量非结构化信息（如微博、日志、GPS 定位信息等）。

（3）价值，价值密度低，商业价值高，受限于数据体量以非结构性数据的大量存在，相对于传统数据库，其数据价值密度较低；但由于信息关联性更强，所以其挖掘价值较大。

（4）高速，数据处理需要通过高速运算迅速得到分析结果，以满足大数据时代对时效性的要求。

基于大数据多个"V"的特征，维克托·迈尔·舍恩伯格（Victor Maier Schoen Berg）在《大数据时代：生活、工作与思维的大变革》中提出了 3 个基于大数据特征的重大思维转变：首先，要分析与某事物相关的所有数据，而不是依靠分析少量的数据样本；其次，要乐于接受数据的纷繁复杂，而不再追求精确性；最后，人们的思想发生了转变，不再探求难以捉摸的因果关系，转而关注事物的相关关系。

随着信息的发展，开始有人意识到对海量数据进行研究与分析可以从中提取出极具价值的信息，对商业的发展和社会的进步都具有时代化的意义，这也是促进国家和社会推动大数据分析的核心动力。

1.2　数据分析与处理的需求

1.1 节对大数据的一些概念进行了简单介绍，可以了解到，当今大数据的应用对一家公司的发展颇为重要，而要使用大数据，就要涉及数据的分析与处理，对数据的分析与处理目前主要有如下几方面需求。

（1）大量数据等待专业人员进行处理。每天都有大批量的数据产生，能使用这些数据的公司并不多，而能将这些数据使用好的公司更是少之又少，其中很重要的一个原因是缺乏这方面的人才。目前，综观国际和国内，真正从事数据处理的人才并不多，在从事数据处理工作的人员中，真正受过专业训练的人就更少，所以真正的数据处理方面的专业人才非常稀少，而能将数据处理和业务相联系的跨领域人才更是难以寻找。这就导致了有大量数据的公司并不少，但能用好数据的公司很少。

（2）大量数据需要专业人员进行分析。除了大量数据需要专业人员进行处理，大量数据的分析也需要大批的专业人员。大部分数据并不是处理好了就能转化为生产力，还需要对这些处理过的数据进行分析，从中发现相应的商业价值。

（3）很多公司不缺少数据，但缺少能够灵活应用这些已经存在的数据的人才，也就是缺乏有经验的数据处理和分析人才。很多公司已经发展了数十年，在此期间积累了一笔雄厚的数据资源，但一直都在"沉睡"中，正在等待"从睡梦中被唤醒"，从而展现其价值。但是否真有这样的人才出现，现在不好下定论，毕竟目前很多人还是喜欢新东西、新技术。历史的东西，人们一般都选择敬而远之。

（4）大数据技术已经日渐成熟，很多公司的服务器中正不断涌入大量数据，这些公司应使数据资源流动起来，做数据的处理和分析对它们来说是刻不容缓的。当然，对这些公司来说，首选的问题就是人才，找到能帮它们正确做数据处理和分析的人才是非常关键的，特别是在当下，谁能让数据产生更多的价值，谁就更有生存或发展壮大的可能。

（5）大量传统公司需要做数字化转型，它们的首要任务是如何获取对自己有用的数据，获取数据后如何处理，处理后的数据又如何分析。传统行业，特别是传统制造行业，它们普遍存在并发展了很多年，但一直没有进行转型，所以并没有积累多少数据。对这些传统行业而言，数字化是当务之急，借助一些成熟的工具，数字化转型或许并不那么难，难在如何抛弃传统的思维，尽快转型到通过数据分析与处理带来新的业务增长。另外，对于传统行业，一般的计算机技术人员并不太愿意切入，并且也不容易切入，这方面的数据分析与处理人才自然更加难以找寻。

对数据分析与处理的需求，本书分析的只是市场需求中的冰山一角。数字信息化领域有一块大"蛋糕"等待各个优秀的数据分析与处理人员参与分割，而在当前，这块"蛋糕"尚未成型，有多大亦未可知。在数据时代的浪潮之下，对数据分析与处理人员的需求只会更多，市场的空缺也会逐步变大。

1.3 数据分析与处理的发展前景

1.2 节大致介绍了数据分析与处理的需求。数据分析与处理除了在目前及未来会有庞大的需求，在今后的发展也是非常可观的。

从 2017 年开始，"人工智能"这几个字经常出现在人们的视野中，是近年来比较火热的一个词，人工智能技术也成为谈论比较频繁的话题之一。

还没有接触过人工智能的人们，对人工智能中很多技术点的操作可能并不会有更多的了解，特别是对特征、模型训练更是一无所知。其实，对当今人工智能技术中很多模型的训练，都依赖于大量的数据，而这些数据不能是一些简单粗糙的数据，通常是处理分析后质量比较高的一些数据。高质量的数据可以帮助训练出更高质量的模型，一个高质量的模型能预测出更高精度的结果。

所以，对人工智能的应用，在很大程度上需要依赖专业团队所做的数据分析与处理，如图片、文本、音频等数据，通过提供高质量的数据，可以打造出更贴近人们需要的人工智能应用。

而除了人工智能的应用，在当今信息化不断加剧的时代，各个领域都在不断融合，不同领域的融合过程最根本的是数据交互，有数据交互就需要做数据分析与处理。

每一种新兴技术的兴起，都意味着更加开阔的数据互通。

在云计算、大数据、物联网、人工智能等技术的发展过程中，需要各种不同数据的交互，需要更加便捷、更加高效、更加高质量的数据的应用处理。而伴随这些技术不断融入人们的生活，对数据分析与处理的需求和要求会不断提出新的挑战。

人们都期望更加便捷和美好的生活方式，但这些都需要大量专业人才的参与才能很好地实现。

为了让更多人更快地走上通往专业人才的道路，下面将详细介绍一些数据分析与处理方面的工具，讲解完工具之后，会通过一些示例讲解这些工具的使用。

第二部分　科学计算之门——NumPy

　　结束了数据分析与处理的介绍，接下来开启智慧城市之旅，将要去往的第一个目的地是"NumPy 科技馆"。这是一座充满科技气息的展览馆，在这里可以体验矩阵的魔幻变换和融合，不同的数学公式可以通过程序的方式展现出来。

　　"Python 快乐学习班"的学员要去参观"NumPy 科技馆"了，为了体现他们是一个集体，在排队入馆时，他们要整队进入。他们可以选择以一个纵队的方式进入，也可以选择以一个方阵的方式进入，或是分成若干个小纵队或小方阵进入。在参观过程中，若有学员临时有事需要暂时离开队伍，则需要其他学员将空位补上，待该学员回来后，再调整位置。

　　在这个过程中会遇到将学员队伍调整成类似于一维矩阵、多维矩阵的操作，而学员的离开与加入，则类似于矩阵的相关操作。

第 2 章　NumPy 入门

在进入"NumPy 科技馆"之前，需要先了解什么是 NumPy。

2.1　NumPy 简介

NumPy（Numerical Python）是 Python 语言的一个扩展程序库，支持大量的维度数组与矩阵运算，此外也针对数组运算提供大量的数学函数库。

NumPy 的前身 Numeric 最早是由 Jim Hugunin 与其他协作者共同开发的。2005 年，Travis Oliphant 在 Numeric 中结合了另一个同性质的程序库 Numarray 的特色，并加入了其他扩展而开发了 NumPy。NumPy 是开源的，并且由许多协作者共同维护开发。

NumPy 是一个运行速度非常快的数学库，主要用于数组计算，包含以下几点。

（1）一个强大的 N 维数组对象 ndarray。

（2）广播功能函数。

（3）整合 C/C++/Fortran 代码的工具。

（4）线性代数、傅里叶变换、随机数生成等功能。

2.2　NumPy 安装

Python 官网上的发行版是不包含 NumPy 模块的，要使用 NumPy，需要自行安装，可以使用以下几种方法进行安装。

（1）使用 pip 工具安装。安装 NumPy 最简单的方式就是使用 pip 工具，这也是当前最流行的安装方式，在 Linux、Windows 和 Mac 环境下都适用。

使用 pip 工具安装 NumPy 的语句如下：

```
pip install numpy
```

（2）使用已有的发行版本。对许多用户来说，尤其是在 Windows 上，最简单的方法是下载以下几种 Python 发行版，它们包含了所有的关键包（包括 NumPy、SciPy、Matplotlib、IPython、SymPy 及 Python 核心自带的其他包）。

Anaconda：免费的 Python 发行版，用于进行大规模数据处理、预测分析和科学计算，致力于简化包的管理和部署，支持 Linux、Windows 和 Mac 系统。

Enthought Canopy：提供了免费版和商业发行版，支持 Linux、Windows 和 Mac 系统。

Python（x,y）：免费的 Python 发行版，包含了完整的 Python 语言开发包及 Spyder IDE，支持 Windows 系统，但仅限 Python 2 版本。

WinPython：另一个免费的 Python 发行版，包含科学计算包与 Spyder IDE，支持 Windows 系统。

Pyzo：基于 Anaconda 的免费发行版本及 IEP 的交互开发环境，超轻量级，支持 Linux、Windows 和 Mac 系统。

很多书还讲述了在 Ubuntu、Fedora 操作系统下的专业安装方式，以及从源码构建的方式。本书不对这些方式进行讲解，因为现在很多项目都直接部署在虚拟机或容器中，在 Python 的应用中，第三方库的安装基本上都会选择尽可能简单的方式，有兴趣的读者可以自行研究。

2.3 NumPy——ndarray 对象

NumPy 最重要的一个特点是其 N 维数组对象 ndarray，ndarray 是一系列同类型数据的集合，以 0 为下标开始进行集合中元素的索引。

ndarray 对象用于存放包含同类型元素的多维数组。

ndarray 对象中的每个元素在内存中都有相同大小的存储区域。

ndarray 对象的内部结构如图 2-1 所示。

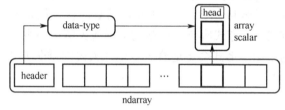

图 2-1　ndarray 对象的内部结构

在 ndarray 中转换，跨度可以是负数，设置跨度为负数，可以使数组在内存中后向移动，如 obj[::-1]或 obj[:,::-1]就是如此。

创建一个 ndarray 对象只需调用 NumPy 的 array()函数即可，语法如下：

```
numpy.array(object, dtype=None, copy=True, order=None, subok=False, ndmin=0)
```

array()函数的参数解释如表 2-1 所示。

表 2-1　array()函数的参数解释

名　　称	描　　述
object	数组或嵌套的数列
dtype	数组元素的数据类型，可选
copy	对象是否需要复制，可选
order	创建数组的样式，C 为行方向，F 为列方向，A 为任意方向（默认），K 为元素在内存中的出现顺序
subok	默认返回一个与基类类型一致的数组
ndmin	指定生成数组的最小维度

下面通过具体的示例加深对 ndarray 的理解。

"Python 快乐学习班"的学员正在排队进入"NumPy 科技馆"，正在排队的小智为打发时间，试探性地通过快速电波（Fast Radio，FR）向外太空发送了一个列表，发送内容如下：

```
waiting = [1, 2, 3]
```

过了片刻，小智收到了一条来自 FR 的回复信息，并且是用中文回复的，信息内容为：

中国，你好，这是一条来自智多星的消息回复，我是智多星星友。对于地球人民生活中遇到的经常性排队问题，智多星的星友深表同情。不过对于这种表达方式，我们认为可以用如下形式来表示，那样更贴近地球人民的排队形式（ndarray_use_1.py）：

```python
import numpy as np


waiting = [1, 2, 3]
# 一维列表转一维数组
waiting_np = np.array(waiting)
print(waiting_np)
```

执行 py 文件，得到的输出结果如下：

```
[1 2 3]
```

由输出结果可以看到，已将一维列表转换为一维数组，用数组表示排队更贴近地球人民思维。

得到信息回复的小智颇为高兴，于是迫不及待地将"NumPy 科技馆"有多个排队入口的信息发送给智多星的星友，发送内容如下：

```python
multiple_channel = [[1, 2], [3, 4]]
```

片刻之后，小智收到了来自 FR 的回复消息，信息内容大致如下：很高兴地球人民已经开启多维空间的生活方式，此方式应该可以帮助地球人民解决不少问题。对于地球人民发来的这条信息，我们认为用如下形式会更适合表示地球人民的排队方式（ndarray_use_2.py）：

```python
import numpy as np


# 多于一个维度
multiple_channel = [[1, 2], [3, 4]]
mc_np = np.array(multiple_channel)
print(mc_np)
```

执行 py 文件，得到的输出结果如下：

```
[[1 2]
 [3 4]]
```

由输出结果可以看到，得到的结果是一个二维数组形式。

经过智多星星友的指点后，小智已经初步明白表 2-1 列举的参数的使用方法，如可以使用以下方式指定最小维度（ndarray_use_3.py）：

```python
import numpy as np


minimum_dimension = [[1, 2, 3], [4, 5, 6]]
# 最小维度，指定为二维
md_np_two = np.array(minimum_dimension, ndmin=2)
print('最小维度二维结果: \n{}'.format(md_np_two))


# 最小维度，指定为三维
md_np_three = np.array(minimum_dimension, ndmin=3)
print('最小维度三维结果: \n{}'.format(md_np_three))
```

执行代码段，得到的输出结果如下：

```
最小维度二维结果:
[[1 2 3]
```

```
  [4 5 6]]
```
最小维度三维结果：
```
[[[1 2 3]
  [4 5 6]]]
```
由输出结果可以看到，指定最小维度后，得到的输出结果就是指定的维度。

也可以通过 dtype 指定数组元素的数据类型控制输出结果，以下示例通过指定 dtype 的值为 complex，从而输出复数类型的结果，示例代码如下（ndarray_use_4.py）：

```
import numpy as np

co_list = [1, 2, 3]
# 指定 dtype 参数
dy_np = np.array(co_list, dtype=complex)
print(dy_np)
```

执行 py 文件，得到的输出结果如下：
```
[1.+0.j 2.+0.j 3.+0.j]
```
由输出结果可以看到，指定 dtype 为 complex，得到的输出结果是复数数组。

也可以使用 order 指定创建数组的样式，示例代码如下（ndarray_use_5.py）：

```
import numpy as np

num_list = [[1, 2, 3], [4, 5, 6]]
"""
指定创建数组的样式，order 的可选值有'C' 'F' 'A' 'K'4 个。其中，C 为行方向，F 为列方向，A
为任意方向（默认），K 为元素在内存中的出现顺序
"""
mat_np = np.array(num_list, order='A')
print(mat_np)
```

执行 py 文件，得到的输出结果如下：
```
[[1 2 3]
 [4 5 6]]
```
由输出结果可以看到，已将一维列表转变为一维数组，并以指定样式输出。

在 NumPy 中，ndarray 对象由计算机内存的连续一维部分组成，并结合索引模式，将每个元素映射到内存块中的一个位置上。内存块以行顺序（C 语言样式）或列顺序（Fortran 语言风格或 Matlab 语言风格，即前面示例中的 F 样式）保存元素。

2.4 NumPy 数据类型

NumPy 数据类型包括数据类型和数据类型对象两部分，下面分别进行介绍。

2.4.1 数据类型

正如每一门语言都有自己支持的数据类型一样，NumPy 作为第三方库也有自己的数据类型。NumPy 支持的数据类型比 Python 内置的类型要多很多，基本上可以和 C 语言的数据类型对应上，其中部分类型对应 Python 内置的类型。常用 NumPy 的基本类型如表 2-2 所示。

表 2-2　常用 NumPy 的基本类型

名　称	描　述
bool_	布尔型数据类型（True 或 False）
int_	默认的整数类型（类似于 C 语言中的 long、int32 或 int64）
intc	与 C 语言中的 int 类型一样，一般是 int32 或 int 64
intp	用于索引的整数类型（类似于 C 语言中的 ssize_t，一般是 int32 或 int64）
int8	字节（-128~127）
int16	整数（-32 768~32 767）
int32	整数（-2 147 483 648~2 147 483 647）
int64	整数（-9 223 372 036 854 775 808~9 223 372 036 854 775 807）
uint8	无符号整数（0~255）
uint16	无符号整数（0~65 535）
uint32	无符号整数（0~4 294 967 295）
uint64	无符号整数（0~18 446 744 073 709 551 615）
float_	float64 类型的简写
float16	半精度浮点数，包括 1 个符号位、5 个指数位、10 个尾数位
float32	单精度浮点数，包括 1 个符号位、8 个指数位、23 个尾数位
float64	双精度浮点数，包括 1 个符号位、11 个指数位、52 个尾数位
complex_	complex128 类型的简写，即 128 位复数
complex64	复数，表示双 32 位浮点数（实数部分和虚数部分）
complex128	复数，表示双 64 位浮点数（实数部分和虚数部分）

　　NumPy 的数值类型实际上是 dtype 对象的实例，并对应唯一的字符，包括 np.bool_、np.int32、np.float32 等。

2.4.2　数据类型对象（dtype）

　　前面已经使用过 dtype 对象，dtype 是数据类型对象，用于描述与数组对应的内存区域如何使用，主要依赖于以下几个方面。

　　（1）数据的类型（整数、浮点数或 Python 对象）。

　　（2）数据的大小（如整数使用多少字节存储）。

　　（3）数据的字节顺序（小端法或大端法）。

　　（4）在结构化类型的情况下，字段的名称、每个字段的数据类型和每个字段所取的内存块的部分。

　　（5）如果数据类型是子数组，则依赖于数组的形状和数据类型。

　　字节顺序是通过对数据类型预先设定"<"或">"决定的。"<"意味着小端法（最小值存储在最小的地址，即低位组放在最前面）；">"意味着大端法（最大值存储在最小的地址，即高位组放在最前面）。

　　dtype 对象是使用以下语法构造的：

```
numpy.dtype(object, align, copy)
```

　　该语法中的参数解释如下。

　　object：要转换为的数据类型对象。

　　align：如果为 True，则填充字段，使其类似于 C 语言中的结构体。

copy：复制 dtype 对象，如果为 False，则是对内置数据类型对象的引用。

看完这些内容之后可能会感觉一头雾水，没有关系，下面通过实际操作进行具体介绍。

可以通过 dtype 查看 NumPy 中的标量类型，示例代码如下（dtype_use_1.py）：

```
import numpy as np

# 使用标量类型
dt_8 = np.dtype(np.int8)
print(dt_8)

dt_uint = np.dtype(np.uint16)
print(dt_uint)

dt_ft = np.dtype(np.float64)
print(dt_ft)

dt_cp = np.dtype(np.complex128)
print(dt_cp)
```

执行 py 文件，得到的输出结果如下：

```
int8
uint16
float64
complex128
```

由执行结果可以看到，输出结果打印出了各标量的类型。

在 NumPy 中，以下几种数据类型可以使用字符串代替，示例代码如下（dtype_use_2.py）：

```
import numpy as np

# int8、int16、int32、int64 这 4 种数据类型可以使用字符串'i1''i2''i4''i8'代替
dt_i1 = np.dtype('i1')
print(dt_i1)

dt_i2 = np.dtype('i2')
print(dt_i2)

dt_i4 = np.dtype('i4')
print(dt_i4)

dt_i8 = np.dtype('i8')
print(dt_i8)
```

执行 py 文件，得到的输出结果如下：

```
int8
int16
int32
int64
```

也可以通过字节顺序标注的方式输出标量类型，示例代码如下（dtype_use_3.py）：

```python
import numpy as np

# 字节顺序标注
dt = np.dtype('>i1')
print(dt)

dt = np.dtype('<i4')
print(dt)

dt = np.dtype('<i8')
print(dt)
```

执行 py 文件，得到的输出结果如下：

```
int8
int32
int64
```

下面通过实例展示结构化数据类型的使用，类型字段和对应的实际类型将被创建，示例代码如下（dtype_use_4.py）：

```python
import numpy as np

# 首先创建结构化数据类型
dt_num = np.dtype([('number', np.int16)])
print(dt_num)

dt_score = np.dtype([('score', np.float16)])
print(dt_score)
```

执行 py 文件，得到的输出结果如下：

```
[('number', '<i2')]
[('score', '<f2')]
```

将上述数据类型应用于 ndarray 对象，示例代码如下（dtype_use_5.py）：

```python
import numpy as np

# 将数据类型应用于 ndarray 对象
dt_num = np.dtype([('number', np.int16)])
nd_num = np.array([(1001, ), (1002, ), (1003, )], dtype=dt_num)
print(nd_num)

dt_score = np.dtype([('score', np.float16)])
nd_score = np.array([(95.0, ), (90.0, ), (86.5, )], dtype=dt_score)
print(nd_score)
```

执行 py 文件，得到的输出结果如下：

```
[(1001,) (1002,) (1003,)]
[(95. ,) (90. ,) (86.5,)]
```

在上述示例中，类型字段名可以用于存取对应字段实际的列。

示例代码如下（dtype_use_6.py）：

```python
import numpy as np


# 类型字段名可以用于存取实际的 number 列
dt_num = np.dtype([('number', np.int16)])
nd_num = np.array([(1001, ), (1002, ), (1003, )], dtype=dt_num)
print('number:\n{}'.format(nd_num['number']))


# 类型字段名用于存取实际的 score 列
dt_score = np.dtype([('score', np.float16)])
nd_score = np.array([(95.0, ), (90.0, ), (86.5, )], dtype=dt_score)
print('score:\n{}'.format(nd_score['score']))
```

执行 py 文件，得到的输出结果如下：

```
number:
[1001 1002 1003]
score:
[95. 90. 86.5]
```

可以通过结构化数据类型定义一个对象，如 student_info，该对象中包含字符串字段 name、整数字段 number 及浮点字段 score，并将这个 dtype 应用于 ndarray 对象。

先定义一个结构化数据类型，示例代码如下（dtype_user_7.py）：

```python
import numpy as np


# 定义一个结构化数据类型 student_info
student_info = np.dtype([('name', 'U20'), ('number', 'i2'), ('score', 'f2')])
print(student_info)
```

执行 py 文件，得到的输出结果如下：

```
[('name', '<U20'), ('number', '<i2'), ('score', '<f2')]
```

然后将 dtype 应用于 ndarray 对象，示例代码如下（dtype_use_8.py）：

```python
import numpy as np


# 定义一个结构化数据类型 student_info
student_info = np.dtype([('name', 'U20'), ('number', 'i2'), ('score', 'f2')])
# 将 dtype 应用于 ndarray 对象
detail_info = np.array([('小智', 1002, 82.5), ('小萌', 1001, 99.0)], dtype=
student_info)
print(detail_info)
```

执行 py 文件，得到的输出结果如下：

```
[('小智', 1002, 82.5) ('小萌', 1001, 99. )]
```

在上述示例中用到了 i、f、U 等字符，在 NumPy 中，每个内建类型都有一个唯一定义它的字符代码，如表 2-3 所示。

表 2-3　字符代码

字　符	对应类型	字　符	对应类型
b	布尔型	M	datetime（日期时间）
i	（有符号）整型	O	（Python）对象
u	无符号整型 integer	S, a	（byte-）字符串
f	浮点型	U	Unicode
c	复数浮点型	V	原始数据（void）
m	Timedelta（时间间隔）		

2.5　NumPy 数组属性

前面用到了 NumPy 数组的概念，但没有系统讲解具体的内容，本节将具体介绍 NumPy 数组的一些基本属性。

NumPy 数组的维度称为秩（Rank），一维数组的秩为 1，二维数组的秩为 2，以此类推。

在 NumPy 中，每一个线性的数组称为一个轴（Axis），也就是维度（Dimensions）。例如，二维数组相当于两个一维数组，其中第一个一维数组中的每一个元素又是一个一维数组。所以，一维数组就是 NumPy 中的轴，第一个轴相当于底层数组，第二个轴是底层数组中的数组。而轴的数量——秩，就是数组的维度。

很多时候可以声明 axis。axis=0，表示沿着第 0 轴进行操作，即对每一列进行操作；axis=1，表示沿着第 1 轴进行操作，即对每一行进行操作。

NumPy 的数组中有一些比较重要的 ndarray 对象属性，如表 2-4 所示。

表 2-4　ndarray 对象属性

属　性	说　明
ndarray.ndim	秩，即轴的数量或维度的数量
ndarray.shape	数组的维度，对于矩阵，n 行 m 列
ndarray.size	数组元素的总个数，相当于 .shape 中 $n×m$ 的值
ndarray.dtype	ndarray 对象的元素类型
ndarray.itemsize	ndarray 对象中每一个元素的大小，以字节为单位
ndarray.flags	ndarray 对象的内存信息
ndarray.real	ndarray 元素的实部
ndarray.imag	ndarray 元素的虚部
ndarray.data	包含实际数组元素的缓冲区，由于一般通过数组的索引获取元素，所以通常不需要使用这个属性

下面通过一些示例具体介绍表 2-4 中部分属性的使用。

1．ndarray.ndim

ndarray.ndim 用于返回数组的维度，等于秩，示例代码如下（nd_pro_use_1.py）：

```
import numpy as np


nd_one = np.arange(12)
# nd_one 现在只有一个维度
# print(nd_one)
```

```
print('nd_one 的维度为: {}维'.format(nd_one.ndim))
# 现在调整其大小
nd_three = nd_one.reshape(2, 3, 2)
# nd_three 现在拥有 3 个维度
# print(nd_three)
print('nd_three 的维度为: {}维'.format(nd_three.ndim))
```

执行 py 文件，得到的执行结果如下：

```
nd_one 的维度为: 1维
nd_three 的维度为: 3维
```

2. ndarray.shape

ndarray.shape 表示数组的维度，返回一个元组，这个元组的长度就是维度的数目，即 ndim 属性（秩）。例如，一个二维数组的维度表示"行数"和"列数"。

示例代码如下（nd_pro_use_2.py）：

```
import numpy as np

nd_sh = np.array([[1, 2, 3], [4, 5, 6]])
print('nd_sh 的维度为:{}'.format(nd_sh.shape))
```

执行 py 文件，得到的执行结果如下：

```
nd_sh 的维度为:(2, 3)
```

ndarray.shape 也可以用于调整数组大小，示例代码如下（nd_pro_use_3.py）：

```
import numpy as np

nd_sh = np.array([[1, 2, 3], [4, 5, 6]])
print('调整数组大小前, nd_sh: \n{}'.format(nd_sh))
# 调整数组大小
nd_sh.shape = (3, 2)
print('调整数组大小后, nd_sh: \n{}'.format(nd_sh))
```

执行 py 文件，得到的执行结果如下：

```
调整数组大小前, nd_sh:
[[1 2 3]
 [4 5 6]]
调整数组大小后, nd_sh:
[[1 2]
 [3 4]
 [5 6]]
```

由输出结果可以看到，使用 ndarray.shape 做数组大小调整后，2 行 3 列的数组变为 3 行 2 列。

NumPy 提供的 reshape()函数也可用于调整数组大小，示例代码如下（nd_pro_use_4.py）：

```
import numpy as np

nd_sh = np.array([[1, 2, 3], [4, 5, 6]])
print('调整数组大小前, nd_sh: \n{}'.format(nd_sh))
# 调整数组大小
new_nd_sh = nd_sh.reshape(3, 2)
```

```
print('调整数组大小后, new_nd_sh: \n{}'.format(new_nd_sh))
```
执行 py 文件，得到的执行结果如下：
```
调整数组大小前, nd_sh:
[[1 2 3]
 [4 5 6]]
调整数组大小后, new_nd_sh:
[[1 2]
 [3 4]
 [5 6]]
```
由执行结果可以看到，使用 reshape()函数调整数组大小后，也将 2 行 3 列的数组变为 3 行 2 列。

3. ndarray.itemsize

ndarray.itemsize 以字节的形式返回数组中每一个元素的大小。

例如，一个元素类型为 int64 的数组 itemsize 属性值为 8（int64 占用 64bit，每字节长度为 8，所以 64/8，占用 8 字节）。又如，一个元素类型为 float16 的数组 itemsize 属性值为 2（16/8）。具体的示例代码如下（nd_pro_use_5.py）：

```
import numpy as np

# 数组的 dtype 为 int64（8 字节）
int_size = np.array([1, 2, 3, 4, 5], dtype=np.int64)
print('int_size 的 itemsize 为: {}'.format(int_size.itemsize))

# 数组的 dtype 现在为 float16（2 字节）
float_size = np.array([1, 2, 3, 4, 5], dtype=np.float16)
print('float_size 的 itemsize 为: {}'.format(float_size.itemsize))
```
执行 py 文件，得到的执行结果如下：
```
int_size 的 itemsize 为: 8
float_size 的 itemsize 为: 2
```

4. ndarray.flags

ndarray.flags 返回 ndarray 对象的内存信息，包含表 2-5 所示的属性。

表 2-5　flags 属性

属　　性	描　　述
C_CONTIGUOUS (C)	数据在一个单一的 C 语言风格的连续段中
F_CONTIGUOUS (F)	数据在一个单一的 Fortran 语言风格的连续段中
OWNDATA (O)	数组拥有它所使用的内存或从另一个对象中借用它
WRITEABLE (W)	数据区域可以被写入，将该值设置为 False，则数据为只读
ALIGNED (A)	数据和所有元素都适当地对齐到硬件上
UPDATEIFCOPY (U)	这个数组是其他数组的一个副本，当这个数组被释放时，原数组的内容将被更新

示例代码如下（nd_pro_use_6.py）：
```
import numpy as np

nd_fl = np.array([1, 2, 3, 4, 5])
```

```
print(nd_fl.flags)
```
执行 py 文件，得到的执行结果如下：
```
C_CONTIGUOUS : True
F_CONTIGUOUS : True
OWNDATA : True
WRITEABLE : True
ALIGNED : True
WRITEBACKIFCOPY : False
UPDATEIFCOPY : False
```

2.6　NumPy 创建数组

ndarray 数组除可以使用底层 ndarray 构造器创建外，还可以通过以下几种方式创建。

2.6.1　numpy.empty

numpy.empty 方法的语法如下：
```
numpy.empty(shape, dtype = float, order = 'C')
```
其参数说明如下。

shape：数组形状。

dtype：数据类型，可选。

order：可选，有'C'和'F'两个选项，分别代表行优先和列优先，在计算机内存中存储元素的顺序。

numpy.empty 方法用于创建一个指定形状（shape）、数据类型（dtype）且未初始化的数组。

可以通过 numpy.empty 创建空数组，示例代码如下（use_empty_1.py）：
```
import numpy as np

# 创建空数组
# dtype 可以选择 np.int、np.float、np.complex 等
np_empty = np.empty([3, 3], dtype=np.int)
print(np_empty)
```
执行 py 文件，得到的执行结果如下：
```
[[2128543776 1309500030 1661424176]
 [1988385690 1324770695       12290]
 [         0 1344299881 1769369458]]
```
由执行结果可以看到，执行结果看上去像是随机生成的一些数字。

通过 numpy.empty 方法得到的数组元素为随机值，因为数组元素未初始化。

2.6.2　numpy.zeros

numpy.zeros 方法的语法如下：
```
numpy.zeros(shape, dtype = float, order = 'C')
```
其参数说明如下。

shape：数组形状。

dtype：数据类型，可选。

order：可选，有'C'和'F'两个选项，分别代表行优先和列优先，在计算机内存中存储元素的顺序。

numpy.zeros 方法用于创建指定大小的数组，数组元素以 0 填充。

示例代码如下（use_zeros_1.py）：

```
import numpy as np

# 默认为浮点数
zr_df = np.zeros(5)
print('默认类型: \n{}'.format(zr_df))

# 设置类型为整数
zr_int = np.zeros((5,), dtype=np.int)
print('设置为 int 类型: \n{}'.format(zr_int))

# 自定义类型
zr_sf = np.zeros((2, 2), dtype=[('x', 'i4'), ('y', 'f4')])
print('自定义类型: \n{}'.format(zr_sf))
```

执行 py 文件，得到的执行结果如下：

```
默认类型:
[0. 0. 0. 0. 0.]
设置为 int 类型:
[0 0 0 0 0]
自定义类型:
[[(0, 0.) (0, 0.)]
 [(0, 0.) (0, 0.)]]
```

2.6.3 numpy.ones

numpy.ones 方法的语法如下：

```
numpy.ones(shape, dtype = None, order = 'C')
```

其参数说明如下。

shape：数组形状。

dtype：数据类型，可选。

order：可选，有'C'和'F'两个选项，分别代表行优先和列优先，在计算机内存中存储元素的顺序。

numpy.ones 方法用于创建指定形状的数组，数组元素以 1 填充。

示例代码如下（use_ones_1.py）：

```
import numpy as np

# 默认为浮点数
one_df = np.ones(5)
print('默认为 float 类型: \n{}'.format(one_df))
```

```python
# 自定义为 int 类型
one_int = np.ones((5,), dtype=np.int)
print('自定义为 int 类型: \n{}'.format(one_int))

# 自定义为 complex 类型
one_cp = np.ones([2, 2], dtype=complex)
print('自定义为 complex 类型: \n{}'.format(one_cp))
```
执行 py 文件, 得到的执行结果如下:
```
默认为 float 类型:
[1. 1. 1. 1. 1.]
自定义为 int 类型:
[1 1 1 1 1]
自定义为 complex 类型:
[[1.+0.j 1.+0.j]
 [1.+0.j 1.+0.j]]
```

2.6.4 numpy.asarray

numpy.asarray 方法的语法如下:
```
numpy.asarray(a, dtype = None, order = None)
```
其参数说明如下。

a: 任意形式的输入参数, 可以是列表、列表的元组、元组、元组的元组、元组的列表和多维数组。

dtype: 数据类型, 可选。

order: 可选, 有'C'和'F'两个选项, 分别代表行优先和列优先, 在计算机内存中存储元素的顺序。

numpy.asarray 方法一般用于从已有的数组创建数组, 类似于 numpy.array, 但 numpy.asarray 方法只有 3 个参数, 比 numpy.array 少两个参数。

如下示例将列表转换为 ndarray (use_asarray_1.py):
```python
import numpy as np

num_list = [1, 2, 3]
# 列表转换为 ndarray
list_to_nd = np.asarray(num_list)
print(list_to_nd)
```
执行 py 文件, 得到的执行结果如下:
```
[1 2 3]
```
如下示例将元组转换为 ndarray (use_asarray_2.py):
```python
import numpy as np

num_tuple = (4, 5, 6)
# 元组转换为 ndarray
tuple_to_nd = np.asarray(num_tuple)
print(tuple_to_nd)
```

执行 py 文件，得到的执行结果如下：

```
[4 5 6]
```

如下示例将元组列表转换为 ndarray（use_asarray_3.py）：

```python
import numpy as np


list_tuple = [(1, 2, 3), (4, 5)]
# 元组列表转换为 ndarray
list_tuple_to_nd = np.asarray(list_tuple)
print(list_tuple_to_nd)
```

执行 py 文件，得到的执行结果如下：

```
[(1, 2, 3) (4, 5)]
```

设置 dtype，示例代码如下（use_asarray_4.py）：

```python
import numpy as np


num_list = [1, 2, 3]
# 设置 dtype 参数为 int
nd_int = np.asarray(num_list, dtype=int)
print('设置 dtype 参数为 int: \n{}'.format(nd_int))


# 设置 dtype 参数为 float
nd_ft = np.asarray(num_list, dtype=float)
print('设置 dtype 参数为 float: \n{}'.format(nd_ft))
```

执行 py 文件，得到的执行结果如下：

```
设置 dtype 参数为 int:
[1 2 3]
设置 dtype 参数为 float:
[1. 2. 3.]
```

2.6.5 numpy.frombuffer

numpy.frombuffer 方法的语法如下：

```python
numpy.frombuffer(buffer, dtype = float, count = -1, offset = 0)
```

其参数说明如下。

buffer：可以是任意对象，会以流的形式读入。

dtype：返回数组的数据类型，可选。

count：读取的数据数量，默认为-1，读取所有数据。

offset：读取的起始位置，默认为 0。

需要注意的是，buffer 是字符串的时候，Python 3 默认 str 是 Unicode 类型，当要转成 bytestring 时，需要在 str 前加上 b。

numpy.frombuffer 方法一般用于实现动态数组，接收 buffer 输入参数，以流的形式读入转化成 ndarray 对象。

示例代码如下（use_from_buffer_1.py）：

```python
import numpy as np
```

```
pri_str = b'Hello World'
fb_np = np.frombuffer(pri_str, dtype='S1')
print(fb_np)
```
执行 py 文件，得到的执行结果如下：
```
[b'H' b'e' b'l' b'l' b'o' b' ' b'W' b'o' b'r' b'l' b'd']
```

2.6.6 numpy.fromiter

numpy.fromiter 方法的语法如下：
```
numpy.fromiter(iterable, dtype, count=-1)
```
其参数说明如下。

iterable：可迭代对象。

dtype：返回数组的数据类型。

count：读取的数据数量，默认为-1，读取所有数据。

numpy.fromiter 方法从可迭代对象中建立 ndarray 对象，返回一维数组。

示例代码如下（use_from_iter_1.py）：
```
import numpy as np

# 使用 range()函数创建列表对象
num_list = range(5)
iter_obj = iter(num_list)

# 使用迭代器创建 ndarray,dtype 可由自己指定
nd_int = np.fromiter(iter_obj, dtype=int)
print(nd_int)
```
执行 py 文件，得到的执行结果如下：
```
[0 1 2 3 4]
```

2.6.7 numpy.arange

numpy.arange 方法的语法如下：
```
numpy.arange(start, stop, step, dtype)
```
其参数说明如下。

start：起始值，默认为 0。

stop：终止值（不包含）。

step：步长，默认为 1。

dtype：返回 ndarray 的数据类型，如果没有提供，则会使用输入数据的类型。

使用 NumPy 包中的 arange()函数创建数值范围并返回 ndarray 对象，根据 start 与 stop 指定的范围以及 step 设定的步长，生成一个 ndarray。该方法用于从指定范围创建数组。

使用 arange()函数可以创建指定长度的数组，示例代码如下（use_arange_1.py）：
```
import numpy as np

# 生成指定长度数组
ar_np = np.arange(5)
```

```
print(ar_np)
```

执行 py 文件，得到的执行结果如下：

```
[0 1 2 3 4]
```

arange()函数还可以创建指定长度及返回类型的数组，示例代码如下（use_arange_2.py）：

```
import numpy as np

# 生成指定长度数组，并指定 dtype 为 float 类型
ft_ar = np.arange(5, dtype=float)
print('float 结果数组: {}'.format(ft_ar))

# 生成指定长度数组，并指定 dtype 为 complex 类型
cp_ar = np.arange(5, dtype=complex)
print('complex 结果数组: {}'.format(cp_ar))
```

执行 py 文件，得到的执行结果如下：

```
float 结果数组: [0. 1. 2. 3. 4.]
complex 结果数组: [0.+0.j 1.+0.j 2.+0.j 3.+0.j 4.+0.j]
```

arange()函数也可以设置起始值、终止值及步长，示例代码如下（use_arange_3.py）：

```
# 设置起始值、终止值及步长，生成指定长度数组
import numpy as np

# 设置步长为 2，终止值不包括在内
step_ar = np.arange(10, 20, 2)
print(step_ar)

# 设置步长为 5，终止值不包括在内
step_ar = np.arange(10, 50, 5)
print(step_ar)
```

执行 py 文件，得到的执行结果如下：

```
[10 12 14 16 18]
[10 15 20 25 30 35 40 45]
```

由以上几个示例及执行结果可知，使用 arange()函数生成指定终止值的数组时，终止值不包含在创建的数组内。

2.6.8　numpy.linspace

numpy.linspace 方法的语法如下：

```
np.linspace(start, stop, num=50, endpoint=True, retstep=False, dtype=None)
```

其参数说明如下。

start：序列的起始值。

stop：序列的终止值，如果 endpoint 为 True，该值包含于数列中。

num：要生成的等步长的样本数量，默认为 50。

endpoint：该值为 True 时，数列中包含 stop 值，反之不包含，默认是 True。

retstep：如果为 True，则生成的数组中会显示间距，反之不显示，默认是 False。

dtype：ndarray 的数据类型。

numpy.linspace 方法用于创建一个一维数组，该数组由一个等差数列构成。

设置起始点为 1，终止点为 10，数列个数为 10，示例代码如下（use_linspace_1.py）：

```python
import numpy as np

# 默认为浮点数
ls_np_df = np.linspace(1, 10, 10)
print(ls_np_df)

# 设置 dtype 为 int
ls_np_int = np.linspace(1, 10, 10, dtype=int)
print(ls_np_int)
```

执行 py 文件，得到的执行结果如下：

```
[ 1.  2.  3.  4.  5.  6.  7.  8.  9. 10.]
[ 1  2  3  4  5  6  7  8  9 10]
```

numpy.linspace 方法可以设置元素全部是某个数值的等差数列。

设置元素全部是 5，示例代码如下（use_linspace_2.py）：

```python
import numpy as np

# 设置元素全部是 5 的等差数列，默认为浮点数
ln_np = np.linspace(5, 5, 10)
print(ln_np)

# 设置 dtype 为 int
ln_np = np.linspace(5, 5, 10, dtype=int)
print(ln_np)
```

执行 py 文件，得到的执行结果如下：

```
[5. 5. 5. 5. 5. 5. 5. 5. 5. 5.]
[5 5 5 5 5 5 5 5 5 5]
```

numpy.linspace 方法可以通过 endpoint 参数控制是否包含终止值。

示例代码如下（use_linspace_3.py）：

```python
import numpy as np

# 默认包含 endpoint
df_np = np.linspace(10, 20, 5)
print(df_np)

# 设置 endpoint 为 False
df_np = np.linspace(10, 20, 5, endpoint=False)
print(df_np)

# 默认包含 endpoint
end_np = np.linspace(10, 20, 5, dtype=int)
print(end_np)

int_np = np.linspace(10, 20, 5, endpoint=False, dtype=int)
print(int_np)
```

执行 py 文件，得到的执行结果如下：

```
[10.  12.5 15.  17.5 20. ]
[10. 12. 14. 16. 18.]
[10 12 15 17 20]
[10 12 14 16 18]
```

numpy.linspace 方法可以通过 retstep 参数控制是否显示间距。

示例代码如下（use_linspace_4.py）：

```
import numpy as np


df_np = np.linspace(1, 10, 10)
print(df_np)


# 设置 retstep 为 True
rs_np = np.linspace(1, 10, 10, retstep=True)
print(rs_np)
```

执行 py 文件，得到的执行结果如下：

```
[ 1.  2.  3.  4.  5.  6.  7.  8.  9. 10.]
(array([ 1.,  2.,  3.,  4.,  5.,  6.,  7.,  8.,  9., 10.]), 1.0)
```

2.6.9 numpy.logspace

numpy.logspace 方法的语法如下：

```
np.logspace(start, stop, num=50, endpoint=True, base=10.0, dtype=None)
```

其参数说明如下。

start：序列的起始值，为 base ** start。

stop：序列的终止值，为 base ** stop。如果 endpoint 为 True，则该值包含于数列中。

num：要生成的等步长的样本数量，默认为 50。

endpoint：该值为 True 时，数列中包含 stop 值，反之不包含，默认是 True。

base：对数 log 的底数，参数表示取对数时 log 的下标。

dtype：ndarray 的数据类型。

numpy.logspace 方法用于创建一个等比数列。

示例代码如下（logspace_1.py）：

```
import numpy as np


# 默认底数是 10
log_np = np.logspace(1.0,  2.0, num=10)
print(log_np)
```

执行 py 文件，得到的执行结果如下：

```
[ 10.         12.91549665 16.68100537 21.5443469  27.82559402
  35.93813664 46.41588834 59.94842503 77.42636827 100.         ]
```

将对数底数设置为 2，示例代码如下（logspace_2.py）：

```
import numpy as np


# 默认数据类型
```

```
ft_np = np.logspace(0, 9, 10, base=2)
print(ft_np)

# 设置数据类型为 int
int_np = np.logspace(0, 9, 10, base=2, dtype=int)
print(int_np)
```
执行 py 文件，得到的执行结果如下：
```
[  1.   2.   4.   8.  16.  32.  64. 128. 256. 512.]
[  1   2   4   8  16  32  64 128 256 512]
```

2.7 NumPy 切片和索引

NumPy 中 ndarray 对象的内容可以通过索引或切片访问和修改，与 Python 中 list 的切片操作一样。

NumPy 可以比一般的 Python 序列提供更多的索引方式，包括整数的切片和索引、整数数组索引、布尔索引及花式索引等，下面分别进行介绍。

2.7.1 切片和索引

ndarray 数组可以基于 $0 \sim n$ 的下标进行索引，切片对象可以通过内置的 slice()函数，并设置 start、stop 及 step 参数，从原数组中分割出一个新数组。

示例代码如下（slice_1.py）：
```
import numpy as np

# 创建 ndarray 对象
ar_np = np.arange(10)
# 从索引 2 开始到索引 7 停止，间隔为 2
s = slice(2, 7, 2)
print(ar_np[s])
```
执行 py 文件，得到的执行结果如下：
```
[2 4 6]
```
在该示例中，首先通过 arange()函数创建 ndarray 对象，然后分别设置起始、终止和步长的参数为 2、7 和 2。

上面的示例也可以通过冒号分隔切片参数 start:stop:step 进行切片操作，示例代码如下（slice_2.py）：
```
import numpy as np

# 创建 ndarray 对象
ar_np = np.arange(10)
print('数组 ar_np 为: {}'.format(ar_np))

s_rs = ar_np[2]
print('数组 ar_np 索引 2: {}'.format(s_rs))
```

```python
# 从索引 2 开始
s_rs = ar_np[2:]
print('数组 ar_np 从索引 2 开始: {}'.format(s_rs))

# 从索引 2 开始, 到索引 7 停止
s_rs = ar_np[2:7]
print('数组 ar_np 从索引 2 开始, 到索引 7 停止: \n{}'.format(s_rs))

# 从索引 2 开始, 到索引 7 停止, 间隔为 2
s_rs = ar_np[2: 7: 2]
print('数组 ar_np 从索引 2 开始, 到索引 7 停止, 间隔为 2: \n{}'.format(s_rs))
```

执行 py 文件, 得到的执行结果如下:

```
数组 ar_np 为: [0 1 2 3 4 5 6 7 8 9]
数组 ar_np 索引 2: 2
数组 ar_np 从索引 2 开始: [2 3 4 5 6 7 8 9]
数组 ar_np 从索引 2 开始, 到索引 7 停止:
[2 3 4 5 6]
数组 ar_np 从索引 2 开始, 到索引 7 停止, 间隔为 2:
[2 4 6]
```

对示例中冒号（:）的解释如下: 如果只放置一个参数, 如[2], 则返回与该索引相对应的单个元素。如果为[2:], 则表示从该索引开始以后的所有项都将被提取。如果使用了两个参数, 如[2:7], 则提取两个索引（不包括停止索引）之间的项。

对多维数组, 上述索引提取方法同样适用。

示例代码如下（slice_3.py）:

```python
import numpy as np

ar_np = np.array([[1, 2, 3], [3, 4, 5], [4, 5, 6]])
print('初始数组: \n{}'.format(ar_np))

# 从某个索引处开始分割
print('从数组索引 ar_np[1:]处开始分割:\n{}'.format(ar_np[1:]))

print('从数组索引 ar_np[1:]处开始分割, 到 ar_np[2]处结束:\n{}'.format(ar_np[1:2]))

print('从数组索引 ar_np[0:]处开始分割, 到 ar_np[2]处结束, 步长为 2:\n{}'.format
(ar_np[0:3:2]))
```

执行 py 文件, 得到的执行结果如下:

```
初始数组:
[[1 2 3]
 [3 4 5]
 [4 5 6]]
从数组索引 ar_np[1:]处开始分割:
[[3 4 5]
 [4 5 6]]
从数组索引 ar_np[1:]处开始分割, 到 ar_np[2]处结束:
[[3 4 5]]
```

从数组索引 ar_np[0:]处开始分割，到 ar_np[2]处结束，步长为 2：

[[1 2 3]

 [4 5 6]]

切片还包括省略号（...），使选择元组的长度与数组的维度相同。如果在行位置使用省略号，则返回包含行中元素的 ndarray。

示例代码如下（slice_4.py）：

```
import numpy as np

ar_np = np.array([[1, 2, 3], [3, 4, 5], [4, 5, 6]])
print('初始数组: \n{}'.format(ar_np))

print('第 2 列元素: {}'.format(ar_np[..., 1]))
print('第 2 行元素: {}'.format(ar_np[1, ...]))
print('第 2 列及剩下的所有元素: \n{}'.format(ar_np[..., 1:]))
```

执行 py 文件，得到的执行结果如下：

初始数组:

[[1 2 3]

 [3 4 5]

 [4 5 6]]

第 2 列元素: [2 4 5]

第 2 行元素: [3 4 5]

第 2 列及剩下的所有元素:

[[2 3]

 [4 5]

 [5 6]]

2.7.2 整数数组索引

要获取数组中(0,0)、(1,1)和(2,0)位置处的元素，示例代码如下（inx_int_ar_1.py）：

```
import numpy as np

np_ar = np.array([[1, 2], [3, 4], [5, 6]])
# 获取坐标轴为(0,0)、(1,1)和(2,0)的元素
point_ar = np_ar[[0, 1, 2], [0, 1, 0]]
print(point_ar)
```

执行 py 文件，得到的执行结果如下：

[1 4 5]

若需要获取 4×3 数组中 4 个角的元素，应如何处理？

对 4×3 的数组，行索引是[0,0]和[3,3]，而列索引是[0,2]和[0,2]。

示例代码如下（inx_int_ar_2.py）：

```
import numpy as np

np_ar = np.array([[0, 1, 2], [3, 4, 5], [6, 7, 8], [9, 10, 11]])
print('初始数组: \n{}'.format(np_ar))

rows = np.array([[0, 0], [3, 3]])
```

```
cols = np.array([[0, 2], [0, 2]])
target_ar = np_ar[rows, cols]
print('初始数组 np_ar 四个角的元素是: \n{}'.format(target_ar))
```
执行 py 文件，得到的执行结果如下：
```
初始数组:
[[ 0  1  2]
 [ 3  4  5]
 [ 6  7  8]
 [ 9 10 11]]
初始数组 np_ar 四个角的元素是:
[[ 0  2]
 [ 9 11]]
```
由执行结果可以看到，返回结果包含每个角的元素的 ndarray 对象。

可以借助冒号（:）或省略号（...）与索引数组组合，示例代码如下（inx_int_ar_3.py）：
```
import numpy as np


np_ar = np.array([[1, 2, 3], [4, 5, 6], [7, 8, 9]])
s_s_ar = np_ar[1:3, 1:3]
print(s_s_ar)


s_l_ar = np_ar[1:3, [1, 2]]
print(s_l_ar)


e_s_ar = np_ar[..., 1:]
print(e_s_ar)
```
执行 py 文件，得到的执行结果如下：
```
[[5 6]
 [8 9]]
[[5 6]
 [8 9]]
[[2 3]
 [5 6]
 [8 9]]
```

2.7.3 布尔索引

可以通过一个布尔数组索引目标数组。

布尔索引可以通过布尔运算（如比较运算符）获取符合指定条件的元素的数组。

如果要获取大于 5 的元素，可以做如下操作（index_bool_1.py）：
```
import numpy as np


np_ar = np.array([[0, 1, 2], [3, 4, 5], [6, 7, 8], [9, 10, 11]])
print('初始数组: \n{}'.format(np_ar))

# 获取初始数组中大于 5 的元素
bg_5 = np_ar[np_ar > 5]
```

```
print('初始数组中大于 5 的元素是: \n{}'.format(bg_5))
```

执行 py 文件，得到的执行结果如下：

```
初始数组:
[[ 0  1  2]
 [ 3  4  5]
 [ 6  7  8]
 [ 9 10 11]]
初始数组中大于 5 的元素是:
[ 6  7  8  9 10 11]
```

在 NumPy 中，可以使用取补运算符（~）过滤 NaN，示例代码如下（index_bool_2.py）：

```
import numpy as np


np_ar = np.array([np.nan, 1, 2, np.nan, 3, 4, 5])
print('初始数组: {}'.format(np_ar))


filter_nr = np_ar[~np.isnan(np_ar)]
print('过滤 NaN 后的数组: {}'.format(filter_nr))
```

执行 py 文件，得到的执行结果如下：

```
初始数组: [nan 1. 2. nan 3. 4. 5.]
过滤 NaN 后的数组: [1. 2. 3. 4. 5.]
```

在 NumPy 中，支持从数组中过滤掉非复数元素，示例代码如下（index_bool_3.py）：

```
import numpy as np


np_ar = np.array([1, 2 + 6j, 5, 3.5 + 5j])
print('初始数组: {}'.format(np_ar))


filter_nr = np_ar[np.iscomplex(np_ar)]
print('过滤非复数后的数组: {}'.format(filter_nr))
```

执行 py 文件，得到的执行结果如下：

```
初始数组: [1. +0.j 2. +6.j 5. +0.j 3.5+5.j]
过滤非复数后的数组: [2. +6.j 3.5+5.j]
```

2.7.4 花式索引

花式索引指的是利用整数数组进行索引。

花式索引将索引数组的值作为目标数组的某个轴的下标取值。对使用一维整型数组作为索引，如果目标是一维数组，那么索引的结果就是对应位置的元素；如果目标是二维数组，那么索引的结果就是对应下标的行。

花式索引与切片不同，它总是将数据复制到新数组中。

传入顺序索引数组，示例代码如下（index_fancy_1.py）：

```
import numpy as np


np_ar = np.arange(32).reshape((8, 4))
print('初始数组: \n{}'.format(np_ar))
```

```
fancy_ar = np_ar[[4, 2, 1, 7]]
print('花式结果: \n{}'.format(fancy_ar))
```

执行 py 文件，得到的执行结果如下：

初始数组：

```
[[ 0  1  2  3]
 [ 4  5  6  7]
 [ 8  9 10 11]
 [12 13 14 15]
 [16 17 18 19]
 [20 21 22 23]
 [24 25 26 27]
 [28 29 30 31]]
```

花式结果：

```
[[16 17 18 19]
 [ 8  9 10 11]
 [ 4  5  6  7]
 [28 29 30 31]]
```

传入倒序索引数组，示例代码如下（index_fancy_2.py）：

```
import numpy as np

np_ar = np.arange(32).reshape((8, 4))
fancy_ar = np_ar[[-4, -2, -1, -7]]
print('花式结果: \n{}'.format(fancy_ar))
```

执行 py 文件，得到的执行结果如下：

花式结果：

```
[[16 17 18 19]
 [24 25 26 27]
 [28 29 30 31]
 [ 4  5  6  7]]
```

传入多个索引数组（要使用 np.ix_），示例代码如下（index_fancy_3.py）：

```
import numpy as np

np_ar = np.arange(32).reshape((8, 4))
fancy_ar = np_ar[np.ix_([1, 5, 7, 2], [0, 3, 1, 2])]
print('花式结果: \n{}'.format(fancy_ar))
```

执行 py 文件，得到的执行结果如下：

花式结果：

```
[[ 4  7  5  6]
 [20 23 21 22]
 [28 31 29 30]
 [ 8 11  9 10]]
```

2.8　NumPy 迭代数组

NumPy 迭代器对象 numpy.nditer 提供了一种灵活访问一个或多个数组元素的方式。

迭代器最基本的任务是可以完成对数组元素的访问。

可以使用 arange()函数创建一个 2×3 的数组，使用 nditer 对其进行迭代，示例代码如下（nd_iter_1.py）：

```
import numpy as np

np_ar = np.arange(6).reshape(2, 3)
print('原始数组: \n{}'.format(np_ar))
print('迭代输出元素: ')
for x in np.nditer(np_ar):
    print(x, end=", ")
```

执行 py 文件，得到的执行结果如下：

```
原始数组:
[[0 1 2]
 [3 4 5]]
迭代输出元素:
0, 1, 2, 3, 4, 5,
```

上述示例没有使用标准 C 语言或 Fortran 语言顺序，选择的顺序和数组内存布局是一致的，这样做是为了提升访问的效率，默认是行序优先（row-major order，或 C-order）。

这反映了默认情况下只需要访问每个元素，而无须考虑其特定顺序。可以通过迭代上述数组的转置看到这一点，并与以 C 语言顺序访问数组转置的 copy 方式进行对比。

示例代码如下（nd_iter_2.py）：

```
import numpy as np

a = np.arange(6).reshape(2, 3)
for x in np.nditer(a.T):
    print(x, end=", ")
print('\n')

for x in np.nditer(a.T.copy(order='C')):
    print(x, end=", ")
```

执行 py 文件，得到的执行结果如下：

```
0, 1, 2, 3, 4, 5,

0, 3, 1, 4, 2, 5,
```

由执行结果可以看出，a 和 a.T 的遍历顺序是一样的，也就是它们在内存中的存储顺序是一样的，但 a.T.copy(order = 'C')的遍历结果是不同的，因为它和前两种的存储方式是不一样的，默认是按行访问。

在 NumPy 中，可以使用类似于如下的方式控制遍历顺序：

```
for x in np.nditer(a, order='F'):Fortran order, 即列序优先;
for x in np.nditer(a.T, order='C'):C order, 即行序优先;
```

示例代码如下（nd_iter_3.py）：

```
import numpy as np

np_ar = np.arange(0, 60, 5)
```

```
np_ar = np_ar.reshape(3, 4)
print('原始数组: \n{}'.format(np_ar))


t_ar = np_ar.T
print('原始数组的转置: \n{}'.format(t_ar))


c_order_np = t_ar.copy(order='C')
print('以 C 语言风格顺序排序: \n{}'.format(c_order_np))
for x in np.nditer(c_order_np):
    print(x, end=", ")
print('\n')


f_order_np = t_ar.copy(order='F')
print('以 Fortran 语言风格顺序排序: \n{}'.format(f_order_np))
for x in np.nditer(f_order_np):
    print(x, end=", ")
```

执行 py 文件，得到的执行结果如下：

```
原始数组:
[[ 0  5 10 15]
 [20 25 30 35]
 [40 45 50 55]]
原始数组的转置:
[[ 0 20 40]
 [ 5 25 45]
 [10 30 50]
 [15 35 55]]
以 C 语言风格顺序排序:
[[ 0 20 40]
 [ 5 25 45]
 [10 30 50]
 [15 35 55]]
0, 20, 40, 5, 25, 45, 10, 30, 50, 15, 35, 55,

以 Fortran 语言风格顺序排序:
[[ 0 20 40]
 [ 5 25 45]
 [10 30 50]
 [15 35 55]]
0, 5, 10, 15, 20, 25, 30, 35, 40, 45, 50, 55,
```

可以通过显式设置强制 nditer 对象使用某种顺序。

示例代码如下（nd_iter_4.py）：

```
import numpy as np


np_ar = np.arange(0, 60, 5)
np_ar = np_ar.reshape(3, 4)
print('原始数组: \n{}'.format(np_ar))
```

```
print('以 C 语言风格顺序排序: ')
for x in np.nditer(np_ar, order='C'):
    print(x, end=", ")
print('\n')

print('以 Fortran 语言风格顺序排序: ')
for x in np.nditer(np_ar, order='F'):
    print(x, end=", ")
```

执行 py 文件，得到的执行结果如下：

原始数组：

```
[[ 0  5 10 15]
 [20 25 30 35]
 [40 45 50 55]]
```

以 C 语言风格顺序排序：

```
0, 5, 10, 15, 20, 25, 30, 35, 40, 45, 50, 55,
```

以 Fortran 语言风格顺序排序：

```
0, 20, 40, 5, 25, 45, 10, 30, 50, 15, 35, 55,
```

nditer 对象有另一个可选参数 op_flags。在默认情况下，nditer 对象将视待迭代遍历的数组为只读对象（read-only），为了在遍历数组的同时实现对数组元素值的修改，必须指定 read-write 或 write-only 的模式。

示例代码如下（nd_iter_5.py）：

```
import numpy as np

np_ar = np.arange(0, 60, 5)
np_ar = np_ar.reshape(3, 4)
print('原始数组: \n{}'.format(np_ar))

for x in np.nditer(np_ar, op_flags=['readwrite']):
    # 数组所有元素值翻倍
    x[...] = 2 * x

print('修改后的数组: \n{}'.format(np_ar))
```

执行 py 文件，得到的执行结果如下：

原始数组：

```
[[ 0  5 10 15]
 [20 25 30 35]
 [40 45 50 55]]
```

修改后的数组：

```
[[  0  10  20  30]
 [ 40  50  60  70]
 [ 80  90 100 110]]
```

nditer 类的构造器拥有 flags 参数，并且可以接收下列值。

c_index：可以跟踪 C 语言顺序的索引。

f_index：可以跟踪 Fortran 语言顺序的索引。

multi-index：每次迭代可以跟踪一种索引类型。

external_loop：给出的值是具有多个值的一维数组，而不是零维数组。

在如下示例中，迭代器对每列进行遍历，并组合为一维数组（nd_iter_6.py）：

```python
import numpy as np


np_ar = np.arange(0, 60, 5)
np_ar = np_ar.reshape(3, 4)
print('原始数组: \n{}'.format(np_ar))


print('修改后的数组是: ')
for x in np.nditer(np_ar, flags=['external_loop'], order='F'):
    print(x, end=", ")
```

执行 py 文件，得到的执行结果如下：

```
原始数组:
[[ 0  5 10 15]
 [20 25 30 35]
 [40 45 50 55]]
修改后的数组是:
[ 0 20 40], [ 5 25 45], [10 30 50], [15 35 55],
```

广播（Broadcast）是 NumPy 对不同形状（shape）的数组进行数值计算的方式，对数组的算术运算通常在相应的元素上进行。

如果两个数组 a 和 b 形状相同，即满足 a.shape==b.shape，那么 a×b 的结果就是数组 a 与数组 b 中对应元素相乘。这要求维度相同，且各维度的长度相同。

如果两个数组是可广播的，那么 nditer 组合对象能够同时迭代它们。

假设数组 a 的维度为 3×4，数组 b 的维度为 1×4，则使用以下迭代器（数组 b 被广播为 a 的大小）。

示例代码如下（nd_iter_7.py）：

```python
import numpy as np


first_ar = np.arange(0, 60, 5)
first_ar = first_ar.reshape(3, 4)
print('第一个数组: \n{}'.format(first_ar))


second_ar = np.array([1, 2, 3, 4], dtype=int)
print('第二个数组: \n{}'.format(second_ar))


print('修改后的数组: ')
for x, y in np.nditer([first_ar, second_ar]):
    print("%d:%d" % (x, y), end=", ")
```

执行 py 文件，得到的执行结果如下：

```
第一个数组:
[[ 0  5 10 15]
 [20 25 30 35]
```

```
 [40 45 50 55]]
```
第二个数组：
```
[1 2 3 4]
```
修改后的数组：
```
0:1, 5:2, 10:3, 15:4, 20:1, 25:2, 30:3, 35:4, 40:1, 45:2, 50:3, 55:4,
```

2.9 NumPy 数组操作

NumPy 中包含一些函数用于处理数组，大概有以下几类：修改数字形状、翻转数组、修改数组维度、连接数组、分割数组、数组的添加与删除。下面分别进行介绍。

2.9.1 修改数字形状

NumPy 中修改数字形状的函数如表 2-6 所示。

表 2-6 NumPy 中修改数字形状的函数

函　　数	描　　述
reshape	在不改变数据的条件下修改形状
flat	数组元素迭代器
flatten	返回一份数组拷贝，对拷贝所做的修改不会影响原始数组
ravel	返回展开数组

1. numpy.reshape

numpy.reshape 的语法如下：
```
numpy.reshape(arr, newshape, order='C')
```
其参数说明如下。

arr：要修改形状的数组。

newshape：整数或整数数组，新的形状应当兼容原有形状。

order：'C'为行方向，'F'为列方向，'A'为任意方向（默认），'K'为元素在内存中的出现顺序。

示例代码如下（reshape_1.py）：
```python
import numpy as np

num_np = np.arange(8)
print('原始数组: \n{}'.format(num_np))

mod_np = num_np.reshape(4, 2)
print('修改后的数组: \n{}'.format(mod_np))
```
执行 py 文件，得到的执行结果如下：

原始数组：
```
[0 1 2 3 4 5 6 7]
```
修改后的数组：
```
[[0 1]
 [2 3]
 [4 5]
```

```
  [6 7]]
```

2. numpy.ndarray.flat

numpy.ndarray.flat 是一个数组元素迭代器。

示例代码如下（ndarray_flat_1.py）：

```python
import numpy as np

a = np.arange(4).reshape(2, 2)
print('原始数组: ')
for row in a:
    print(row)

# 对数组中每个元素都进行处理，可以使用 flat 属性，该属性是一个数组元素迭代器
print('迭代后的数组: ')
for element in a.flat:
    print(element)
```

执行 py 文件，得到的执行结果如下：

```
原始数组:
[0 1]
[2 3]
迭代后的数组:
0
1
2
3
```

3. numpy.ndarray.flatten

numpy.ndarray.flatten 的语法如下：

```python
ndarray.flatten(order='C')
```

其参数说明如下。

order：'C'为行方向，'F'为列方向，'A'为任意方向（默认），'K'为元素在内存中的出现顺序。

numpy.ndarray.flatten 返回一份数组拷贝，对拷贝所做的修改不会影响原始数组。

示例代码如下（ndarray_flatten_1.py）：

```python
import numpy as np

num_np = np.arange(8).reshape(2, 4)
print('原数组: \n{}'.format(num_np))
# 默认按行
print('展开的数组: \n{}'.format(num_np.flatten()))
print('以 Fortran 语言风格顺序展开的数组: \n{}'.format(num_np.flatten(order='F')))
```

执行 py 文件，得到的执行结果如下：

```
原数组:
[[0 1 2 3]
 [4 5 6 7]]
展开的数组:
```

```
[0 1 2 3 4 5 6 7]
```
以 Fortran 语言风格顺序展开的数组：
```
[0 4 1 5 2 6 3 7]
```

4．numpy.ravel

numpy.ravel 的语法如下：
```
numpy.ravel(a, order='C')
```
其参数说明如下。

order：'C'为行方向，'F'为列方向，'A'为任意方向（默认），'K'为元素在内存中的出现顺序。

numpy.ravel 展平的数组元素，顺序通常为'C'风格，返回的是数组视图（view，与 C/C++ 引用 reference 有类似之处），修改会影响原始数组。

示例代码如下（ravel_1.py）：
```
import numpy as np

num_np = np.arange(8).reshape(2, 4)
print('原数组: \n{}'.format(num_np))
print('调用 ravel 函数之后: \n{}'.format(num_np.ravel()))
print('以 Fortran 语言风格顺序调用 ravel 函数之后:\n{}'.format(num_np.ravel(order='F')))
```
执行 py 文件，得到的执行结果如下：
```
原数组:
[[0 1 2 3]
 [4 5 6 7]]
调用 ravel 函数之后:
[0 1 2 3 4 5 6 7]
以 Fortran 语言风格顺序调用 ravel 函数之后:
[0 4 1 5 2 6 3 7]
```

2.9.2　翻转数组

NumPy 中的翻转数组函数如表 2-7 所示。

表 2-7　NumPy 中的翻转数组函数

函　　数	描　　述	函　　数	描　　述
transpose	对换数组的维度	rollaxis	向后滚动指定的轴
ndarray.T	对换数组的维度	swapaxes	对换数组的两个轴

1．numpy.transpose()函数

numpy.transpose()函数的语法如下：
```
numpy.transpose(arr, axes)
```
其参数说明如下。

arr：要操作的数组。

axes：整数列表，对应维度，通常所有维度都会对换。

示例代码如下（transpose_1.py）：
```
import numpy as np
```

```
num_np = np.arange(12).reshape(3, 4)
print('原数组: \n{}'.format(num_np))
print('对换数组: \n{}'.format(np.transpose(num_np)))
```

执行 py 文件，得到的执行结果如下：

```
原数组:
[[ 0  1  2  3]
 [ 4  5  6  7]
 [ 8  9 10 11]]
对换数组:
[[ 0  4  8]
 [ 1  5  9]
 [ 2  6 10]
 [ 3  7 11]]
```

2. numpy.ndarray.T()函数

numpy.ndarray.T()函数与 numpy.transpose()函数类似，示例代码如下（ndarray_t_1.py）：

```
import numpy as np

num_np = np.arange(12).reshape(3, 4)
print('原数组: \n{}'.format(num_np))
print('转置数组: \n{}'.format(num_np.T))
```

执行 py 文件，得到的执行结果如下：

```
原数组:
[[ 0  1  2  3]
 [ 4  5  6  7]
 [ 8  9 10 11]]
转置数组:
[[ 0  4  8]
 [ 1  5  9]
 [ 2  6 10]
 [ 3  7 11]]
```

3. numpy.rollaxis()函数

numpy.rollaxis()函数的语法如下：

```
numpy.rollaxis(arr, axis, start)
```

其参数说明如下。

arr：要操作的数组。

axis：要向后滚动的轴，其他轴的相对位置不会改变。

start：默认为零，表示完整的滚动，会滚动到特定位置。

示例代码如下（rollaxis_1.py）：

```
import numpy as np

# 创建三维的 ndarray
a = np.arange(8).reshape(2, 2, 2)
```

```
print('原数组: ')
print(a)
print('\n')
# 将轴 2 滚动到轴 0 (宽度到深度)

print('调用 rollaxis 函数: ')
print(np.rollaxis(a, 2))
# 将轴 0 滚动到轴 1 (宽度到高度)
print('\n')

print('调用 rollaxis 函数: ')
print(np.rollaxis(a, 2, 1))
```

执行 py 文件，得到的执行结果如下：

```
原数组:
[[[0 1]
  [2 3]]

 [[4 5]
  [6 7]]]


调用 rollaxis 函数:
[[[0 2]
  [4 6]]

 [[1 3]
  [5 7]]]

调用 rollaxis 函数:
[[[0 2]
  [1 3]]

 [[4 6]
  [5 7]]]
```

4. numpy.swapaxes()函数

numpy.swapaxes()函数的语法如下：

```
numpy.swapaxes(arr, axis1, axis2)
```

其参数说明如下。

arr：要操作的数组。

axis1：对应第一个轴的整数。

axis2：对应第二个轴的整数。

示例代码如下（swapaxes_1.py）：

```
import numpy as np
```

```
# 创建三维的 ndarray
num_np = np.arange(8).reshape(2, 2, 2)
print('原数组: \n{}'.format(num_np))
# 现在交换轴 0 (深度方向) 到轴 2 (宽度方向)
print('调用 swapaxes 函数后的数组: \n{}'.format(np.swapaxes(num_np, 2, 0)))
```

执行 py 文件, 得到的执行结果如下:

```
原数组:
[[[0 1]
  [2 3]]

 [[4 5]
  [6 7]]]
调用 swapaxes 函数后的数组:
[[[0 4]
  [2 6]]

 [[1 5]
  [3 7]]]
```

2.9.3 修改数组维度

NumPy 中修改数组维度的函数如表 2-8 所示。

表 2-8 NumPy 中修改数组维度的函数

维　　度	描　　述
broadcast	产生模仿广播的对象
broadcast_to	将数组广播为新形状
expand_dims	扩展数组的形状
squeeze	从数组的形状中删除一维条目

1. numpy.broadcast()函数

numpy.broadcast()函数用于模仿广播的对象,返回一个对象,该对象封装了将一个数组广播为另一个数组的结果。

该函数使用两个数组作为输入参数,示例代码如下(broadcast_1.py):

```
import numpy as np

x_np = np.array([[1], [2], [3]])
y_np = np.array([4, 5, 6])

# 对 y_np 广播 x_np
b_np = np.broadcast(x_np, y_np)

# 它拥有 iterator 属性, 基于自身组件的迭代器元组
print('对 y_np 广播 x_np: ')
r, c = b_np.iters
```

```
# Python3.x 为 next(context)，Python2.x 为 context.next()
print(next(r), next(c))
print(next(r), next(c))
print('\n')

# shape 属性返回广播对象的形状
print('广播对象的形状: \n{}'.format(b_np.shape))

# 手动使用 broadcast 将 x_np 与 y_np 相加
b_np = np.broadcast(x_np, y_np)
c = np.empty(b_np.shape)

print('手动使用 broadcast 将 x_np 与 y_np 相加: \n{}'.format(c.shape))

c.flat = [u + v for (u, v) in b_np]
print('调用 flat 函数: \n{}'.format(c))

print('x_np 与 y_np 的和: \n{}'.format(x_np + y_np))
```
执行 py 文件，得到的执行结果如下：
```
对 y_np 广播 x_np:
1 4
1 5


广播对象的形状:
(3, 3)
手动使用 broadcast 将 x_np 与 y_np 相加:
(3, 3)
调用 flat 函数:
[[5. 6. 7.]
 [6. 7. 8.]
 [7. 8. 9.]]
x_np 与 y_np 的和:
[[5 6 7]
 [6 7 8]
 [7 8 9]]
```

2. numpy.broadcast_to()函数

numpy.broadcast_to()函数的语法如下：
```
numpy.broadcast_to(array, shape, subok)
```
numpy.broadcast_to()函数将数组广播为新形状，在原始数组上返回只读视图，通常不连续。如果新形状不符合 NumPy 的广播规则，则该函数可能会抛出 ValueError。

示例代码如下（broadcast_to_1.py）：
```
import numpy as np

num_np = np.arange(4).reshape(1, 4)
```

```
print('原数组: \n{}'.format(num_np))
br_to_np = np.broadcast_to(num_np, (4, 4))
print('调用 broadcast_to 函数之后: \n{}'.format(br_to_np))
```

执行 py 文件，得到的执行结果如下：

```
原数组:
[[0 1 2 3]]
调用 broadcast_to 函数之后:
[[0 1 2 3]
 [0 1 2 3]
 [0 1 2 3]
 [0 1 2 3]]
```

3. numpy.expand_dims()函数

numpy.expand_dims()函数的语法如下：

```
numpy.expand_dims(arr, axis)
```

其参数说明如下。

arr：输入数组。

axis：新轴插入的位置。

numpy.expand_dims()函数通过在指定位置插入新的轴来扩展数组形状。

示例代码如下（expand_dims_1.py）：

```
import numpy as np

x_np = np.array(([1, 2], [3, 4]))
print('数组 x_np: \n{}'.format(x_np))

y_np = np.expand_dims(x_np, axis=0)
print('数组 y_np: \n{}'.format(y_np))

print('数组 x_np 和 y_np 的形状: \n{},{}'.format(x_np.shape, y_np.shape))

# 在位置 1 插入轴
y_np = np.expand_dims(x_np, axis=1)
print('在位置1插入轴之后的数组 y_np: \n{}'.format(y_np))
print('x_np.ndim 和 y_np.ndim: \n{},{}'.format(x_np.ndim, y_np.ndim))
print('x_np.shape 和 y_np.shape: \n{},{}'.format(x_np.shape, y_np.shape))
```

执行 py 文件，得到的执行结果如下：

```
数组 x_np:
[[1 2]
 [3 4]]
数组 y_np:
[[[1 2]
  [3 4]]]
数组 x_np 和 y_np 的形状:
(2, 2),(1, 2, 2)
在位置1插入轴之后的数组 y_np:
```

```
[[[1 2]]


 [[3 4]]]
x_np.ndim 和 y_np.ndim:
2,3
x_np.shape 和 y_np.shape:
(2, 2),(2, 1, 2)
```

4. numpy.squeeze()函数

numpy.squeeze()函数的语法如下：

`numpy.squeeze(arr, axis)`

其参数说明如下。

arr：输入数组。

axis：整数或整数元组，用于选择形状中一维条目的子集。

示例代码如下（squeeze_1.py）：

```python
import numpy as np


x_np = np.arange(9).reshape(1, 3, 3)
print('数组 x_np: \n{}'.format(x_np))


y_np = np.squeeze(x_np)
print('数组 y_np: \n{}'.format(y_np))


print('数组 x_np 和 y_np 的形状: \n{},{}'.format(x_np.shape, y_np.shape))
```

执行 py 文件，得到的执行结果如下：

```
数组 x_np:
[[[0 1 2]
  [3 4 5]
  [6 7 8]]]
数组 y_np:
[[0 1 2]
 [3 4 5]
 [6 7 8]]
数组 x_np 和 y_np 的形状:
(1, 3, 3),(3, 3)
```

2.9.4　连接数组

NumPy 中的连接数组函数如表 2-9 所示。

表 2-9　NumPy 中的连接数组函数

函　　数	描　　述
concatenate	连接沿现有轴的数组序列
stack	沿着新轴连接数组序列
hstack	水平堆叠序列中的数组（列方向）
vstack	垂直堆叠序列中的数组（行方向）

1. numpy.concatenate()函数

numpy.concatenate()函数的语法如下：

```
numpy.concatenate((a1, a2, ...), axis)
```

其参数说明如下。

a1, a2, ...：相同类型的数组。

axis：沿该轴连接数组，默认为 0。

示例代码如下（concatenate_1.py）：

```
import numpy as np

first_np = np.array([[1, 2], [3, 4]])
print('第一个数组: \n{}'.format(first_np))

second_np = np.array([[5, 6], [7, 8]])
print('第二个数组: \n{}'.format(second_np))

# 两个数组的维度相同
print('沿轴 0 连接两个数组: \n{}'.format(np.concatenate((first_np, second_np))))
print('沿轴 1 连接两个数组: \n{}'.format(np.concatenate((first_np, second_np), axis=1)))
```

执行 py 文件，得到的执行结果如下：

```
第一个数组:
[[1 2]
 [3 4]]
第二个数组:
[[5 6]
 [7 8]]
沿轴 0 连接两个数组:
[[1 2]
 [3 4]
 [5 6]
 [7 8]]
沿轴 1 连接两个数组:
[[1 2 5 6]
 [3 4 7 8]]
```

2. numpy.stack()函数

numpy.stack()函数的语法如下：

```
numpy.stack(arrays, axis)
```

其参数说明如下。

arrays：相同形状的数组序列。

axis：返回数组中的轴，输入数组沿着它堆叠。

numpy.stack()函数用于沿新轴连接数组序列。

示例代码如下（stack_1.py）：

```
import numpy as np
```

```python
first_np = np.array([[1, 2], [3, 4]])
print('第一个数组: \n{}'.format(first_np))

second_np = np.array([[5, 6], [7, 8]])
print('第二个数组: \n{}'.format(second_np))

print('沿轴 0 堆叠两个数组: \n{}'.format(np.stack((first_np, second_np), 0)))
print('沿轴 1 堆叠两个数组: \n{}'.format(np.stack((first_np, second_np), 1)))
```

执行 py 文件，得到的执行结果如下：

```
第一个数组:
[[1 2]
 [3 4]]
第二个数组:
[[5 6]
 [7 8]]
沿轴 0 堆叠两个数组:
[[[1 2]
  [3 4]]

 [[5 6]
  [7 8]]]
沿轴 1 堆叠两个数组:
[[[1 2]
  [5 6]]

 [[3 4]
  [7 8]]]
```

3. numpy.hstack()函数

numpy.hstack()函数的语法如下：

```
numpy.hstack(tup)
```

其参数说明如下。

tup：元组，列表，或者 NumPy 数组。

numpy.hstack()函数是 numpy.stack()函数的变体，通过水平堆叠生成数组。

示例代码如下（hstack_1.py）：

```python
import numpy as np

first_np = np.array([[1, 2], [3, 4]])
print('第一个数组: \n{}'.format(first_np))

second_np = np.array([[5, 6], [7, 8]])
print('第二个数组: \n{}'.format(second_np))

print('水平堆叠: \n{}'.format(np.hstack((first_np, second_np))))
```

执行 py 文件，得到的执行结果如下：

```
第一个数组:
[[1 2]
```

```
  [3 4]]
第二个数组:
[[5 6]
 [7 8]]
水平堆叠:
[[1 2 5 6]
 [3 4 7 8]]
```

4. numpy.vstack()函数

numpy.vstack()函数的语法如下:

```
numpy.vstack(tup)
```

其参数说明如下。

tup:元组,列表,或者 NumPy 数组。

numpy.vstack()函数是 numpy.stack()函数的变体,通过垂直堆叠生成数组。

示例代码如下(vstack_1.py):

```
import numpy as np

first_np = np.array([[1, 2], [3, 4]])
print('第一个数组: \n{}'.format(first_np))

second_np = np.array([[5, 6], [7, 8]])
print('第二个数组: \n{}'.format(second_np))

print('垂直堆叠: \n{}'.format(np.vstack((first_np, second_np))))
```

执行 py 文件,得到的执行结果如下:

```
第一个数组:
[[1 2]
 [3 4]]
第二个数组:
[[5 6]
 [7 8]]
垂直堆叠:
[[1 2]
 [3 4]
 [5 6]
 [7 8]]
```

2.9.5 分割数组

NumPy 中的分割数组函数如表 2-10 所示。

表 2-10 NumPy 中的分割数组函数

函　　数	数组及操作
split	将一个数组分割为多个子数组
hsplit	将一个数组水平分割为多个子数组(按列)
vsplit	将一个数组垂直分割为多个子数组(按行)

1. numpy.split()函数

numpy.split()函数的语法如下：

```
numpy.split(ary, indices_or_sections, axis)
```

其参数说明如下。

ary：被分割的数组。

indices_or_sections：如果是一个整数，则用该数平均分割；如果是一个数组，则沿轴分割的位置分割（左开右闭）。

axis：沿着某一维度进行分割。默认为0，横向分割；默认为1，纵向分割。

示例代码如下（split_1.py）：

```python
import numpy as np

num_np = np.arange(9)
print('原始数组: \n{}'.format(num_np))
print('将数组分为三个大小相等的子数组: \n{}'.format(np.split(num_np, 3)))
print('将数组在一维数组中表明的位置分割: \n{}'.format(np.split(num_np, [4, 7])))
```

执行py文件，得到的执行结果如下：

```
原始数组:
[0 1 2 3 4 5 6 7 8]
将数组分为三个大小相等的子数组:
[array([0, 1, 2]), array([3, 4, 5]), array([6, 7, 8])]
将数组在一维数组中表明的位置分割:
[array([0, 1, 2, 3]), array([4, 5, 6]), array([7, 8])]
```

2. numpy.hsplit()函数

numpy.hsplit()函数用于水平分割数组，通过指定要返回的相同形状的数组数量拆分原数组。

示例代码如下（hsplit_1.py）：

```python
import numpy as np

num_np = np.floor(10 * np.random.random((2, 6)))
print('原始数组: \n{}'.format(num_np))
print('水平分割后: \n{}'.format(np.hsplit(num_np, 3)))
```

执行py文件，得到的执行结果如下：

```
原始数组:
[[0. 0. 3. 4. 2. 9.]
 [5. 7. 9. 4. 9. 9.]]
水平分割后:
[array([[0., 0.],
       [5., 7.]]), array([[3., 4.],
       [9., 4.]]), array([[2., 9.],
       [9., 9.]])]
```

3. numpy.vsplit()函数

numpy.vsplit()函数沿着垂直轴分割，其分割方式与numpy.hsplit()函数相同。

示例代码如下（vsplit_1.py）：

```
import numpy as np


num_np = np.arange(16).reshape(4, 4)


print('原始数组: \n{}'.format(num_np))
print('垂直分割后: \n{}'.format(np.vsplit(num_np, 2)))
```

执行 py 文件，得到的执行结果如下：

```
原始数组:
[[ 0  1  2  3]
 [ 4  5  6  7]
 [ 8  9 10 11]
 [12 13 14 15]]
垂直分割后:
[array([[0, 1, 2, 3],
       [4, 5, 6, 7]]), array([[ 8,  9, 10, 11],
       [12, 13, 14, 15]])]
```

2.9.6　数组的添加与删除

NumPy 中数组的添加与删除函数如表 2-11 所示。

表 2-11　NumPy 中数组的添加与删除函数

函　　数	元素及描述
resize	返回指定大小的新数组
append	将值添加到数组末尾
insert	沿指定轴将值插入指定下标之前
delete	删掉某个轴的子数组，并返回删除后的新数组
unique	查找数组内的唯一元素

1. numpy.resize()函数

numpy.resize()函数的语法如下：

```
numpy.resize(arr, shape)
```

其参数说明如下。

arr：要修改大小的数组。

shape：返回数组的新形状。

numpy.resize()函数返回指定大小的新数组。如果新数组大小大于原始数组大小，则包含原始数组中的元素的副本。

示例代码如下（resize_1.py）：

```
import numpy as np


first_np = np.array([[1, 2, 3], [4, 5, 6]])


print('第一个数组: \n{}'.format(first_np))
print('第一个数组的形状: {}'.format(first_np.shape))


second_np = np.resize(first_np, (3, 2))
```

```python
print('第二个数组: \n{}'.format(second_np))
print('第二个数组的形状: {}'.format(second_np.shape))

second_np = np.resize(first_np, (3, 3))
print('第二个数组修改大小后: \n{}'.format(second_np))
```

执行 py 文件，得到的执行结果如下：

第一个数组：

[[1 2 3]

 [4 5 6]]

第一个数组的形状: (2, 3)

第二个数组：

[[1 2]

 [3 4]

 [5 6]]

第二个数组的形状: (3, 2)

第二个数组修改大小后：

[[1 2 3]

 [4 5 6]

 [1 2 3]]

2. numpy.append()函数

numpy.append()函数的语法如下：

numpy.append(arr, values, axis=None)

其参数说明如下。

arr：输入数组。

values：要向 arr 添加的值，需要和 arr 形状相同（除了要添加的轴）。

axis：默认为 None。当 axis 无定义时，横向加成，返回的是一维数组。当 axis 有定义时，分别为 0 和 1。当 axis 为 1 时，数组加在右边（行数要相同）。

numpy.append()函数在数组的末尾添加值。追加操作会分配整个数组，并把原来的数组复制到新数组中。此外，输入数组的维度必须匹配，否则将生成 ValueError。

numpy.append()函数返回的始终是一个一维数组。

示例代码如下（append_1.py）：

```python
import numpy as np

num_np = np.array([[1, 2, 3], [4, 5, 6]])
print('初始数组: \n{}'.format(num_np))
print('向数组添加元素: \n{}'.format(np.append(num_np, [7, 8, 9])))
print('沿轴 0 添加元素: \n{}'.format(np.append(num_np, [[7, 8, 9]], axis=0)))
print('沿轴 1 添加元素: \n{}'.format(np.append(num_np, [[5, 5, 5], [7, 8, 9]],
axis=1)))
```

执行 py 文件，得到的执行结果如下：

初始数组：

[[1 2 3]

 [4 5 6]]

向数组添加元素：

```
[1 2 3 4 5 6 7 8 9]
```

沿轴 0 添加元素：

```
[[1 2 3]
 [4 5 6]
 [7 8 9]]
```

沿轴 1 添加元素：

```
[[1 2 3 5 5 5]
 [4 5 6 7 8 9]]
```

3．numpy.insert()函数

numpy.insert()函数的语法如下：

```
numpy.insert(arr, obj, values, axis)
```

其参数说明如下。

arr：输入数组。

obj：在其之前插入值的索引。

values：要插入的值。

axis：沿该轴插入数组，如果未提供，则输入数组会被展开。

numpy.insert()函数在给定索引之前，沿指定轴在输入数组中插入值。

如果值的类型转换为要插入，则它与输入数组不同。如果未提供轴，则输入数组会被
展开。

示例代码如下（insert_1.py）：

```python
import numpy as np

num_np = np.array([[1, 2], [3, 4], [5, 6]])
print('初始数组: \n{}'.format(num_np))
print('未传递 Axis 参数。 在插入之前输入数组会被展开:')
print(np.insert(num_np, 3, [11, 12]))

print('传递了 Axis 参数。 会广播数组来配输入数组。')
print('沿轴 0 广播: \n{}'.format(np.insert(num_np, 1, [11],axis=0)))
print('沿轴 1 广播: \n{}'.format(np.insert(num_np, 1, [11], axis=1)))
```

执行 py 文件，得到的执行结果如下：

初始数组：

```
[[1 2]
 [3 4]
 [5 6]]
```

未传递 Axis 参数。 在插入之前输入数组会被展开：

```
[ 1  2  3 11 12  4  5  6]
```

传递了 Axis 参数。 会广播数组来配输入数组。

沿轴 0 广播：

```
[[ 1  2]
 [11 11]
 [ 3  4]
 [ 5  6]]
```

沿轴 1 广播：
```
[[ 1 11  2]
 [ 3 11  4]
 [ 5 11  6]]
```

4．numpy.delete()函数

numpy.delete()函数的语法如下：

```
numpy.delete(arr, obj, axis)
```

其参数说明如下。

arr：输入数组。

obj：可以被切片，整数或整数数组，表明要从输入数组删除的子数组。

axis：沿该轴删除给定子数组，如果未提供，则输入数组会被展开。

numpy.delete()函数返回从输入数组中删除指定子数组的新数组。与 numpy.insert()函数的情况一样，如果未提供轴参数，则输入数组将被展开。

示例代码如下（delete_1.py）：

```python
import numpy as np

num_np = np.arange(12).reshape(3, 4)
print('初始数组: \n{}'.format(num_np))

print('未传递 Axis 参数。在删除之前输入数组会被展开: ')
print(np.delete(num_np, 5))

print('删除第二列: \n{}'.format(np.delete(num_np, 1, axis=1)))

print('包含从数组中删除的替代值的切片: ')
num_np = np.array([1, 2, 3, 4, 5, 6, 7, 8, 9, 10])
print(np.delete(num_np, np.s_[::2]))
```

执行 py 文件，得到的执行结果如下：

初始数组：
```
[[ 0  1  2  3]
 [ 4  5  6  7]
 [ 8  9 10 11]]
```
未传递 Axis 参数。在删除之前输入数组会被展开：
```
[ 0  1  2  3  4  6  7  8  9 10 11]
```
删除第二列：
```
[[ 0  2  3]
 [ 4  6  7]
 [ 8 10 11]]
```
包含从数组中删除的替代值的切片：
```
[ 2  4  6  8 10]
```

5．numpy.unique()函数

numpy.unique()函数的语法如下：

```
numpy.unique(arr, return_index, return_inverse, return_counts)
```

其参数说明如下。

arr：输入数组，如果不是一维数组则会展开。

return_index：如果为 True，则返回输入数组中的元素下标。

return_inverse：如果为 True，则返回去重数组的下标，它可以用于重构输入数组。

return_counts：如果为 True，则返回去重数组中的元素在原数组中的出现次数。

numpy.unique()函数返回输入数组中的去重元素数组。numpy.unique()函数能够返回一个元组，包含去重数组和相关索引的数组。索引的性质取决于函数调用中返回参数的类型。

示例代码如下（unique_1.py）：

```python
import numpy as np

num_np = np.array([5, 2, 6, 2, 7, 5, 6, 8, 2, 9])
print('初始数组: \n{}'.format(num_np))

unique_np = np.unique(num_np)
print('数组去重: \n{}'.format(unique_np))

print('去重数组的索引数组: ')
unique_np, indices = np.unique(num_np, return_index=True)
print(indices)

print('每个和原数组下标对应的数值: ')
print(num_np)

print('去重数组的下标: ')
unique_np, indices = np.unique(num_np, return_inverse=True)
print(unique_np)
print('下标为: \n{}'.format(indices))

print('使用下标重构原数组: ')
print(unique_np[indices])

print('返回去重元素的重复数量: ')
unique_np, indices = np.unique(num_np, return_counts=True)
print(unique_np)
print(indices)
```

执行 py 文件，得到的执行结果如下：

```
初始数组:
[5 2 6 2 7 5 6 8 2 9]
数组去重:
[2 5 6 7 8 9]
去重数组的索引数组:
[1 0 2 4 7 9]
每个和原数组下标对应的数值:
[5 2 6 2 7 5 6 8 2 9]
去重数组的下标:
[2 5 6 7 8 9]
```

下标为：
[1 0 2 0 3 1 2 4 0 5]
使用下标重构原数组：
[5 2 6 2 7 5 6 8 2 9]
返回去重元素的重复数量：
[2 5 6 7 8 9]
[3 2 2 1 1 1]

2.10 NumPy 位运算

NumPy 中以"bitwise_"开头的函数是位运算函数。

NumPy 中的位运算函数如表 2-12 所示。

表 2-12 NumPy 中的位运算函数

函　　数	描　　述	函　　数	描　　述
bitwise_and	对数组元素执行位与操作	left_shift	向左移动二进制表示的位
bitwise_or	对数组元素执行位或操作	right_shift	向右移动二进制表示的位
invert	按位取反		

在 NumPy 中也可以使用&、~、|和^等操作符进行计算。

下面分别对几个运算函数进行讲解。

2.10.1 bitwise_and()函数

bitwise_and()函数对数组中整数的二进制形式执行位与操作。

示例代码如下（bitwise_and_1.py）：

```
import numpy as np

print('13 和 17 的二进制形式: {},{}'.format(bin(13), bin(17)))
print('13 和 17 的位与: {}'.format(np.bitwise_and(13, 17)))
```

执行 py 文件，得到的执行结果如下：

13 和 17 的二进制形式: 0b1101,0b10001

13 和 17 的位与: 1

2.10.2 bitwise_or()函数

bitwise_or()函数对数组中整数的二进制形式执行位或操作。

示例代码如下（bitwise_and_2.py）：

```
import numpy as np

print('13 和 17 的二进制形式: {},{}'.format(bin(13), bin(17)))
print('13 和 17 的位或: {}'.format(np.bitwise_or(13, 17)))
```

执行 py 文件，得到的执行结果如下：

13 和 17 的二进制形式: 0b1101,0b10001

13 和 17 的位或: 29

2.10.3　invert()函数

invert()函数对数组中的整数进行位取反操作，即 0 变成 1，1 变成 0。

对有符号整数，取该二进制数的补码，然后加 1。二进制数，最高位为 0 表示正数，最高位为 1 表示负数。

~1 的计算步骤如下。

（1）将 1（这里称为原码）转二进制=00000001。

（2）按位取反=11111110。

（3）若发现符号位（即最高位）为 1（表示负数），则将除符号位外的其他数字取反=10000001。

（4）末位加 1 取其补码=10000010。

（5）转换为十进制=-2。

示例代码如下（invert_1.py）：

```python
import numpy as np

num_np = np.invert(np.array([13], dtype=np.uint8))
print('13 的位反转，其中 ndarray 的 dtype 是 uint8: {}'.format(num_np))

num_13_bin = np.binary_repr(13, width=8)
print('13 的二进制表示: {}'.format(num_13_bin))

num_242_bin = np.binary_repr(242, width=8)
print('242 的二进制表示: {}'.format(num_242_bin))
```

执行 py 文件，得到的执行结果如下：

```
13 的位反转，其中 ndarray 的 dtype 是 uint8: [242]
13 的二进制表示: 00001101
242 的二进制表示: 11110010
```

2.10.4　left_shift()函数

left_shift()函数将数组元素的二进制形式向左移动到指定位置，右侧附加相等数量的 0。

示例代码如下（left_shift_1.py）：

```python
import numpy as np

print('将 5 左移两位: {}'.format(np.left_shift(5, 2)))
print('5 的二进制表示: {}'.format(np.binary_repr(5, width=8)))
print('20 的二进制表示: {}'.format(np.binary_repr(20, width=8)))
```

执行 py 文件，得到的执行结果如下：

```
将 5 左移两位: 20
5 的二进制表示: 00000101
20 的二进制表示: 00010100
```

2.10.5　right_shift()函数

right_shift()函数将数组元素的二进制形式向右移动到指定位置，左侧附加相等数量的 0。

示例代码如下（right_shift_1.py）：

```python
import numpy as np

print('将 20 右移两位: {}'.format(np.right_shift(20, 2)))
print('20 的二进制表示: {}'.format(np.binary_repr(20, width=8)))
print('5 的二进制表示: {}'.format(np.binary_repr(5, width=8)))
```

执行 py 文件，得到的执行结果如下：

```
将 20 右移两位: 5
20 的二进制表示: 00010100
5 的二进制表示: 00000101
```

2.11　实战演练

1. 创建一个长度为 10 的空向量。
2. 创建一个值域范围为 10～49 的向量。
3. 找到数组[1,2,0,0,4,0]中非零元素的位置索引。
4. 创建一个 10×10 的随机数组，并找到它的最大值和最小值。
5. 对一个 10×10 的随机矩阵做归一化。
6. 给定任意两个数组，找到这两个数组中的共同元素。

第 3 章　NumPy 函数

第 2 章主要介绍了 NumPy 中的一些基本知识，本章将重点介绍 NumPy 中的函数，包括字符串函数、数学函数、算术函数、统计函数等。

3.1　字符串函数

字符串函数用于对 dtype 为 numpy.string_ 或 numpy.unicode_ 的数组执行向量化字符串操作，如表 3-1 所示，它们基于 Python 内置库中的标准字符串函数。这些函数在字符数组类（numpy.char）中定义。

表 3-1　字符串函数

函　　数	描　　述
add()	对两个数组的逐个字符串元素进行连接
multiply()	返回按元素多重连接后的字符串
center()	居中字符串
capitalize()	将字符串的第一个字母转换为大写
title()	将字符串中每个单词的第一个字母转换为大写
lower()	将数组元素转换为小写
upper()	将数组元素转换为大写
split()	指定分隔符对字符串进行分割，并返回数组列表
splitlines()	返回元素中的行列表，以换行符分割
strip()	移除元素开头或结尾处的特定字符
join()	通过指定分隔符连接数组中的元素
replace()	使用新字符串替换字符串中的所有子字符串
encode()	数组元素依次调用 str.encode
decode()	数组元素依次调用 str.decode

下面对表 3-1 列举的各个函数进行具体讲解。

3.1.1　numpy.char.add()函数

numpy.char.add()函数依次对两个数组的元素进行字符串连接。

示例代码如下（np_char_add.py）：

```python
import numpy as np

print('两个字符串连接: \n{}'.format(np.char.add(['Hello'], [' world!'])))
print('连接示例: \n{}'.format(np.char.add(['中国', '欢迎'], ['你好! ', '你! '])))
```

执行 py 文件，得到的执行结果如下：

```
两个字符串连接:
```

```
['Hello world!']
```
连接示例:
```
['中国你好!' ' ' '欢迎你! ']
```

3.1.2 numpy.char.multiply()函数

numpy.char.multiply()函数执行多重连接。

示例代码如下（np_char_multiply.py）:

```
import numpy as np


print('多重连接:\n{}'.format(np.char.multiply('NumPy ', 3)))
```

执行 py 文件，得到的执行结果如下:

```
多重连接:
NumPy NumPy NumPy
```

3.1.3 numpy.char.center()函数

numpy.char.center()函数用于将字符串居中，并使用指定字符在左侧和右侧进行填充。

示例代码如下（np_char_center.py）:

```
import numpy as np


print(np.char.center('NumPy', 20, fillchar='*'))
```

执行 py 文件，得到的执行结果如下:

```
*******NumPy********
```

3.1.4 numpy.char.capitalize()函数

numpy.char.capitalize()函数用于将字符串的第一个字母转换为大写。

示例代码如下（np_char_capitalize.py）:

```
import numpy as np


print(np.char.capitalize('numpy'))
```

执行 py 文件，得到的执行结果如下:

```
Numpy
```

3.1.5 numpy.char.title()函数

numpy.char.title()函数用于将字符串中每个单词的第一个字母转换为大写。

示例代码如下（np_char_title.py）:

```
import numpy as np


print(np.char.title('i like python'))
```

执行 py 文件，得到的执行结果如下:

```
I Like Python
```

3.1.6 numpy.char.lower()函数

numpy.char.lower()函数可以将数组的每个元素转换为小写，对每个元素调用 str.lower。

示例代码如下（np_char_lower.py）：

```
import numpy as np

# 操作字符串
print(np.char.lower('NUMPY'))

# 操作数组
print(np.char.lower(['NUMPY', 'PANDAS']))
```

执行 py 文件，得到的执行结果如下：

```
numpy
['numpy' 'pandas']
```

3.1.7 numpy.char.upper()函数

numpy.char.upper()函数可以将数组的每个元素转换为大写，对每个元素调用 str.upper。

示例代码如下（np_char_upper.py）：

```
import numpy as np

# 操作字符串
print(np.char.upper('numpy'))

# 操作数组
print(np.char.upper(['numpy', 'pandas']))
```

执行 py 文件，得到的执行结果如下：

```
NUMPY
['NUMPY' 'PANDAS']
```

3.1.8 numpy.char.split()函数

numpy.char.split()函数通过指定分隔符对字符串进行分割，并返回数组。在默认情况下，分隔符为空格。

示例代码如下（np_char_split.py）：

```
import numpy as np

# 分隔符默认为空格
print(np.char.split('i like python'))
# 分隔符为 .
print(np.char.split('www.python.org', sep='.'))
```

执行 py 文件，得到的执行结果如下：

```
['i', 'like', 'python']
['www', 'python', 'org']
```

3.1.9　numpy.char.splitlines()函数

numpy.char.splitlines()函数以换行符为分隔符分割字符串，并返回数组。

示例代码如下（np_char_splitlines.py）：

```
import numpy as np

# 换行符 \n
print(np.char.splitlines('i\nlike python?'))
# 换行符 \r
print(np.char.splitlines('i\rlike python?'))
```

执行 py 文件，得到的执行结果如下：

```
['i', 'like python?']
['i', 'like python?']
```

\n、\r、\r\n 都可用作换行符。

3.1.10　numpy.char.strip()函数

numpy.char.strip()函数用于移除开头或结尾处的特定字符。

示例代码如下（np_char_strip.py）：

```
import numpy as np

# 移除字符串头尾的指定字符
print(np.char.strip('hHello worldh', 'h'))
# 头尾若有多个满足条件的指定字符，也移除
print(np.char.strip('hhHello worldhh', 'h'))

# 移除数组元素头尾的指定字符
print(np.char.strip(['detail', 'good', 'world', 'deed'], 'd'))
```

执行 py 文件，得到的执行结果如下：

```
Hello world
Hello world
['etail' 'goo' 'worl' 'ee']
```

3.1.11　numpy.char.join()函数

numpy.char.join()函数通过指定分隔符连接数组中的元素或字符串。

示例代码如下（np_char_join.py）：

```
import numpy as np

# 操作字符串
print(np.char.join(':', 'numpy'))

# 指定多个分隔符操作数组元素
print(np.char.join([':', '-'], ['numpy', 'pandas']))
```

执行 py 文件，得到的执行结果如下：

```
n:u:m:p:y
```

```
['n:u:m:p:y' 'p-a-n-d-a-s']
```

3.1.12 numpy.char.replace()函数

numpy.char.replace()函数使用新字符串替换字符串中的所有子字符串。

示例代码如下（np_char_replace.py）：

```
import numpy as np


print(np.char.replace('How do you do', 'o', 'O'))
```

执行 py 文件，得到的执行结果如下：

```
HOw dO yOu dO
```

3.1.13 numpy.char.encode()函数

numpy.char.encode()函数对数组中的每个元素调用 str.encode()函数，默认编码是 utf-8，可以使用标准 Python 库中的编解码器。

示例代码如下（np_char_encode.py）：

```
import numpy as np


print('字符串 numpy 编码后: {}'.format(np.char.encode('numpy', 'cp500')))
```

执行 py 文件，得到的执行结果如下：

```
字符串 numpy 编码后: b'\x95\xa4\x94\x97\xa8'
```

3.1.14 numpy.char.decode()函数

numpy.char.decode()函数对编码的元素调用 str.decode()解码。

示例代码如下（np_char_decode.py）：

```
import numpy as np


str_v = np.char.encode('numpy', 'cp500')
print('解码前: {}'.format(str_v))
print('解码后: {}'.format(np.char.decode(str_v, 'cp500')))
```

执行 py 文件，得到的执行结果如下：

```
解码前: b'\x95\xa4\x94\x97\xa8'
解码后: numpy
```

3.2 数学函数

NumPy 包含大量数学运算函数，如三角函数、算术函数、复数处理函数等。

3.2.1 三角函数

NumPy 提供了标准的三角函数：sin()、cos()、tan()。

示例代码如下（triangle_fun_1.py）：

```
import numpy as np

angle_num = np.array([0, 30, 45, 60, 90])
print('数组中各个角度的正弦值: ')
# 通过乘 pi/180 转化为弧度
print(np.sin(angle_num * np.pi / 180))

print('数组中各个角度的余弦值: ')
print(np.cos(angle_num * np.pi / 180))

print('数组中各个角度的正切值: ')
print(np.tan(angle_num * np.pi / 180))
```

执行 py 文件，得到的执行结果如下：

数组中各个角度的正弦值：
[0.   0.5   0.70710678 0.8660254 1.   ]
数组中各个角度的余弦值：
[1.00000000e+00 8.66025404e-01 7.07106781e-01 5.00000000e-01
 6.12323400e-17]
数组中各个角度的正切值：
[0.00000000e+00 5.77350269e-01 1.00000000e+00 1.73205081e+00
 1.63312394e+16]

arcsin()、arccos()和 arctan()函数返回给定角度的 sin()、cos()和 tan()的反三角函数。这些函数的结果可以通过 numpy.degrees()函数将弧度转换为角度。

示例代码如下（triangle_fun_2.py）：

```
import numpy as np

angle_num = np.array([0, 30, 45, 60, 90])
sin = np.sin(angle_num * np.pi / 180)
print('数组中各个角度的正弦值: \n{}'.format(sin))

inv = np.arcsin(sin)
print('各个角度的反正弦, 返回值以弧度为单位: \n{}'.format(inv))
print('通过转化为角度制来检查结果: \n{}'.format(np.degrees(inv)))

cos = np.cos(angle_num * np.pi / 180)
print('数组中各个角度的余弦值: \n{}'.format(cos))

inv = np.arccos(cos)
print('各个角度的反余弦值: \n{}'.format(inv))
print('各个角度的角度制单位: \n{}'.format(np.degrees(inv)))

tan = np.tan(angle_num * np.pi / 180)
print('各个角度的正切值: \n{}'.format(tan))

inv = np.arctan(tan)
```

```
print('各个角度的反正切值: \n{}'.format(inv))

print('各个角度的角度制单位: \n{}'.format(np.degrees(inv)))
```
执行 py 文件, 得到的执行结果如下:

数组中各个角度的正弦值:
```
[0.          0.5         0.70710678 0.8660254  1.          ]
```
各个角度的反正弦, 返回值以弧度为单位:
```
[0.          0.52359878 0.78539816 1.04719755 1.57079633]
```
通过转化为角度制来检查结果:
```
[ 0. 30. 45. 60. 90.]
```
数组中各个角度的余弦值:
```
[1.00000000e+00 8.66025404e-01 7.07106781e-01 5.00000000e-01
 6.12323400e-17]
```
各个角度的反余弦值:
```
[0.          0.52359878 0.78539816 1.04719755 1.57079633]
```
各个角度的角度制单位:
```
[ 0. 30. 45. 60. 90.]
```
各个角度的正切值:
```
[0.00000000e+00 5.77350269e-01 1.00000000e+00 1.73205081e+00
 1.63312394e+16]
```
各个角度的反正切值:
```
[0.          0.52359878 0.78539816 1.04719755 1.57079633]
```
各个角度的角度制单位:
```
[ 0. 30. 45. 60. 90.]
```

3.2.2　舍入函数

numpy.around()函数的语法如下:

```
numpy.around(a,decimals)
```

其参数说明如下。

a: 数组。

decimals: 舍入的小数位数, 默认值为 0。如果为负, 则整数将四舍五入到小数点左侧的位置。

numpy.around()函数返回指定数字的四舍五入值。

示例代码如下 (around_1.py):

```
import numpy as np

num_np = np.array([0.5, 1.0, 2.55, 13.321, 67.567, 125.132, 357.72])
print('原始数组: {}'.format(num_np))
print('正常舍入: {}'.format(np.around(num_np)))
print('舍入一位小数: {}'.format(np.around(num_np, decimals=1)))
print('舍入两位小数: {}'.format(np.around(num_np, decimals=2)))
print('舍入到十位: {}'.format(np.around(num_np, decimals=-1)))
print('舍入到百位: {}'.format(np.around(num_np, decimals=-2)))
```
执行 py 文件, 得到的执行结果如下:

```
原始数组: [  0.5    1.     2.55  13.321 67.567 125.132 357.72 ]
正常舍入: [  0.    1.    3.   13.   68.  125.  358.]
舍入一位小数: [  0.5   1.    2.6  13.3  67.6 125.1 357.7]
舍入两位小数: [  0.5   1.    2.55 13.32 67.57 125.13 357.72]
舍入到十位: [  0.    0.    0.   10.   70.  130.  360.]
舍入到百位: [  0.    0.    0.    0.  100.  100.  400.]
```

3.2.3　numpy.floor()函数

numpy.floor()函数返回数字的下舍整数。

示例代码如下（floor_1.py）：

```python
import numpy as np


num_np = np.array([-11.7, 3.6, -1.2, 0.32, 6.3, 10, 218.29])
print('初始数组: {}'.format(num_np))
print('下舍后的数组: {}'.format(np.floor(num_np)))
```

执行 py 文件，得到的执行结果如下：

```
初始数组: [-11.7    3.6   -1.2    0.32   6.3   10.   218.29]
下舍后的数组: [-12.    3.   -2.    0.    6.   10.  218.]
```

3.2.4　numpy.ceil()函数

numpy.ceil()函数返回数字的上入整数。

示例代码如下（ceil_1.py）：

```python
import numpy as np


num_np = np.array([-11.7, 3.6, -1.2, 0.32, 6.3, 10, 218.29])
print('初始数组: {}'.format(num_np))
print('上入后的数组: {}'.format(np.ceil(num_np)))
```

执行 py 文件，得到的执行结果如下：

```
初始数组: [-11.7    3.6   -1.2    0.32   6.3   10.   218.29]
上入后的数组: [-11.    4.   -1.    1.    7.   10.  219.]
```

3.3　算术函数

NumPy 中的算术函数包含简单的加、减、乘、除，即 add()、subtract()、multiply()和 divide()。

需要注意的是，数组必须具有相同的形状或符合数组广播规则。

示例代码如下（arithmetic_1.py）：

```python
import numpy as np


first_np = np.arange(9, dtype=np.float_).reshape(3, 3)
print('第一个数组: \n{}'.format(first_np))
```

```
second_np = np.array([10, 10, 10])
print('第二个数组: \n{}'.format(second_np))

print('两个数组相加: \n{}'.format(np.add(first_np, second_np)))
print('两个数组相减: \n{}'.format(np.subtract(first_np, second_np)))
print('两个数组相乘: \n{}'.format(np.multiply(first_np, second_np)))
print('两个数组相除: \n{}'.format(np.divide(first_np, second_np)))
```

执行 py 文件，得到的执行结果如下：

```
第一个数组:
[[0. 1. 2.]
 [3. 4. 5.]
 [6. 7. 8.]]
第二个数组:
[10 10 10]
两个数组相加:
[[10. 11. 12.]
 [13. 14. 15.]
 [16. 17. 18.]]
两个数组相减:
[[-10.  -9.  -8.]
 [ -7.  -6.  -5.]
 [ -4.  -3.  -2.]]
两个数组相乘:
[[ 0. 10. 20.]
 [30. 40. 50.]
 [60. 70. 80.]]
两个数组相除:
[[0.  0.1 0.2]
 [0.3 0.4 0.5]
 [0.6 0.7 0.8]]
```

此外，NumPy 中也有 reciprocal()、power()、mod() 等几个重要的算术函数。

numpy.reciprocal() 函数返回参数逐个元素的倒数，如 1/3 的倒数为 3/1。

示例代码如下（reciprocal_1.py）：

```
import numpy as np


num_np = np.array([0.25, 0.5, 1.66, 5, 20, 100])
print('初始数组: {}'.format(num_np))
print('调用 reciprocal 函数: {}'.format(np.reciprocal(num_np)))
```

执行 py 文件，得到的执行结果如下：

```
初始数组: [  0.25    0.5     1.66    5.     20.    100.  ]
调用 reciprocal 函数: [4.         2.         0.60240964 0.2        0.05       0.01       ]
```

numpy.power() 函数将第一个输入数组中的元素作为底数，计算它与第二个输入数组中相应元素的幂。

示例代码如下（power_1.py）：

```
import numpy as np
```

```python
num_np = np.array([10, 100, 1000])
print('初始数组: {}'.format(num_np))
print('调用 power 函数: {}'.format(np.power(num_np, 2)))

second_np = np.array([1, 2, 3])
print('第二个数组: {}'.format(second_np))
print('调用 power 函数: {}'.format(np.power(num_np, second_np)))
```

执行 py 文件，得到的执行结果如下：

```
初始数组: [  10  100 1000]
调用 power 函数: [    100   10000 1000000]
第二个数组: [1 2 3]
调用 power 函数: [        10     10000 1000000000]
```

numpy.mod()函数用于计算输入数组中相应元素相除后的余数。numpy.remainder()函数产生相同的结果。

示例代码如下（mod_1.py）：

```python
import numpy as np

first_np = np.array([10, 25, 50])
second_np = np.array([3, 5, 9])
print('第一个数组: {}'.format(first_np))
print('第二个数组: {}'.format(second_np))

print('调用 mod()函数: {}'.format(np.mod(first_np, second_np)))
print('调用 remainder()函数: {}'.format(np.remainder(first_np, second_np)))
```

执行 py 文件，得到的执行结果如下：

```
第一个数组: [10 25 50]
第二个数组: [3 5 9]
调用 mod()函数: [1 0 5]
调用 remainder()函数: [1 0 5]
```

3.4 统计函数

NumPy 中提供了很多统计函数，用于从数组中查找最小元素、最大元素、百分位标准差和方差等。下面具体讲解。

3.4.1 numpy.amin()函数和 numpy.amax()函数

numpy.amin()函数用于计算数组中元素沿指定轴的最小值。

numpy.amax()函数用于计算数组中元素沿指定轴的最大值。

示例代码如下（amin_amax_1.py）：

```python
import numpy as np

num_np = np.array([[3, 7, 5], [8, 4, 3], [2, 4, 9]])
```

```
print('初始数组: \n{}'.format(num_np))

print('调用 amin()函数: {}'.format(np.amin(num_np, 1)))
print('再次调用 amin()函数: {}'.format(np.amin(num_np, 0)))

print('调用 amax()函数: {}'.format(np.amax(num_np)))
print('再次调用 amax()函数: {}'.format(np.amax(num_np, axis=0)))
```

执行 py 文件，得到的执行结果如下：

```
初始数组:
[[3 7 5]
 [8 4 3]
 [2 4 9]]
调用 amin()函数: [3 3 2]
再次调用 amin()函数: [2 4 3]
调用 amax()函数: 9
再次调用 amax()函数: [8 7 9]
```

3.4.2 numpy.ptp()函数

numpy.ptp()函数用于计算数组中元素最大值与最小值的差（最大值-最小值）。

示例代码如下（ptp_1.py）：

```
import numpy as np

num_np = np.array([[3, 7, 5], [8, 4, 3], [2, 4, 9]])
print('初始数组: \n{}'.format(num_np))

print('调用 ptp() 函数: {}'.format(np.ptp(num_np)))
print('沿轴 1 调用 ptp() 函数: {}'.format(np.ptp(num_np, axis=1)))
print('沿轴 0 调用 ptp() 函数: {}'.format(np.ptp(num_np, axis=0)))
```

执行 py 文件，得到的执行结果如下：

```
初始数组:
[[3 7 5]
 [8 4 3]
 [2 4 9]]
调用 ptp() 函数: 7
沿轴 1 调用 ptp() 函数: [4 5 7]
沿轴 0 调用 ptp() 函数: [6 3 6]
```

3.4.3 numpy.percentile()函数

numpy.percentile()函数的语法如下：

```
numpy.percentile(a, q, axis)
```

其参数说明如下。

a：输入数组。

q：要计算的百分位数，为0~100。

axis：沿该轴计算百分位数。

百分位数是统计中使用的度量，表示小于这个值的观察值的百分比。

首先明确百分位数：第 p 个百分位数是这样一个值，它使至少有 $p\%$ 的数据项小于或等于这个值，且至少有（$100-p$）% 的数据项大于或等于这个值。

例如，学校的考试成绩经常以百分位数的形式报告。假设某个学生在某次考试中语文部分的原始分数为 80 分，相对于参加同一考试的其他学生，他的成绩如何并不容易知道。如果原始分数 80 分恰好对应的是第 75 个百分位数，那就能知道大约 75% 的学生的分数比他低，而 25% 左右的学生的分数比他高，所以 $p = 75$。

示例代码如下（percentile_1.py）：

```python
import numpy as np

num_np = np.array([[10, 7, 4], [3, 2, 1]])
print('初始数组: \n{}'.format(num_np))


# 50% 的分位数，就是 num_np 排序之后的中位数
print('调用 percentile()函数: {}'.format(np.percentile(num_np, 50)))


# axis 为 0, 在纵列上求
print('沿轴 0 调用 percentile()函数: {}'.format(np.percentile(num_np, 50, axis= 0)))


# axis 为 1, 在横行上求
print('沿轴 1 调用 percentile()函数: {}'.format(np.percentile(num_np, 50, axis= 1)))


# 保持维度不变
percentile_np = np.percentile(num_np, 50, axis=1, keepdims=True)
print('沿轴 1 调用 percentile()函数, 保持维度不变: \n{}'.format(percentile_np))
```

执行 py 文件，得到的执行结果如下：

```
初始数组:
[[10  7  4]
 [ 3  2  1]]
调用 percentile()函数: 3.5
沿轴 0 调用 percentile()函数: [6.5 4.5 2.5]
沿轴 1 调用 percentile()函数: [7. 2.]
沿轴 1 调用 percentile()函数, 保持维度不变:
[[7.]
 [2.]]
```

3.4.4 numpy.median()函数

numpy.median()函数用于计算数组 a 中元素的中位数（中值）。

示例代码如下（median_1.py）：

```python
import numpy as np

num_np = np.array([[30, 65, 70], [80, 95, 10], [50, 90, 60]])
print('初始数组: \n{}'.format(num_np))
```

```
print('调用 median() 函数: {}'.format(np.median(num_np)))
print('沿轴 0 调用 median() 函数: {}'.format(np.median(num_np, axis=0)))
print('沿轴 1 调用 median() 函数: {}'.format(np.median(num_np, axis=1)))
```
执行 py 文件，得到的执行结果如下：
```
初始数组：
[[30 65 70]
 [80 95 10]
 [50 90 60]]
调用 median() 函数: 65.0
沿轴 0 调用 median() 函数: [50. 90. 60.]
沿轴 1 调用 median() 函数: [65. 80. 60.]
```

3.4.5　numpy.mean()函数

numpy.mean()函数用于返回数组中元素的算术平均值。如果提供轴，则沿其计算。

算术平均值是沿轴的元素的总和除以元素的数量。

示例代码如下（mean_1.py）：
```
import numpy as np

num_np = np.array([[1, 2, 3], [3, 4, 5], [4, 5, 6]])
print('初始数组: \n{}'.format(num_np))

print('调用 mean() 函数: {}'.format(np.mean(num_np)))
print('沿轴 0 调用 mean() 函数: {}'.format(np.mean(num_np, axis=0)))
print('沿轴 1 调用 mean() 函数: {}'.format(np.mean(num_np, axis=1)))
```
执行 py 文件，得到的执行结果如下：
```
初始数组：
[[1 2 3]
 [3 4 5]
 [4 5 6]]
调用 mean() 函数: 3.6666666666666665
沿轴 0 调用 mean() 函数: [2.66666667 3.66666667 4.66666667]
沿轴 1 调用 mean() 函数: [2. 4. 5.]
```

3.4.6　numpy.average()函数

numpy.average()函数根据在另一个数组中给出的各自的权重计算数组中元素的加权平均值。

numpy.average()函数可以接收一个轴参数。如果没有指定轴，则数组会被展开。

加权平均值即将各数值乘以相应的权数，然后加总求和得到总体值，再除以总的单位数。

考虑数组[1,2,3,4]和相应的权重[4,3,2,1]，通过将相应元素的乘积相加，并将和除以权重的和计算加权平均值，具体操作如下：
```
加权平均值 = (1*4 + 2*3 + 3*2 + 4*1)/(4 + 3 + 2 + 1)
```
示例代码如下（average_1.py）：

```
import numpy as np

num_np = np.array([1, 2, 3, 4])
print('初始数组: {}'.format(num_np))
print('调用 average() 函数: {}'.format(np.average(num_np)))

# 不指定权重时相当于 mean() 函数
wts = np.array([4, 3, 2, 1])
print('再次调用 average() 函数: {}'.format(np.average(num_np, weights=wts)))

# 如果 returned 参数设为 True, 则返回权重的和
print('权重的和: {}'.format(np.average([1, 2, 3, 4], weights=[4, 3, 2, 1],
returned=True)))
```

执行 py 文件，得到的执行结果如下：

```
初始数组: [1 2 3 4]
调用 average() 函数: 2.5
再次调用 average() 函数: 2.0
权重的和: (2.0, 10.0)
```

在多维数组中，可以指定用于计算的轴。

示例代码如下（average_2.py）：

```
import numpy as np

num_np = np.arange(6).reshape(3, 2)
print('初始数组: \n{}'.format(num_np))

wt = np.array([3, 5])
print('修改后的数组: {}'.format(np.average(num_np, axis=1, weights=wt)))
print('修改后的数组: {}'.format(np.average(num_np, axis=1, weights=wt, returned=
True)))
```

执行 py 文件，得到的执行结果如下：

```
初始数组:
[[0 1]
 [2 3]
 [4 5]]
修改后的数组: [0.625 2.625 4.625]
修改后的数组: (array([0.625, 2.625, 4.625]), array([8., 8., 8.]))
```

3.4.7 标准差

标准差是对一组数据平均值分散程度的一种度量。

标准差是方差的算术平方根。

标准差的计算公式如下：

```
std = sqrt(mean((x - x.mean())**2))
```

如果数组是[1,2,3,4]，则其平均值为 2.5。因此，差的平方是 [2.25,0.25,0.25,2.25]，其平均值的平方根除以 4，即 sqrt(5/4)，结果为 1.118 033 988 749 895。

示例代码如下（std_1.py）：

```
import numpy as np

print('标准差: {}'.format(np.std([1, 2, 3, 4])))
```

执行 py 文件，得到的执行结果如下：

```
标准差: 1.118033988749895
```

3.4.8 方差

统计学中的方差（样本方差）是每个样本值与全体样本值的平均数之差的平方值的平均数。

方差（variance）的计算公式如下：

```
variance = mean((x - x.mean())** 2)
```

换句话说，标准差是方差的平方根。

示例代码如下（var_1.py）：

```
import numpy as np

print('方差: {}'.format(np.var([1, 2, 3, 4])))
```

执行 py 文件，得到的执行结果如下：

```
方差: 1.25
```

3.5 排序、搜索和计数函数

NumPy 中提供了多种排序函数，这些排序函数可以实现不同的排序算法，每种排序算法的特征体现在执行速度、最坏情况性能、所需的工作空间和算法的稳定性等指标上。

表 3-2 列举了 3 种排序算法的比较情况。

表 3-2　3 种排序算法的比较情况

排 序 算 法	执 行 速 度	最坏情况性能	所需的工作空间	算法的稳定性
'quicksort'（快速排序）	1	O(n^2)	0	否
'mergesort'（归并排序）	2	O(n*log(n))	~n/2	是
'heapsort'（堆排序）	3	O(n*log(n))	0	否

下面具体讲解各种排序函数。

3.5.1 numpy.sort()函数

numpy.sort()函数的语法如下：

```
numpy.sort(a, axis, kind, order)
```

其参数说明如下。

a：要排序的数组。

axis：沿该轴对数组进行排序，如果没有数组会被展开，则沿着最后的轴排序。若 axis=0，则按列排序；若 axis=1，则按行排序。

kind：默认为'quicksort'（快速排序）。

order：如果数组包含字段，则是要排序的字段。

numpy.sort()函数返回输入数组的排序副本。

示例代码如下（sort_1.py）：

```python
import numpy as np

num_np = np.array([[3, 7], [9, 1]])
print('初始数组: \n{}'.format(num_np))
print('调用 sort() 函数: \n{}'.format(np.sort(num_np)))
print('按列排序: \n{}'.format(np.sort(num_np, axis=0)))
print('按行排序: \n{}'.format(np.sort(num_np, axis=1)))

# 在 sort()函数中自定义排序字段
dt = np.dtype([('name', 'S10'), ('age', int)])
num_np = np.array([("meng", 21), ("zhi", 25), ("li", 17), ("zhang", 27)], dtype=dt)
print('初始数组: \n{}'.format(num_np))
print('按 name 排序: \n{}'.format(np.sort(num_np, order='name')))
```

执行 py 文件，得到的执行结果如下：

```
初始数组:
[[3 7]
 [9 1]]
调用 sort() 函数:
[[3 7]
 [1 9]]
按列排序:
[[3 1]
 [9 7]]
按行排序:
[[3 7]
 [1 9]]
初始数组:
[(b'meng', 21) (b'zhi', 25) (b'li', 17) (b'zhang', 27)]
按 name 排序:
[(b'li', 17) (b'meng', 21) (b'zhang', 27) (b'zhi', 25)]
```

3.5.2　numpy.argsort()函数

numpy.argsort()函数返回的是数组值从小到大的索引值。

示例代码如下（argsort_1.py）：

```python
import numpy as np

x_np = np.array([3, 1, 2])
print('初始数组: {}'.format(x_np))

y_np = np.argsort(x_np)
print('对 x_np 调用 argsort() 函数: {}'.format(y_np))
```

```
print('以排序后的顺序重构原数组: {}'.format(x_np[y_np]))

print('使用循环重构原数组: ')
for i in y_np:
    print(x_np[i], end=" ")
```
执行 py 文件，得到的执行结果如下：
```
初始数组: [3 1 2]
对 x_np 调用 argsort() 函数: [1 2 0]
以排序后的顺序重构原数组: [1 2 3]
使用循环重构原数组:
1 2 3
```

3.5.3　numpy.lexsort()函数

numpy.lexsort()函数用于对多个序列进行排序。若将其想象成对电子表格进行排序，则每一列代表一个序列，排序时靠后的列优先。

例如，对考试成绩进行排名，在总成绩相同时，数学成绩高的排在前；在总成绩和数学成绩都相同时，英语成绩高的排在前……这里，总成绩排在电子表格的最后一列，数学成绩排在倒数第二列，英语成绩排在倒数第三列。

示例代码如下（lexsort_1.py）：
```
import numpy as np

name_tp = ('meng', 'li', 'zhang', 'wang')
dv = ('f.y.', 's.y.', 's.y.', 'f.y.')
lex_sort = np.lexsort((dv, name_tp))
print('调用 lexsort() 函数: {}'.format(lex_sort))

sort_rt = [name_tp[i] + ", " + dv[i] for i in lex_sort]
print('使用索引获取排序后的数据: {}'.format(sort_rt))
```
执行 py 文件，得到的执行结果如下：
```
调用 lexsort() 函数: [1 0 3 2]
使用索引获取排序后的数据: ['li, s.y.', 'meng, f.y.', 'wang, f.y.', 'zhang, s.y.']
```
上述示例中传入 np.lexsort()函数的是一个 tuple，排序时首先排 name_tp，顺序为 li、meng、wang、zhang。综上，排序结果为[1 0 3 2]。

3.5.4　numpy.argmax()函数和 numpy.argmin()函数

numpy.argmax()函数和 numpy.argmin()函数分别沿给定轴返回最大元素与最小元素的索引。
示例代码如下（arg_max_min_1.py）：
```
import numpy as np

num_np = np.array([[30, 40, 70], [80, 20, 10], [50, 90, 60]])
print('初始数组: \n{}'.format(num_np))
```

```
print('调用 argmax() 函数: {}'.format(np.argmax(num_np)))
print('展开数组: {}'.format(num_np.flatten()))

max_index = np.argmax(num_np, axis=0)
print('沿轴 0 的最大值索引: {}'.format(max_index))

max_index = np.argmax(num_np, axis=1)
print('沿轴 1 的最大值索引: {}'.format(max_index))

min_index = np.argmin(num_np)
print('调用 argmin() 函数: {}'.format(min_index))

print('展开数组中的最小值: {}'.format(num_np.flatten()[min_index]))

min_index = np.argmin(num_np, axis=0)
print('沿轴 0 的最小值索引: {}'.format(min_index))

min_index = np.argmin(num_np, axis=1)
print('沿轴 1 的最小值索引: {}'.format(min_index))
```

执行 py 文件, 得到的执行结果如下:

```
初始数组:
[[30 40 70]
 [80 20 10]
 [50 90 60]]
调用 argmax() 函数: 7
展开数组: [30 40 70 80 20 10 50 90 60]
沿轴 0 的最大值索引: [1 2 0]
沿轴 1 的最大值索引: [2 0 1]
调用 argmin() 函数: 5
展开数组中的最小值: 10
沿轴 0 的最小值索引: [0 1 1]
沿轴 1 的最小值索引: [0 2 0]
```

3.5.5 numpy.nonzero()函数

numpy.nonzero()函数返回输入数组中非零元素的索引。

示例代码如下（nonzero_1.py）：

```
import numpy as np

num_np = np.array([[30, 40, 0], [0, 20, 10], [50, 0, 60]])
print('初始数组: \n{}'.format(num_np))
print('调用 nonzero() 函数: \n{}'.format(np.nonzero(num_np)))
```

执行 py 文件, 得到的执行结果如下:

```
初始数组:
[[30 40  0]
 [ 0 20 10]
```

```
[50  0 60]]
```
调用 nonzero() 函数：
```
(array([0, 0, 1, 1, 2, 2], dtype=int64), array([0, 1, 1, 2, 0, 2], dtype=int64))
```

3.5.6 numpy.where()函数

numpy.where()函数返回输入数组中满足给定条件的元素的索引。

示例代码如下（where_1.py）：

```
import numpy as np


x_np = np.arange(9.).reshape(3, 3)
print('初始数组: \n{}'.format(x_np))


y_np = np.where(x_np > 3)
print('大于 3 的元素的索引: \n{}'.format(y_np))


print('使用索引获取满足条件的元素: {}'.format(x_np[y_np]))
```

执行 py 文件，得到的执行结果如下：

```
初始数组:
[[0. 1. 2.]
 [3. 4. 5.]
 [6. 7. 8.]]
大于 3 的元素的索引:
(array([1, 1, 2, 2, 2], dtype=int64), array([1, 2, 0, 1, 2], dtype=int64))
使用索引获取满足条件的元素: [4. 5. 6. 7. 8.]
```

3.5.7 numpy.extract()函数

numpy.extract()函数根据某个条件从数组中抽取元素，然后返回满足条件的元素。

示例代码如下（extract_1.py）：

```
import numpy as np


num_np = np.arange(9.).reshape(3, 3)
print('初始数组: \n{}'.format(num_np))


# 定义条件，选择偶数元素
condition = np.mod(num_np, 2) == 0
print('按元素的条件值: \n{}'.format(condition))


print('使用条件提取元素: {}'.format(np.extract(condition, num_np)))
```

执行 py 文件，得到的执行结果如下：

```
初始数组:
[[0. 1. 2.]
 [3. 4. 5.]
 [6. 7. 8.]]
按元素的条件值:
```

```
[[ True False  True]
 [False  True False]
 [ True False  True]]
```
使用条件提取元素: [0. 2. 4. 6. 8.]

3.5.8 其他排序

表 3-3 列举了一些排序函数。

表 3-3　排序函数

函　　数	描　　述
msort(a)	数组按第一个轴排序，返回排序后的数组副本。np.msort(a) 等于 np.sort(a, axis=0)
sort_complex(a)	对复数按照先实部后虚部的顺序进行排序
partition(a, kth[, axis, kind, order])	指定一个数，对数组进行分区
argpartition(a, kth[, axis, kind, order])	可以通过关键字 kind 指定算法沿着指定轴对数组进行分区

示例代码如下（mix_sort_1.py）：

```python
import numpy as np

# 复数排序
print('复数排序:{}'.format(np.sort_complex([5, 3, 6, 2, 1])))
print('复数排序:{}'.format(np.sort_complex([1 + 2j, 2 - 1j, 3 - 2j, 3 - 3j, 3 +
5j])))

# 分区排序
num_np = np.array([3, 4, 2, 1])
# 将数组 num_np 中所有元素（包括重复元素）从小到大排列，比 3 小的放在前面，大的放在后面
print('分区排序:{}'.format(np.partition(num_np, 3)))
# 小于 1 的在前面，大于 3 的在后面，1 和 3 之间的在中间
print('分区排序:{}'.format(np.partition(num_np, (1, 3))))

# 找到数组中第 3 小（index=2）的值和第 2 大（index=-2）的值
arr = np.array([46, 57, 23, 39, 1, 10, 0, 120])
print('初始数组: {}'.format(arr))
print('找到数组的第 3 小的值: {}'.format(arr[np.argpartition(arr, 2)[2]]))
print('找到数组的第 2 大的值: {}'.format(arr[np.argpartition(arr, -2)[-2]]))

# 同时找到第 3 小和第 4 小的值。用[2,3]同时将第 3 小和第 4 小的值排序，然后可以分别通过下标
[2]和[3]取得
print('找到数组的第 3 小的值: {}'.format(arr[np.argpartition(arr, [2, 3])[2]]))
print('找到数组的第 4 小的值: {}'.format(arr[np.argpartition(arr, [2, 3])[3]]))
```

执行 py 文件，得到的执行结果如下：
```
复数排序:[1.+0.j 2.+0.j 3.+0.j 5.+0.j 6.+0.j]
复数排序:[1.+2.j 2.-1.j 3.-3.j 3.-2.j 3.+5.j]
分区排序:[2 1 3 4]
分区排序:[1 2 3 4]
初始数组: [ 46  57  23  39   1  10   0 120]
```

找到数组的第 3 小的值: **10**
找到数组的第 2 大的值: **57**
找到数组的第 3 小的值: **10**
找到数组的第 4 小的值: **23**

3.6 字节交换

在几乎所有的机器上，多字节对象都被存储为连续的字节序列。字节顺序是跨越多字节的程序对象的存储规则。

大端模式，是指数据的高字节保存在内存的低地址中，而数据的低字节保存在内存的高地址中，这样的存储模式类似于把数据当作字符串按顺序处理：地址由小到大增加，而数据从高位往低位放。

小端模式，是指数据的高字节保存在内存的高地址中，而数据的低字节保存在内存的低地址中，这种存储模式将地址的高低和数据位权有效地结合起来，高地址部分权值高，低地址部分权值低。

例如，在 C 语言中，一个类型为 int 的变量 x 地址为 0x100，那么其对应地址表达式&x的值为 0x100，且 x 的 4 字节将被存储在存储器的 0x100、0x101、0x102、0x103 位置。

大端模式和小端模式如图 3-1 所示。

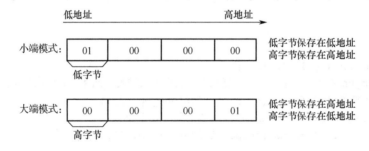

图 3-1　大端模式和小端模式

numpy.ndarray.byteswap()函数将 ndarray 中每个元素的字节进行大小端转换。

示例代码如下（extract_1.py）：

```python
import numpy as np

num_np = np.array([1, 256, 8755], dtype=np.int16)
print('初始数组: {}'.format(num_np))

print('以十六进制表示内存中的数据: {}'.format(map(hex, num_np)))

# byteswap() 函数通过传入 True 进行原地交换
print('调用 byteswap() 函数: {}'.format(num_np.byteswap(True)))
print('十六进制形式: {}'.format(hex, num_np))
```

执行 py 文件，得到的执行结果如下：

初始数组: [1 256 8755]
以十六进制表示内存中的数据: <map object at 0x00000000023A5860>

```
调用 byteswap() 函数: [  256     1 13090]
十六进制形式: <built-in function hex>
```

3.7 副本和视图

副本是对一个数据的完整的拷贝，如果对副本进行修改，不会影响原始数据，因为物理内存不在同一位置。

视图是数据的一个别称或引用，通过该别称或引用便可访问、操作原有数据，但原有数据不会产生拷贝。如果对视图进行修改，会影响原始数据，因为物理内存在同一位置。

视图一般发生在：①NumPy 的切片操作返回原始数据的视图。②调用 ndarray 的 view() 函数产生一个视图。

副本一般发生在：①Python 序列的切片操作，调用 deepCopy()函数。②调用 ndarray 的 copy()函数产生一个副本。

3.7.1 无复制

简单的赋值不会创建数组对象的副本。相反，Python 对象使用原始数组的相同 id()函数访问副本。id()函数返回 Python 对象的通用标识符，类似于 C 语言中的指针。

此外，一个数组的任何变化都反映在另一个数组上。例如，一个数组的形状发生改变也会改变另一个数组的形状。

示例代码如下（no_copy_1.py）：

```
import numpy as np

num_np = np.arange(6)
print('初始数组: {}'.format(num_np))

print('调用 id()函数: {}'.format(id(num_np)))

b_np = num_np
print('num_np 赋值给 b_np: {}'.format(b_np))
print('b_np 拥有和 num_np 相同的 id: {}'.format(id(b_np)))

b_np.shape = 3, 2
print('修改 b_np 的形状: \n{}'.format(b_np))
print('num_np 的形状也修改了: \n{}'.format(num_np))
```

执行 py 文件，得到的执行结果如下：

```
初始数组: [0 1 2 3 4 5]
调用 id()函数: 34633168
num_np 赋值给 b_np: [0 1 2 3 4 5]
b_np 拥有和 num_np 相同的 id: 34633168
修改 b_np 的形状:
[[0 1]
 [2 3]
```

```
 [4 5]]
```
num_np 的形状也修改了：
```
[[0 1]
 [2 3]
 [4 5]]
```

3.7.2　视图

ndarray.view() 函数会创建一个新的数组对象，该函数创建的新数组的维度更改不会更改原始数据的维度。

示例代码如下（view_1.py）：

```python
import numpy as np

# 最初 a 是一个 3×2 的数组
a_np = np.arange(6).reshape(3, 2)
print('数组: \n{}'.format(a_np))

b_np = a_np.view()
print('创建a_np 的视图: \n{}'.format(b_np))

print('两个数组的 id()不同: ')
print('a_np 的 id(): {}'.format(id(a_np)))
print('b_np 的 id(): {}'.format(id(b_np)))

# 修改数组 b 的形状，并不会修改数组 a
b_np.shape = 2, 3
print('b_np 的形状: \n{}'.format(b_np))
print('a_np 的形状: \n{}'.format(a_np))
```

执行 py 文件，得到的执行结果如下：

数组:
```
[[0 1]
 [2 3]
 [4 5]]
```
创建 a_np 的视图:
```
[[0 1]
 [2 3]
 [4 5]]
```
两个数组的 id() 不同:
```
a_np 的 id(): 31168352
b_np 的 id(): 39675584
```
b_np 的形状:
```
[[0 1 2]
 [3 4 5]]
```
a_np 的形状:
```
[[0 1]
 [2 3]
```

```
   [4 5]]
```
使用切片创建视图修改数据会影响初始数组。

示例代码如下（view_2.py）：

```python
import numpy as np


arr = np.arange(12)
print('初始数组: \n{}'.format(arr))
print('创建切片: ')
a_np = arr[3:]
b_np = arr[3:]
a_np[1] = 123
b_np[2] = 234
print(arr)
print(id(a_np), id(b_np), id(arr[3:]))
```

执行 py 文件，得到的执行结果如下：

```
初始数组:
[ 0  1  2  3  4  5  6  7  8  9 10 11]
创建切片:
[ 0  1  2  3 123 234  6  7  8  9 10 11]
39347664 39347904 39347984
```

由执行结果可以看到，变量 a_np 和 b_np 都是 arr 的一部分视图，对视图进行修改会直接反映到初始数组中。但 a_np 和 b_np 的 id 是不同的，也就是说，视图虽然指向初始数组，但是它们和赋值引用还是有区别的。

3.7.3 副本

ndarray.copy()函数用于创建一个副本。对副本数据进行修改不会影响原始数据，原始数据和副本的物理内存不在同一位置。

示例代码如下（deep_copy_1.py）：

```python
import numpy as np


a_np = np.array([[10, 10], [2, 3], [4, 5]])
print('数组 a_np: \n{}'.format(a_np))


b_np = a_np.copy()
print('创建 a_np 的深层副本: \n{}'.format(b_np))


# b_np 与 a_np 不共享任何内容
print('b_np 与 a_np 是否相同: {}'.format(b_np is a_np))


b_np[0, 0] = 100
print('修改 b_np 的内容, 修改后的数组 b_np: \n{}'.format(b_np))


print('a_np 保持不变: \n{}'.format(a_np))
```

执行 py 文件，得到的执行结果如下：

```
数组 a_np:
[[10 10]
 [ 2  3]
 [ 4  5]]
创建 a_np 的深层副本:
[[10 10]
 [ 2  3]
 [ 4  5]]
b_np 与 a_np 是否相同: False
修改 b_np 的内容, 修改后的数组 b_np:
[[100  10]
 [  2   3]
 [  4   5]]
a_np 保持不变:
[[10 10]
 [ 2  3]
 [ 4  5]]
```

3.8　矩阵库

NumPy 中包含一个矩阵库 numpy.matlib，该模块中的函数返回的是一个矩阵，而不是 ndarray 对象。

矩阵是一个由行（row）、列（column）元素排列成的矩形阵列。

矩阵中的元素可以是数字、符号或数学式。图 3-2 所示是一个由 6 个数字元素构成的 2 行 3 列的矩阵。

$$\begin{bmatrix} 1 & 9 & -13 \\ 20 & 5 & -6 \end{bmatrix}$$

图 3-2　矩阵

下面详细介绍几个矩阵库函数。

1．matlib.empty()函数

matlib.empty()函数的语法如下：

```
numpy.matlib.empty(shape, dtype, order)
```

其参数说明如下。

shape：定义新矩阵形状的整数或整数元组。

dtype：可选，数据类型。

order：C（行序优先）或 F（列序优先）。

matlib.empty()函数返回一个新的矩阵。

示例代码如下（empty_1.py）：

```
import numpy.matlib
import numpy as np
```

```
# 填充为随机数据
print(np.matlib.empty((2, 2)))
```
执行 py 文件，得到的执行结果如下：
```
[[9.90263869e+067 8.01304531e+262]
 [2.60799828e-310 9.48818959e+077]]
```

2. numpy.matlib.zeros()函数

numpy.matlib.zeros()函数可以创建一个以 0 填充的矩阵。

示例代码如下（matlib_zeros_1.py）：
```
import numpy.matlib
import numpy as np


print(np.matlib.zeros((2, 2)))
```
执行 py 文件，得到的执行结果如下：
```
[[0. 0.]
 [0. 0.]]
```

3. numpy.matlib.ones()函数

numpy.matlib.ones()函数可以创建一个以 1 填充的矩阵。

示例代码如下（matlib_ones_1.py）：
```
import numpy.matlib
import numpy as np


print(np.matlib.ones((2, 2)))
```
执行 py 文件，得到的执行结果如下：
```
[[1. 1.]
 [1. 1.]]
```

4. numpy.matlib.eye()函数

numpy.matlib.eye()函数的语法如下：
```
numpy.matlib.eye(n, M,k, dtype)
```
其参数说明如下。

n：返回矩阵的行数。

M：返回矩阵的列数，默认为 n。

k：对角线的索引。

dtype：数据类型。

numpy.matlib.eye()函数返回一个矩阵，对角线元素为 1，其他位置为 0。

示例代码如下（matlib_eye_1.py）：
```
import numpy.matlib
import numpy as np


print(np.matlib.eye(n=3, M=4, k=0, dtype=float))
```
执行 py 文件，得到的执行结果如下：
```
[[1. 0. 0. 0.]
```

```
 [0. 1. 0. 0.]
 [0. 0. 1. 0.]]
```

5. numpy.matlib.identity()函数

numpy.matlib.identity()函数返回给定大小的单位矩阵。

单位矩阵是一个方阵，从左上角到右下角的对角线（称为主对角线）上的元素均为 1，除此之外全部为 0，如图 3-3 所示。

$$I_1 = [1], I_2 = \begin{bmatrix} 1 & 0 \\ 0 & 1 \end{bmatrix}, I_3 = \begin{bmatrix} 1 & 0 & 0 \\ 0 & 1 & 0 \\ 0 & 0 & 1 \end{bmatrix}, \cdots, I_n = \begin{bmatrix} 1 & 0 & \cdots & 0 \\ 0 & 1 & \cdots & 0 \\ \vdots & \vdots & & \vdots \\ 0 & 0 & \cdots & 1 \end{bmatrix}$$

图 3-3　单位矩阵

示例代码如下（matlib_identity_1.py）：
```
import numpy.matlib
import numpy as np

# 大小为 2，类型为整型
print('整型单位矩阵: \n{}'.format(np.matlib.identity(2, dtype=int)))

# 大小为 3，类型为浮点型
print('浮点型单位矩阵: \n{}'.format(np.matlib.identity(3, dtype=float)))
```
执行 py 文件，得到的执行结果如下：
```
[[0. 0.]
 [0. 0.]]
```

6. numpy.matlib.zeros()函数

numpy.matlib.zeros()函数用于创建一个以 0 填充的矩阵。

示例代码如下（matlib_zeros_1.py）：
```
import numpy.matlib
import numpy as np

print(np.matlib.zeros((2, 2)))
```
执行 py 文件，得到的执行结果如下：
```
整型单位矩阵:
[[1 0]
 [0 1]]
浮点型单位矩阵:
[[1. 0. 0.]
 [0. 1. 0.]
 [0. 0. 1.]]
```

7. numpy.matlib.rand()函数

numpy.matlib.rand()函数用于创建一个给定大小的矩阵，数据是随机填充的。

示例代码如下（matlib_rand_1.py）：

```python
import numpy.matlib
import numpy as np

print('随机数矩阵: \n{}'.format(np.matlib.rand(3, 3)))
```

执行 py 文件，得到的执行结果如下：

```
随机数矩阵:
[[0.69895762 0.85350772 0.48952353]
 [0.77842769 0.4298599  0.54062919]
 [0.97203438 0.15526866 0.58867394]]
```

矩阵总是二维的，而 ndarray 是一个 n 维数组，两个对象都是可互换的。

示例代码如下（matlib_rand_2.py）：

```python
import numpy.matlib
import numpy as np

num_np = np.matrix('1,2;3,4')
print(num_np)

as_np = np.asarray(num_np)
print(as_np)
```

执行 py 文件，得到的执行结果如下：

```
[[1 2]
 [3 4]]
[[1 2]
 [3 4]]
```

3.9 线性代数

NumPy 中提供了线性代数函数库 linalg，该库包含了线性代数所需的所有功能，如表 3-4 所示。

表 3-4　线性代数函数库

函　数	描　述	函　数	描　述
dot	两个数组的点积，即元素对应相乘	determinant	数组的行列式
vdot	两个向量的点积	solve	求解线性矩阵方程
inner	两个数组的内积	inv	计算矩阵的乘法逆矩阵
matmul	两个数组的矩阵积		

下面具体讲解各个函数的使用方法。

1. numpy.dot()函数

numpy.dot()函数的语法如下：

```python
numpy.dot(a, b, out=None)
```

其参数说明如下。

a：ndarray 数组。

b：ndarray 数组。

out：ndarray，可选，用于保存 numpy.dot()函数的计算结果。

对于两个一维数组，numpy.dot()函数计算的是这两个数组对应下标元素的乘积和（数学上称为内积）；对于二维数组，numpy.dot()函数计算的是两个数组的矩阵乘积；对于多维数组，numpy.dot()函数的通用计算公式如下，即结果数组中的每个元素都是数组 a 的最后一维上的所有元素与数组 b 的倒数第二位上的所有元素的乘积和：

```
dot(a, b)[i,j,k,m] = sum(a[i,j,:] * b[k,:,m])
```

示例代码如下（dot_1.py）：

```
import numpy as np


a_np = np.array([[1, 2], [3, 4]])
b_np = np.array([[11, 12], [13, 14]])
print(np.dot(a_np, b_np))
```

执行 py 文件，得到的执行结果如下：

```
[[37 40]
 [85 92]]
```

对于该示例，其计算式如下：

```
[[1*11+2*13, 1*12+2*14],[3*11+4*13, 3*12+4*14]]
```

2. numpy.vdot()函数

numpy.vdot()函数是两个向量的点积。如果第一个参数是复数，那么它的共轭复数会用于计算；如果参数是多维数组，则会被展开。

示例代码如下（vdot_1.py）：

```
import numpy as np


a_np = np.array([[1, 2], [3, 4]])
b_np = np.array([[11, 12], [13, 14]])

# vdot()函数将数组展开计算内积
print('a_np 和 b_np 的向量点积: {}'.format(np.vdot(a_np, b_np)))
```

执行 py 文件，得到的执行结果如下：

```
a_np 和 b_np 的向量点积: 130
```

对于该示例，其计算式如下：

```
1*11 + 2*12 + 3*13 + 4*14 = 130
```

3. numpy.inner()函数

numpy.inner()函数返回一维数组的向量内积。对于更高的维度，它返回最后一个轴上的和的乘积。

示例代码如下（inner_1.py）：

```
import numpy as np


# 等价于 1*0+2*1+3*0
```

```
inner_np = np.inner(np.array([1, 2, 3]), np.array([0, 1, 0]))
print('向量内积: {}'.format(inner_np))
```

执行 py 文件，得到的执行结果如下：

向量内积: 2

多维数组的示例代码如下（inner_2.py）：

```
import numpy as np

a_np = np.array([[1, 2], [3, 4]])
print('数组 a_np: \n{}'.format(a_np))

b_np = np.array([[11, 12], [13, 14]])
print('数组 b_np: \n{}'.format(b_np))

print('数组 a_np 和数组 b_np 的内积: \n{}'.format(np.inner(a_np, b_np)))
```

执行 py 文件，得到的执行结果如下：

数组 a_np:

[[1 2]

 [3 4]]

数组 b_np:

[[11 12]

 [13 14]]

数组 a_np 和数组 b_np 的内积:

[[35 41]

 [81 95]]

对于该示例，其内积计算式如下：

1*11+2*12, 1*13+2*14

3*11+4*12, 3*13+4*14

4. numpy.matmul()函数

numpy.matmul()函数返回两个数组的矩阵乘积。虽然 numpy.matmul()函数返回二维数组的正常乘积，但如果任意一个参数的维度大于 2，则将其视为存在于最后两个索引的矩阵的栈，并进行相应广播。

另外，如果任意一个参数是一维数组，则通过在其维度上附加 1 将其提升为矩阵，并在乘法之后去除。

对于二维数组，它就是矩阵乘法。

示例代码如下（matmul_1.py）：

```
import numpy as np

a_np = [[1, 0], [0, 1]]
b_np = [[4, 1], [2, 2]]
print('矩阵乘积: \n{}'.format(np.matmul(a_np, b_np)))
```

执行 py 文件，得到的执行结果如下：

矩阵乘积:

[[4 1]

 [2 2]]

二维和一维运算的示例代码如下（matmul_2.py）：

```
import numpy as np

a_np = [[1, 0], [0, 1]]
b_np = [1, 2]
print('二维和一维矩阵乘积: {}'.format(np.matmul(a_np, b_np)))
print('一维和二维矩阵乘积: {}'.format(np.matmul(b_np, a_np)))
```

执行 py 文件，得到的执行结果如下：

```
二维和一维矩阵乘积: [1 2]
一维和二维矩阵乘积: [1 2]
```

维度大于 2 的数组的示例代码如下（matmul_3.py）：

```
import numpy as np

a_np = np.arange(8).reshape(2, 2, 2)
b_np = np.arange(4).reshape(2, 2)
print('多维矩阵乘积: \n{}'.format(np.matmul(a_np, b_np)))
```

执行 py 文件，得到的执行结果如下：

```
多维矩阵乘积:
[[[ 2  3]
  [ 6 11]]

 [[10 19]
  [14 27]]]
```

5. numpy.linalg.det()函数

numpy.linalg.det()函数用于计算输入矩阵的行列式。

行列式在线性代数中是非常有用的值，该函数从方阵的对角元素进行计算。对于 2×2 的矩阵，函数计算结果是左上和右下元素的乘积与其余两个元素的乘积的差。

换句话说，对于矩阵[[a,b],[c,d]]，行列式计算为 ad-bc。较大的方阵被认为是 2×2 矩阵的组合。

示例代码如下（linalg_det_1.py）：

```
import numpy as np

a_np = np.array([[1, 2], [3, 4]])
print('a_np 的行列式: {}'.format(np.linalg.det(a_np)))

b_np = np.array([[6, 1, 1], [4, -2, 5], [2, 8, 7]])
print('b_np 初始数组: \n{}'.format(b_np))
print('b_np 的行列式: {}'.format(np.linalg.det(b_np)))
str_b_np = '6 * (-2 * 7 - 5 * 8) - 1 * (4 * 7 - 5 * 2) + 1 * (4 * 8 - -2 * 2)'
cu_b_np = 6 * (-2 * 7 - 5 * 8) - 1 * (4 * 7 - 5 * 2) + 1 * (4 * 8 - -2 * 2)
print('b_np 的行列式计算公式: \n{}={}'.format(str_b_np, cu_b_np))
```

执行 py 文件，得到的执行结果如下：

```
a_np 的行列式: -2.0000000000000004
b_np 初始数组:
```

```
[[ 6  1  1]
 [ 4 -2  5]
 [ 2  8  7]]
```
b_np 的行列式: -306.0
b_np 的行列式计算公式:
6 * (-2 * 7 - 5 * 8) - 1 * (4 * 7 - 5 * 2) + 1 * (4 * 8 - -2 * 2)=-306

6. numpy.linalg.solve()函数

numpy.linalg.solve()函数给出了矩阵形式的线性方程的解。

以下线性方程:

$$x + y + z = 6$$
$$2y + 5z = -4$$
$$2x + 5y - z = 27$$

可以使用矩阵表示为如图 3-4 所示的形式。

$$\begin{bmatrix} 1 & 1 & 1 \\ 0 & 2 & 5 \\ 2 & 5 & -1 \end{bmatrix} \begin{bmatrix} x \\ y \\ z \end{bmatrix} = \begin{bmatrix} 6 \\ -4 \\ 27 \end{bmatrix}$$

图 3-4　矩阵表示

如果矩阵为 A、X 和 B，那么方程变为如下形式:

$$AX = B$$

或者:

$$X = A^{-1}B$$

7. numpy.linalg.inv()函数

numpy.linalg.inv()函数用于计算矩阵的乘法逆矩阵。

逆矩阵 (Inverse Matrix): 设 A 是数域上的一个 n 阶矩阵，若在相同数域上存在另一个 n 阶矩阵 B，使 $AB=BA=E$，则称 B 是 A 的逆矩阵，而 A 则称为可逆矩阵。需要注意的是，E 为单位矩阵。

示例代码如下 (linalg_inv_1.py):

```python
import numpy as np

x_np = np.array([[1, 2], [3, 4]])
y_inv = np.linalg.inv(x_np)
print('数组 x_np: \n{}'.format(x_np))
print('数组 y_np: \n{}'.format(y_inv))
print('数组 x_np 与 y_np 的点积:\n{}'.format(np.dot(x_np, y_inv)))

a_np = np.array([[1, 1, 1], [0, 2, 5], [2, 5, -1]])
print('数组 a_np: \n{}'.format(a_np))

a_inv = np.linalg.inv(a_np)
print('a_np 的逆: \n{}'.format(a_inv))
```

```
b_np = np.array([[6], [-4], [27]])
print('矩阵 b_np: \n{}'.format(b_np))

x_inv = np.linalg.solve(a_np, b_np)
print('计算: A^(-1)B: \n{}'.format(x_inv))
```

执行 py 文件，得到的执行结果如下：

```
数组 x_np:
[[1 2]
 [3 4]]
数组 y_np:
[[-2.   1. ]
 [ 1.5 -0.5]]
数组 x_np 与 y_np 的点积:
[[1.0000000e+00 0.0000000e+00]
 [8.8817842e-16 1.0000000e+00]]
数组 a_np:
[[ 1  1  1]
 [ 0  2  5]
 [ 2  5 -1]]
a_np 的逆:
[[ 1.28571429 -0.28571429 -0.14285714]
 [-0.47619048  0.14285714  0.23809524]
 [ 0.19047619  0.14285714 -0.0952381 ]]
矩阵 b_np:
[[ 6]
 [-4]
 [27]]
计算: A^(-1)B:
[[ 5.]
 [ 3.]
 [-2.]]
```

3.10 NumPy IO

NumPy 可以读写磁盘上的文本数据或二进制数据。

NumPy 为 ndarray 对象引入了一个简单的文件格式：.npy。

.npy 文件用于存储重建 ndarray 对象所需的数据、图形、dtype 和其他信息。

常用的 IO 函数有以下几种。

（1）save() 函数和 load() 函数用于读写文件数组数据，在默认情况下，数组以未压缩的原始二进制格式保存在扩展名为.npy 的文件中。

（2）savez() 函数用于将多个数组写入文件，在默认情况下，数组以未压缩的原始二进制格式保存在扩展名为.npz 的文件中。

（3）loadtxt() 函数和 savetxt() 函数用于处理正常的文本文件（扩展名为.txt 的文件等）。

1. numpy.save()函数

numpy.save()函数的语法如下：

```
numpy.save(file, arr, allow_pickle=True, fix_imports=True)
```

其参数说明如下。

file：要保存的文件，扩展名为.npy，如果文件路径末尾没有扩展名.npy，那么该扩展名会被自动加上。

arr：要保存的数组。

allow_pickle：可选，布尔值，允许使用 Python pickle 保存对象数组，Python 中的 pickle 用于在保存到磁盘文件或从磁盘文件读取之前，对对象进行序列化和反序列化。

fix_imports：可选，为了方便在 Python 2 中读取 Python 3 保存的数据。

numpy.save()函数用于将数组保存到以.npy 为扩展名的文件中。

示例代码如下（np_save_1.py）：

```python
import numpy as np

a = np.array([1, 2, 3, 4, 5])

# 保存到 outfile.npy 文件中
np.save('outfile.npy', a)

# 保存到 outfile2.npy 文件中，如果文件路径末尾没有扩展名 .npy，那么该扩展名会被自动加上
np.save('outfile2', a)
```

执行 py 文件，查看文件内容，会看到文件是乱码，因为它们是 NumPy 专用的二进制格式的数据。

使用 load()函数读取，数据就可以正常显示，示例代码如下（np_save_2.py）：

```python
import numpy as np

b = np.load('outfile.npy')
print(b)
```

执行 py 文件，得到的执行结果如下：

```
[1 2 3 4 5]
```

2. np.savez()函数

numpy.savez()函数的语法如下：

```
numpy.savez(file, *args, **kwds)
```

其参数说明如下。

file：要保存的文件，扩展名为.npz，如果文件路径末尾没有扩展名.npz，那么该扩展名会被自动加上。

args：要保存的数组，可以使用关键字参数为数组起一个名字，非关键字参数传递的数组会自动命名为 arr_0, arr_1, …。

kwds：要保存的数组使用关键字名称。

numpy.savez()函数用于将多个数组保存到以.npz 为扩展名的文件中。

示例代码如下（savez_1.py）：

```
import numpy as np

a = np.array([[1, 2, 3], [4, 5, 6]])
b = np.arange(0, 1.0, 0.1)
c = np.sin(b)

# c 使用了关键字参数 sin_array
np.savez("numpy.npz", a, b, sin_array=c)
r = np.load("numpy.npz")
print(r.files)
# 数组 a
print(r["arr_0"])
# 数组 b
print(r["arr_1"])
# 数组 c
print(r["sin_array"])
```

执行 py 文件，得到的执行结果如下：

```
['sin_array', 'arr_0', 'arr_1']
[[1 2 3]
 [4 5 6]]
[0.  0.1 0.2 0.3 0.4 0.5 0.6 0.7 0.8 0.9]
[0.         0.09983342 0.19866933 0.29552021 0.38941834 0.47942554
 0.56464247 0.64421769 0.71735609 0.78332691]
```

3. savetxt()函数

savetxt()函数的语法如下：

```
np.loadtxt(FILENAME, dtype=int, delimiter=' ')
np.savetxt(FILENAME, a, fmt="%d", delimiter=",")
```

delimiter 参数可以指定各种分隔符、针对特定列的转换器函数、需要跳过的行数等。savetxt()函数以简单的文本文件格式存储数据，使用 loadtxt()函数获取数据。

示例代码如下（save_text_1.py）：

```
import numpy as np

a_np = np.array([1, 2, 3, 4, 5])
np.savetxt('out.txt', a_np)
b_np = np.loadtxt('out.txt')
print('b_np: {}'.format(b_np))

# 使用 delimiter 参数
x_np = np.arange(0, 10, 0.5).reshape(4, -1)
# 改为保存为整数，以逗号分隔
np.savetxt("out.txt", x_np, fmt="%d", delimiter=",")
# load 时也要指定用逗号分隔
y_np = np.loadtxt("out.txt", delimiter=",")
print('y_np: \n{}'.format(y_np))
```

执行 py 文件，得到的执行结果如下：

```
b_np: [1. 2. 3. 4. 5.]
y_np:
[[0. 0. 1. 1. 2.]
 [2. 3. 3. 4. 4.]
 [5. 5. 6. 6. 7.]
 [7. 8. 8. 9. 9.]]
```

3.11　实战演练

1. 使用 NumPy 取得昨天、今天和明天的日期。
2. 用 5 种不同的方法提取一个随机数组的整数部分。
3. 创建一个长度为 10 的随机向量，其值域范围为 0～1，但是不包括 0 和 1。
4. 对于两个随机数组 A 和 B，检查它们是否相等。
5. 创建一个数组，通过第 n 列对该数组进行排序。
6. 从数组中的给定值中找出最近的值。
7. 创建一个一维向量 D，使用相同大小的向量 S 计算 D 子集的平均值。
8. 创建一个向量[1,2,3,4,5]，建立一个新的向量，使新向量中每个值之间有 3 个连续的 0。
9. 创建一个数组，对数组中任意两行做交换。
10. 对 p 个 $n×n$ 矩阵和一组形状为$(n,1)$的向量，直接计算 p 个矩阵的乘积$(n,1)$。
11. 对于一个 16×16 的数组，如何得到一个区域（block-sum）的和（区域大小为 4×4）？

第三部分　数据处理法宝——Pandas

　　在智慧城市游览完"NumPy 科技馆"之后，"Python 快乐学习班"的学员来到了"Pandas 数据展览中心"。这是一个包含数据的展览中心，在这里可以看到不同数据的构造与变换，不同的数学公式可以通过程序展现出来。

第4章　Pandas 入门

在进入"Pandas 数据展览中心"之前，应先了解什么是 Pandas。

4.1　Pandas 简介

Pandas 是一款开放源码的 BSD 许可的 Python 库，为 Python 编程语言提供高性能、易于使用的数据结构和数据分析工具。

Pandas 的应用领域非常广泛，包括智能制造、金融、经济、统计、分析、医学等学术和商业领域。本节主要介绍 Python Pandas 的各种功能以及如何在实践中使用它们。

Pandas 作为一个开放源码的 Python 库，它使用强大的数据结构提供高性能的数据操作和分析工具。Pandas 这个名字是从 Panel Data——多维数据的计量经济学（Econometrics from Multidimensional Data）简化而来的。

2008 年，为了满足高性能、灵活的数据分析工具需求，开发商 Wes McKinney 开始开发 Pandas。

在 Pandas 出现之前，Python 主要用于数据迁移和准备，对数据分析的贡献很小。而 Pandas 主要用于数据分析。使用 Pandas 可以完成数据处理和分析的加载、准备、操作、模型与分析 5 个典型步骤，而不管数据的来源。

Pandas 的特点主要包括以下几点。

（1）快速高效的 DataFrame 对象，具有默认和自定义的索引。

（2）将数据从不同文件格式加载到内存中的数据对象工具。

（3）对丢失数据的数据对齐和综合处理。

（4）重组和摆动日期集。

（5）是基于标签的切片、索引和大数据集的子集。

（6）可以删除或插入来自数据结构的列。

（7）按数据分组进行聚合和转换。

（8）高性能合并和数据加入。

（9）时间序列功能。

4.2　Pandas 安装及数据结构

标准的 Python 发行版并没有将 Pandas 模块捆绑在一起发布。安装 Pandas 模块的一个轻量级的替代方法是，使用流行的 Python 包安装程序 pip 安装 Pandas。

使用 pip 安装 Pandas 的语句如下：

```
pip install pandas
```

使用 pip 安装 Pandas 是最简单、最流行的方法，本书只介绍这种安装方式，有一些用户喜欢使用 Anaconda，有需要的读者可以自己查找相关资料进行安装。另外，Linux 和 Mac 等操作系统下的安装，读者也可自己查找相关资料进行安装。

Pandas 处理包含 3 个主要的数据结构：系列（Series）、数据帧（DataFrame）、面板（Panel）。这些数据结构都构建在 NumPy 数组之上，所以它们的处理速度都很快。

在 Pandas 中，较高维数据结构是其较低维数据结构的容器。例如，DataFrame 是 Series 的容器，Panel 是 DataFrame 的容器。Pandas 数据结构如表 4-1 所示。

表 4-1　Pandas 数据结构

数据结构	维　度	描　述
系列	1	1D 标记均匀数组，大小不变
数据帧	2	一般 2D 标记，大小可变的表结构与潜在的异质类型的列
面板	3	一般 3D 标记，大小可变数组

构建和处理两个或多个多维数组是一项烦琐的任务，用户在编写函数时要考虑数据集的方向。但是，使用 Pandas 数据结构会节省用户的思考时间。

例如，使用表格数据（DataFrame），在语义上用于考虑索引（行）和列，而不是轴 0 和轴 1。

除了系列是大小不变的，其余 Pandas 数据结构的值的大小都是可变的。

在 Pandas 中，DataFrame 被广泛使用，是最重要的数据结构之一。面板使用比较少。

系列是具有均匀数据的一维数组结构，具有均匀数据、尺寸大小不变、数据的值可变等特征。

数据帧是一个具有异构数据的二维数组，具有异构数据、大小可变、数据可变等特征。

面板是具有异构数据的三维数组，所以在图形表示中很难表示面板。但是一个面板可以说明为 DataFrame 的容器。面板具有异构数据、大小可变、数据可变等特点。

4.3　系列

系列是能够保存任何类型的数据（整数、字符串、浮点数、Python 对象等）的一维标记数组。轴标签统称为索引。

Pandas 系列（Series）的创建语法如下：

```
pandas.Series( data, index, dtype, copy)
```

其参数说明如下。

data：数据可以采取各种形式，如 ndarray、list、constants。

index：索引值必须是唯一的和散列的，与数据的长度相同。如果没有索引被传递则默认为 np.arange(n)。

dtype：dtype 用于指定数据类型。如果没有，则将自动推断数据类型。

copy：是否复制数据，默认为 False。

在实际使用中，可以使用数组、字典、标量值或常数等各种输入创建一个系列。下面分别讲解系列的各种创建方式。

4.3.1　创建空系列

创建系列的一个最基本操作就是创建一个空系列。

创建空系列的示例代码如下（empty_sr_1.py）：

```
import pandas as pd


empty_s = pd.Series()
print('创建空系列: {}'.format(empty_s))
```

执行 py 文件，得到的执行结果如下：

```
创建空系列: Series([], dtype: float64)
```

4.3.2　由 ndarray 创建系列

如果数据是 ndarray，则传递的索引必须具有相同的长度。如果没有传递索引值，那么默认的索引将是范围（n），其中，n 是数组长度，形如[0,1,2,3,…, range(len(array))-1] -1]。

示例代码如下（ndarray_sr_1.py）：

```
import pandas as pd
import numpy as np


data = np.array(['a', 'b', 'c', 'd'])
nd_s = pd.Series(data)
print('ndarray 创建不指定索引系列示例: \n{}'.format(nd_s))
```

执行 py 文件，得到的执行结果如下：

```
ndarray 创建不指定索引系列示例:
0    a
1    b
2    c
3    d
dtype: object
```

上述示例代码中没有传递任何索引，因此在默认情况下，它分配了从 0 到 len(data)-1 的索引，即 0~3。

由前面系列的语法可知，可以自定义 index 参数值。如果没有自定义，则使用默认索引。

使用指定 index 参数的示例代码如下（ndarray_sr_2.py）：

```
import pandas as pd
import numpy as np


data = np.array(['a', 'b', 'c', 'd'])
nd_s = pd.Series(data, index=[1001, 1002, 1003, 1004])
print('ndarray 创建指定索引系列示例: \n{}'.format(nd_s))
```

执行 py 文件，得到的执行结果如下：

```
ndarray 创建指定索引系列示例:
1001    a
1002    b
1003    c
```

```
1004    d
dtype: object
```
由代码及执行结果可以看到，在代码中指定了自定义索引值，在输出中也可以看到自定义的索引值。

4.3.3　由字典创建系列

字典（dict）可以作为输入传递，如果没有指定索引，则按排序顺序取得字典键以构造索引。如果传递了索引，则索引中与标签对应的数据中的值将被拉出。

示例代码如下（dict_sr_1.py）：

```python
import pandas as pd

data_dict = {'a': 0, 'b': 1, 'c': 2}
s_pd = pd.Series(data_dict)
print('由字典创建系列: \n{}'.format(s_pd))
```

执行 py 文件，得到的执行结果如下：

```
由字典创建系列:
a    0
b    1
c    2
dtype: int64
```

由执行结果可以看到，使用字典创建系列时，字典键用于构建索引，字典值为系列值。使用字典创建系列时，也可以自定义 index 参数值。

示例代码如下（dict_sr_2.py）：

```python
import pandas as pd

data_dict = {'a': 0, 'b': 1, 'c': 2}
pd_s = pd.Series(data_dict, index=['b', 'c', 'd', 'a'])
print('由字典创建系列, 并自定义索引: \n{}'.format(pd_s))
```

执行 py 文件，得到的执行结果如下：

```
由字典创建系列, 并自定义索引:
b    1.0
c    2.0
d    NaN
a    0.0
dtype: float64
```

由执行结果可以看到，执行结果按照指定的索引顺序保持不变，并且对缺少的元素使用 NaN（不是数字）进行填充。

4.3.4　使用标量创建系列

如果数据是标量值，则必须提供索引，将重复该值以匹配索引的长度。

示例代码如下（dict_sr_2.py）：

```python
import pandas as pd
```

```python
bl_s = pd.Series(5, index=[0, 1, 2, 3])
print('从标量创建: \n{}'.format(bl_s))
```

执行 py 文件，得到的执行结果如下：

```
从标量创建:
0    5
1    5
2    5
3    5
dtype: int64
```

4.3.5 从系列中访问数据

系列中的数据可以使用类似于访问 ndarray 中数据的方法进行访问。

例如，检索第一个元素，示例代码如下（point_sr_1.py）：

```python
import pandas as pd


pd_sr = pd.Series([1, 2, 3, 4, 5], index=['a', 'b', 'c', 'd', 'e'])
print('获取第一个元素: \n{}'.format(pd_sr[0]))
```

执行 py 文件，得到的执行结果如下：

```
获取第一个元素:
1
```

系列中可以支持检索前面指定个数元素。如果使用两个参数，则为检索这两个参数索引之间的元素（不包括停止索引）。

示例代码如下（point_sr_2.py）：

```python
import pandas as pd


pd_sr = pd.Series([1, 2, 3, 4, 5], index=['a', 'b', 'c', 'd', 'e'])
print('获取系列前三个元素: \n{}'.format(pd_sr[:3]))
# 不包含停止索引下标
print('获取系列第二、第三个元素: \n{}'.format(pd_sr[1:3]))
```

执行 py 文件，得到的执行结果如下：

```
获取系列前三个元素:
a    1
b    2
c    3
dtype: int64
获取系列第二、第三个元素:
b    2
c    3
dtype: int64
```

系列中也支持检索后面指定个数元素，示例代码如下（point_sr_3.py）：

```python
import pandas as pd
```

```
pd_sr = pd.Series([1, 2, 3, 4, 5], index=['a', 'b', 'c', 'd', 'e'])
print('获取系列最后三个元素: \n{}'.format(pd_sr[-3:]))
```

执行 py 文件，得到的执行结果如下：

```
获取系列最后三个元素：
c    3
d    4
e    5
dtype: int64
```

4.3.6　使用标签检索数据

一个系列就像一个固定大小的字典，可以通过索引标签获取和设置值。例如，可以使用索引标签值检索单个元素，示例代码如下（index_sr_1.py）：

```
import pandas as pd


pd_sr = pd.Series([1, 2, 3, 4, 5], index=['a', 'b', 'c', 'd', 'e'])
print('检索单个元素: \n{}'.format(pd_sr['b']))
```

执行 py 文件，得到的执行结果如下：

```
检索单个元素：
2
```

可以使用索引标签值列表检索多个元素，示例代码如下（index_sr_2.py）：

```
import pandas as pd


pd_sr = pd.Series([1, 2, 3, 4, 5], index=['a', 'b', 'c', 'd', 'e'])
print('检索多个元素: \n{}'.format(pd_sr[['a', 'c', 'd']]))
```

执行 py 文件，得到的执行结果如下：

```
检索多个元素：
a    1
c    3
d    4
dtype: int64
```

如果不包含标签，则会出现异常，示例代码如下（index_sr_3.py）：

```
import pandas as pd


pd_sr = pd.Series([1, 2, 3, 4, 5], index=['a', 'b', 'c', 'd', 'e'])
print('检索不存在的元素: \n{}'.format(pd_sr['w']))
```

执行 py 文件，得到的执行结果如下：

```
…
KeyError: 'w'
```

4.4　数据帧

数据帧是二维数据结构，即数据以行和列的表格方式排列。
数据帧的功能特点主要包括以下几点。

（1）潜在的列是不同的类型。

（2）大小可变。

（3）标记轴（行和列）。

（4）可以对行和列执行算术运算。

Pandas 数据帧（DataFrame）的创建语法如下：

```
pandas.DataFrame(data, index, columns, dtype, copy)
```

其参数说明如下。

data：数据可以采取各种形式，如 ndarray、list、constants。

index：索引值必须是唯一的和散列的，与数据的长度相同。如果没有索引被传递则默认为 np.arange(n)。

dtype：dtype 用于指定数据类型。如果没有，那么将自动推断数据类型。

copy：是否复制数据，默认为 False。

Pandas 数据帧可以使用各种输入创建，如列表、字典、系列、Numpy ndarrays 等，下面具体介绍数据帧的各种创建方式。

4.4.1　创建空数据帧

创建数据帧的最基本操作就是创建一个空的数据帧。

创建空数据帧的示例代码如下（empty_df_1.py）：

```
import pandas as pd


df = pd.DataFrame()
print('创建空 DataFrame: \n{}'.format(df))
```

执行 py 文件，得到的执行结果如下：

```
创建空 DataFrame:
Empty DataFrame
Columns: []
Index: []
```

4.4.2　使用列表创建数据帧

可以使用单个列表或嵌套列表创建数据帧。

使用单个列表创建数据帧的示例代码如下（list_df_1.py）：

```
import pandas as pd

data = [1, 2, 3, 4, 5]
df = pd.DataFrame(data)
print(df)
```

执行 py 文件，得到的执行结果如下：

```
   0
0  1
1  2
2  3
```

```
3  4
4  5
```

使用嵌套列表创建数据帧的示例代码如下（list_df_2.py）：

```python
import pandas as pd

data = [['xiao meng', 20], ['xiao zhi', 21], ['xiao qiang', 23]]
df = pd.DataFrame(data, columns=['Name', 'Age'])
print(df)
```

执行 py 文件，得到的执行结果如下：

```
         Name  Age
0   xiao meng   20
1    xiao zhi   21
2  xiao qiang   23
```

使用嵌套列表并指定 dtype 类型创建数据帧的示例代码如下（list_df_3.py）：

```python
import pandas as pd

data = [['xiao meng', 20], ['xiao zhi', 21], ['xiao qiang', 23]]
df = pd.DataFrame(data, columns=['Name', 'Age'], dtype=float)
print(df)
```

执行 py 文件，得到的执行结果如下：

```
         Name   Age
0   xiao meng  20.0
1    xiao zhi  21.0
2  xiao qiang  23.0
```

由执行结果可以看到，指定 dtype 参数后，执行结果中将 Age 列的类型更改为浮点型。

4.4.3 使用 ndarrays/lists 的字典创建数据帧

所有的 ndarrays 必须具有相同的长度。如果传递了索引（index），则索引的长度应等于数组的长度。如果没有传递索引，在默认情况下，索引为 range(n)，其中，n 为数组长度。

示例代码如下（nd_ls_df_1.py）：

```python
import pandas as pd

data = {'Name': ['xiao meng', 'xiao zhi', 'xiao qiang', 'xiao wang'], 'Age': [20,
21, 23, 22]}
df = pd.DataFrame(data)
print(df)
```

执行 py 文件，得到的执行结果如下：

```
   Age        Name
0   20   xiao meng
1   21    xiao zhi
2   23  xiao qiang
3   22   xiao wang
```

由执行结果可以看到，值 0,1,2,3 是分配给每个使用函数 range(n)的默认索引。

可以使用数组创建自定义索引的数据帧，示例代码如下（nd_ls_df_2.py）：

```python
import pandas as pd

data = {'Name': ['xiao meng', 'xiao zhi', 'xiao qiang', 'xiao wang'], 'Age': [20,
21, 23, 22]}
df = pd.DataFrame(data, index=['rank1', 'rank2', 'rank3', 'rank4'])
print(df)
```

执行 py 文件，得到的执行结果如下：

```
       Age      Name
rank1   20  xiao meng
rank2   21   xiao zhi
rank3   23  xiao qiang
rank4   22  xiao wang
```

由执行结果可以看到，index 参数为每行分配一个索引。

4.4.4 使用字典列表创建数据帧

字典列表可作为输入数据，用来创建数据帧，字典键默认为列名。

通过传递字典列表创建数据帧的示例代码如下（dict_list_df_1.py）：

```python
import pandas as pd

data = [{'a': 1, 'b': 2}, {'a': 5, 'b': 10, 'c': 20}]
df = pd.DataFrame(data)
print(df)
```

执行 py 文件，得到的执行结果如下：

```
   a   b    c
0  1   2  NaN
1  5  10  20.0
```

由执行结果可以看到，NaN（不是数字）被附加在缺失的区域。

通过传递字典列表和行索引创建数据帧的示例代码如下（dict_list_df_2.py）：

```python
import pandas as pd

data = [{'a': 1, 'b': 2}, {'a': 5, 'b': 10, 'c': 20}]
df = pd.DataFrame(data, index=['first', 'second'])
print(df)
```

执行 py 文件，得到的执行结果如下：

```
        a   b    c
first   1   2  NaN
second  5  10  20.0
```

使用字典、行索引和列索引列表创建数据帧的示例代码如下（dict_list_df_3.py）：

```python
import pandas as pd

data = [{'a': 1, 'b': 2}, {'a': 5, 'b': 10, 'c': 20}]

df_1 = pd.DataFrame(data, index=['first', 'second'], columns=['a', 'b'])
print(df_1)
```

```
df_2 = pd.DataFrame(data, index=['first', 'second'], columns=['a', 'b1'])
print(df_2)
```
执行 py 文件，得到的执行结果如下：
```
        a   b
first   1   2
second  5  10
        a   b1
first   1  NaN
second  5  NaN
```
由执行结果可以看到，df_2 使用字典键以外的行索引创建数据帧，所以在缺失区域附加了 NaN。

4.4.5　使用系列的字典创建数据帧

字典的系列可以传递，以形成一个数据帧，所得到的索引是传递通过的所有系列索引的并集。

示例代码如下（sr_dict_df_1.py）：
```
import pandas as pd

dict_v = {'one': pd.Series([1, 2, 3], index=['a', 'b', 'c']),
          'two': pd.Series([1, 2, 3, 4], index=['a', 'b', 'c', 'd'])}

df = pd.DataFrame(dict_v)
print(df)
```
执行 py 文件，得到的执行结果如下：
```
   one  two
a  1.0    1
b  2.0    2
c  3.0    3
d  NaN    4
```
对于第一个系列，观察到没有传递标签'd'，但在结果中，对于 d 标签，附加了 NaN。

4.4.6　列选择

从数据帧中选择一列的示例代码如下（choice_df_1.py）：
```
import pandas as pd

dict_v = {'one' : pd.Series([1, 2, 3], index=['a', 'b', 'c']),
          'two' : pd.Series([1, 2, 3, 4], index=['a', 'b', 'c', 'd'])}

df = pd.DataFrame(dict_v)
print(df['one'])
```
执行 py 文件，得到的执行结果如下：
```
a    1.0
```

```
b    2.0
c    3.0
d    NaN
Name: one, dtype: float64
```

4.4.7 列添加

使用列添加，可以向现有数据帧添加新列。

示例代码如下（add_df_1.py）：

```python
import pandas as pd

dict_v = {'one': pd.Series([1, 2, 3], index=['a', 'b', 'c']),
          'two': pd.Series([1, 2, 3, 4], index=['a', 'b', 'c', 'd'])}
df = pd.DataFrame(dict_v)

df['three'] = pd.Series([10, 20, 30], index=['a', 'b', 'c'])
print("根据传递的系列添加新列:\n{}".format(df))

df['four'] = df['one'] + df['three']
print("使用存在的数据帧添加新列:\n{}".format(df))
```

执行 py 文件，得到的执行结果如下：

```
根据传递的系列添加新列:
   one  two  three
a  1.0    1   10.0
b  2.0    2   20.0
c  3.0    3   30.0
d  NaN    4    NaN
使用存在的数据帧添加新列:
   one  two  three  four
a  1.0    1   10.0  11.0
b  2.0    2   20.0  22.0
c  3.0    3   30.0  33.0
d  NaN    4    NaN   NaN
```

4.4.8 列删除

使用列删除，可以从数据帧中删除或弹出一列。

示例代码如下（delete_df_1.py）：

```python
import pandas as pd

dict_v = {'one': pd.Series([1, 2, 3], index=['a', 'b', 'c']),
          'two': pd.Series([1, 2, 3, 4], index=['a', 'b', 'c', 'd']),
          'three': pd.Series([10, 20, 30], index=['a', 'b', 'c'])}
df = pd.DataFrame(dict_v)
print("初始数据帧:\n{}".format(df))

del df['one']
```

```
print("使用删除函数删除第一列:\n{}".format(df))

df.pop('two')
print("使用 POP 函数删除一列:\n{}".format(df))
```
执行 py 文件，得到的执行结果如下：
```
初始数据帧:
   one  three  two
a  1.0   10.0    1
b  2.0   20.0    2
c  3.0   30.0    3
d  NaN    NaN    4
使用删除函数删除第一列:
   three  two
a   10.0    1
b   20.0    2
c   30.0    3
d    NaN    4
使用 POP 函数删除一列:
   three
a   10.0
b   20.0
c   30.0
d    NaN
```

4.4.9 行选择、添加和删除

可以通过将行标签传递给 loc()函数选择行。

示例代码如下（row_df_1.py）：
```
import pandas as pd

dict_v = {'one': pd.Series([1, 2, 3], index=['a', 'b', 'c']),
          'two': pd.Series([1, 2, 3, 4], index=['a', 'b', 'c', 'd'])}
df = pd.DataFrame(dict_v)
print(df.loc['b'])
```
执行 py 文件，得到的执行结果如下：
```
one    2.0
two    2.0
Name: b, dtype: float64
```
由执行结果可以看到，由一系列标签作为 DataFrame 的列名称，并且系列的名称是检索的标签。

可以通过将整数位置传递给 iloc()函数选择行。

示例代码如下（row_df_2.py）：
```
import pandas as pd

dict_v = {'one': pd.Series([1, 2, 3], index=['a', 'b', 'c']),
```

```
        'two': pd.Series([1, 2, 3, 4], index=['a', 'b', 'c', 'd'])}
df = pd.DataFrame(dict_v)
print(df.iloc[2])
```
执行 py 文件，得到的执行结果如下：
```
one     3.0
two     3.0
Name: c, dtype: float64
```

4.4.10　行切片

可以使用运算符选择多行。

示例代码如下（row_slice_df_1.py）：
```
import pandas as pd


dict_v = {'one': pd.Series([1, 2, 3], index=['a', 'b', 'c']),
         'two': pd.Series([1, 2, 3, 4], index=['a', 'b', 'c', 'd'])}
df = pd.DataFrame(dict_v)
print(df[2:4])
```
执行 py 文件，得到的执行结果如下：
```
   one  two
c  3.0    3
d  NaN    4
```
可以使用 append()函数将新行添加到 DataFrame 中。

示例代码如下（row_slice_df_2.py）：
```
import pandas as pd


df = pd.DataFrame([[1, 2], [3, 4]], columns=['a', 'b'])
print('初始数据帧: \n{}'.format(df))
df2 = pd.DataFrame([[5, 6], [7, 8]], columns=['a', 'b'])
df = df.append(df2)
print('添加新行后的数据帧: \n{}'.format(df))
```
执行 py 文件，得到的执行结果如下：
```
初始数据帧:
   a  b
0  1  2
1  3  4
添加新行后的数据帧:
   a  b
0  1  2
1  3  4
0  5  6
1  7  8
```
可以使用索引标签从 DataFrame 中删除列或删除行。如果标签重复，则会删除多行。

示例代码如下（row_slice_df_3.py）：
```
import pandas as pd
```

```
df = pd.DataFrame([[1, 2], [3, 4]], columns=['a', 'b'])
df2 = pd.DataFrame([[5, 6], [7, 8]], columns=['a', 'b'])
df = df.append(df2)
print('初始数据帧: \n{}'.format(df))

df = df.drop(0)
print('删除包含标签 0 后的数据帧: \n{}'.format(df))
```

执行 py 文件，得到的执行结果如下：

```
初始数据帧:
   a  b
0  1  2
1  3  4
0  5  6
1  7  8
删除包含标签 0 后的数据帧:
   a  b
1  3  4
1  7  8
```

从上述示例的执行结果可以看到，有两行被删除，因为这两行包含相同的标签 0。

4.5 面板

面板是 3D 容器的数据。面板数据一词来源于计量经济学，部分源于名称 Pandas-pan(el)-da(ta)-s。

轴（axis）旨在给出描述涉及面板数据的操作的一些语义，具体如下。

items：axis 0，每个项目对应于内部包含的数据帧。

major_axis：axis 1，每个数据帧的索引（行）。

minor_axis：axis 2，每个数据帧的列。

创建面板（Panel）的语法如下：

```
pandas.Panel(data, items, major_axis, minor_axis, dtype, copy)
```

其参数说明如下。

data：数据可以采取各种形式，如 ndarray、series、map、lists、dict、constant 和另一个数据帧（DataFrame）。

items：axis=0。

major_axis：axis=1。

minor_axis：axis=2。

dtype：每列的数据类型。

copy：复制数据，默认为 False。

面板有多种创建方式，如从 3D ndarray 创建、从 DataFrames 对象的 dict 创建。下面分别进行介绍。

需要注意的是，面板（Panel）在 Pandas 未来的版本中可能会被删除。

4.5.1 面板创建

从 3D ndarray 创建面板的示例代码如下（panel_create_1.py）：

```python
import pandas as pd
import numpy as np


data = np.random.rand(2, 4, 5)
p = pd.Panel(data)
print(p)
```

执行 py 文件，得到的执行结果如下：

```
<class 'pandas.core.panel.Panel'>
Dimensions: 2 (items) x 4 (major_axis) x 5 (minor_axis)
Items axis: 0 to 1
Major_axis axis: 0 to 3
Minor_axis axis: 0 to 4
```

从 DataFrame 对象的 dict 创建面板的示例代码如下（panel_create_2.py）：

```python
import pandas as pd
import numpy as np


data = {'item_1': pd.DataFrame(np.random.randn(4, 3)),
        'item_2': pd.DataFrame(np.random.randn(4, 2))}
p = pd.Panel(data)
print(p)
```

执行 py 文件，得到的执行结果如下：

```
<class 'pandas.core.panel.Panel'>
Dimensions: 2 (items) x 4 (major_axis) x 3 (minor_axis)
Items axis: item_1 to item_2
Major_axis axis: 0 to 3
Minor_axis axis: 0 to 2
```

创建空面板的示例代码如下（panel_create_3.py）：

```python
import pandas as pd


p = pd.Panel()
print(p)
```

执行 py 文件，得到的执行结果如下：

```
<class 'pandas.core.panel.Panel'>
Dimensions: 0 (items) x 0 (major_axis) x 0 (minor_axis)
Items axis: None
Major_axis axis: None
Minor_axis axis: None
```

4.5.2 数据选择

可以使用 items、major_axis、minor_axis 等方式从面板中选择数据。

使用 items 从面板中选择数据的示例代码如下（items_1.py）：

```python
import pandas as pd
import numpy as np

data = {'item_1': pd.DataFrame(np.random.randn(4, 3)),
        'item_2': pd.DataFrame(np.random.randn(4, 2))}
p = pd.Panel(data)
print(p['item_1'])
```

执行 py 文件，得到的执行结果如下：

```
          0         1         2
0  2.269011 -0.186516 -0.293511
1  0.405424  0.065932  0.525305
2  0.572455 -0.258652 -0.082860
3  0.464448 -0.755800  0.913807
```

使用 panel.major_axis(index)方法访问数据的示例代码如下（major_axis_1.py）：

```python
import pandas as pd
import numpy as np

data = {'item_1': pd.DataFrame(np.random.randn(4, 3)),
        'item_2': pd.DataFrame(np.random.randn(4, 2))}
p = pd.Panel(data)
print(p.major_xs(1))
```

执行 py 文件，得到的执行结果如下：

```
      item_1    item_2
0 -0.613270 -1.275151
1 -0.308111 -0.527477
2 -0.200243       NaN
```

使用 panel.minor_axis(index)方法访问数据的示例代码如下（minor_axis_1.py）：

```python
import pandas as pd
import numpy as np

data = {'item_1': pd.DataFrame(np.random.randn(4, 3)),
        'item_2': pd.DataFrame(np.random.randn(4, 2))}
p = pd.Panel(data)
print(p.minor_xs(1))
```

执行 py 文件，得到的执行结果如下：

```
      item_1    item_2
0 -0.223705 -1.279325
1 -0.019355 -0.159323
2 -0.060902  0.897058
3 -0.509713 -0.171655
```

4.6 基本功能

上面讲解了 3 种 Pandas 数据结构以及如何创建。下面主要介绍数据帧对象，因为它在实时数据处理方面非常重要，所以本节继续讨论数据帧的其他数据结构。

表 4-2 列举了 DataFrame 基本功能的重要属性或方法。

表 4-2　DataFrame 基本功能的重要属性或方法

编　号	属性或方法	描　　述
1	T	转置行和列
2	axes	返回一个列，行轴标签和列轴标签作为唯一的成员
3	dtypes	返回此对象中的数据类型（dtypes）
4	empty	如果 DataFrame 完全为空（无项目），则返回 True；如果任意轴的长度为 0，则返回 False
5	ndim	轴/数组维度大小
6	shape	返回表示 DataFrame 的维度的元组
7	size	DataFrame 中的元素数
8	values	DataFrame 的 NumPy 表示
9	head()	返回开头前 n 行
10	tail()	返回最后 n 行

下面通过示例逐一演示上述属性或方法的使用方式。

4.6.1　T 转置

T 转置返回 DataFrame 的转置，将行和列交换。

示例代码如下（df_t.py）：

```python
import pandas as pd

# 创建一个字典系列
dict_sr = {'Name': pd.Series(['meng', 'cai', 'zhang', 'wang', 'li', 'qiang', 'yang']),
           'Age': pd.Series([20, 21, 22, 21, 22, 19, 20]),
           'Rating': pd.Series([2.65, 3.51, 2.98, 3.22, 2.70, 3.6, 4.1])}
df = pd.DataFrame(dict_sr)
print('初始数据: \n{}'.format(df))
print("数据帧的转置: \n{}".format(df.T))
```

执行 py 文件，得到的执行结果如下：

```
初始数据:
   Age   Name  Rating
0   20   meng    2.65
1   21    cai    3.51
2   22  zhang    2.98
3   21   wang    3.22
4   22     li    2.70
5   19  qiang    3.60
6   20   yang    4.10
数据帧的转置:
           0     1      2     3     4      5     6
Age       20    21     22    21    22     19    20
Name    meng   cai  zhang  wang    li  qiang  yang
Rating  2.65  3.51   2.98  3.22   2.7    3.6   4.1
```

4.6.2 axes

axes 返回行轴标签和列轴标签列表。

示例代码如下（df_axes.py）：

```
import pandas as pd

# 创建一个字典系列
dict_sr = {'Name': pd.Series(['meng', 'cai', 'zhang', 'wang', 'li', 'qiang', 'yang']),
           'Age': pd.Series([20, 21, 22, 21, 22, 19, 20]),
           'Rating': pd.Series([2.65, 3.51, 2.98, 3.22, 2.70, 3.6, 4.1])}
df = pd.DataFrame(dict_sr)
print("行轴标签和列轴标签:\n{}".format(df.axes))
```

执行 py 文件，得到的执行结果如下：

```
行轴标签和列轴标签:
[RangeIndex(start=0, stop=7, step=1), Index(['Age', 'Name', 'Rating'], dtype=
'object')]
```

4.6.3 dtypes

dtypes 返回每列的数据类型。

示例代码如下（df_dtypes.py）：

```
import pandas as pd

dict_sr = {'Name': pd.Series(['meng', 'cai', 'zhang', 'wang', 'li', 'qiang', 'yang']),
           'Age': pd.Series([20, 21, 22, 21, 22, 19, 20]),
           'Rating': pd.Series([2.65, 3.51, 2.98, 3.22, 2.70, 3.6, 4.1])}
df = pd.DataFrame(dict_sr)
print("各个列的数据类型:\n{}".format(df.dtypes))
```

执行 py 文件，得到的执行结果如下：

```
各个列的数据类型:
Age       int64
Name      object
Rating    float64
dtype: object
```

4.6.4 empty

empty 返回布尔值，表示对象是否为空。若返回 True，则表示对象为空。

示例代码如下（df_empty.py）：

```
import pandas as pd

dict_sr = {'Name': pd.Series(['meng', 'cai', 'zhang', 'wang', 'li', 'qiang', 'yang']),
           'Age': pd.Series([20, 21, 22, 21, 22, 19, 20]),
           'Rating': pd.Series([2.65, 3.51, 2.98, 3.22, 2.70, 3.6, 4.1])}
df = pd.DataFrame(dict_sr)
print("对象是否为空: \n{}".format(df.empty))
```

执行 py 文件，得到的执行结果如下：

对象是否为空：
False

4.6.5 ndim

ndim 表示轴/数组的维度大小。由定义可知，DataFrame 是一个 2D 对象。

示例代码如下（df_ndim.py）：

```
import pandas as pd

dict_sr = {'Name': pd.Series(['meng', 'cai', 'zhang', 'wang', 'li', 'qiang', 'yang']),
           'Age': pd.Series([20, 21, 22, 21, 22, 19, 20]),
           'Rating': pd.Series([2.65, 3.51, 2.98, 3.22, 2.70, 3.6, 4.1])}
df = pd.DataFrame(dict_sr)
print('初始数据: \n{}'.format(df))
print("对象的维度为:\n{}".format(df.ndim))
```

执行 py 文件，得到的执行结果如下：

```
初始数据:
   Age   Name  Rating
0   20   meng    2.65
1   21    cai    3.51
2   22  zhang    2.98
3   21   wang    3.22
4   22     li    2.70
5   19  qiang    3.60
6   20   yang    4.10
对象的维度为:
2
```

4.6.6 shape

shape 返回表示 DataFrame 的维度的元组。元组(a,b)中，a 表示行数，b 表示列数。

示例代码如下（df_shape.py）：

```
import pandas as pd

dict_sr = {'Name': pd.Series(['meng', 'cai', 'zhang', 'wang', 'li', 'qiang', 'yang']),
           'Age': pd.Series([20, 21, 22, 21, 22, 19, 20]),
           'Rating': pd.Series([2.65, 3.51, 2.98, 3.22, 2.70, 3.6, 4.1])}
df = pd.DataFrame(dict_sr)
print("对象的维度元组:{}".format(df.shape))
```

执行 py 文件，得到的执行结果如下：

对象的维度元组:(7, 3)

4.6.7 size

size 返回 DataFrame 中的元素数。

示例代码如下（df_size.py）：

```
import pandas as pd

dict_sr = {'Name': pd.Series(['meng', 'cai', 'zhang', 'wang', 'li', 'qiang', 'yang']),
           'Age': pd.Series([20, 21, 22, 21, 22, 19, 20]),
           'Rating': pd.Series([2.65, 3.51, 2.98, 3.22, 2.70, 3.6, 4.1])}
df = pd.DataFrame(dict_sr)
print('初始数据: \n{}'.format(df))
print ("对象中元素的总数:{}".format(df.size))
```

执行 py 文件，得到的执行结果如下：

```
初始数据:
   Age   Name   Rating
0   20   meng    2.65
1   21    cai    3.51
2   22  zhang    2.98
3   21   wang    3.22
4   22     li    2.70
5   19  qiang    3.60
6   20   yang    4.10
对象中元素的总数:21
```

4.6.8 values

values 将 DataFrame 中的实际数据作为 ndarray 返回。

示例代码如下（df_values.py）：

```
import pandas as pd

dict_sr = {'Name': pd.Series(['meng', 'cai', 'zhang', 'wang', 'li', 'qiang', 'yang']),
           'Age': pd.Series([20, 21, 22, 21, 22, 19, 20]),
           'Rating': pd.Series([2.65, 3.51, 2.98, 3.22, 2.70, 3.6, 4.1])}
df = pd.DataFrame(dict_sr)
print("数据框架中的实际数据:\n{}".format(df.values))
```

执行 py 文件，得到的执行结果如下：

```
数据框架中的实际数据:
[[20 'meng' 2.65]
 [21 'cai' 3.51]
 [22 'zhang' 2.98]
 [21 'wang' 3.22]
 [22 'li' 2.7]
 [19 'qiang' 3.6]
 [20 'yang' 4.1]]
```

4.6.9 head()方法与 tail()方法

要查看 DataFrame 对象的小样本，可以使用 head()方法和 tail()方法。

head()方法返回前 n 行（观察索引值），显示元素的默认数量为 5，但可以传递自定义数字值。

示例代码如下（df_head.py）：

```python
import pandas as pd

dict_sr = {'Name': pd.Series(['meng', 'cai', 'zhang', 'wang', 'li', 'qiang', 'yang']),
           'Age': pd.Series([20, 21, 22, 21, 22, 19, 20]),
           'Rating': pd.Series([2.65, 3.51, 2.98, 3.22, 2.70, 3.6, 4.1])}
df = pd.DataFrame(dict_sr)
print("数据帧的前两行:\n{}".format(df.head(2)))
```

执行 py 文件，得到的执行结果如下：

```
数据帧的前两行:
   Age  Name  Rating
0   20  meng    2.65
1   21   cai    3.51
```

tail()方法返回最后 *n* 行（观察索引值），显示元素的默认数量为 5，但可以传递自定义数字值。

示例代码如下（df_tail.py）：

```python
import pandas as pd

dict_sr = {'Name': pd.Series(['meng', 'cai', 'zhang', 'wang', 'li', 'qiang', 'yang']),
           'Age': pd.Series([20, 21, 22, 21, 22, 19, 20]),
           'Rating': pd.Series([2.65, 3.51, 2.98, 3.22, 2.70, 3.6, 4.1])}
df = pd.DataFrame(dict_sr)
print("数据帧的最后两行:\n{}".format(df.tail(2)))
```

执行 py 文件，得到的执行结果如下：

```
数据帧的最后两行:
   Age   Name  Rating
5   19  qiang     3.6
6   20   yang     4.1
```

4.7 描述性统计

在 Pandas 中，有多种方法可以用来集体计算 DataFrame 的描述性统计信息和其他相关操作，其中大多数是 sum()、mean()等聚合函数，其中一些函数（如 sum()）会产生一个相同大小的对象。一般来说，这些方法采用轴参数，类似于 ndarray.{sum,std,...}，但轴可以通过名称或整数指定。

下面讲解部分方法或函数。

4.7.1 sum()函数

sum()函数返回所请求轴的值的总和。在默认情况下，轴为索引（axis=0）。

示例代码如下（df_sum_1.py）：

```python
import pandas as pd
```

```
dict_sr = {'Name': pd.Series(['meng', 'cai', 'zhang', 'wang', 'li', 'qiang', 'yang']),
           'Age': pd.Series([20, 21, 22, 21, 22, 19, 20]),
           'Rating': pd.Series([2.65, 3.51, 2.98, 3.22, 2.70, 3.6, 4.1])}
df = pd.DataFrame(dict_sr)
print('初始数据: \n{}'.format(df))
print('轴的值的总和: \n{}'.format(df.sum()))
```

执行 py 文件，得到的执行结果如下：

```
初始数据:
   Age    Name   Rating
0   20    meng     2.65
1   21     cai     3.51
2   22   zhang     2.98
3   21    wang     3.22
4   22      li     2.70
5   19   qiang     3.60
6   20    yang     4.10
轴的值的总和:
Age                             145
Name      mengcaizhangwangliqiangyang
Rating                        22.76
dtype: object
```

若单独添加每个列，则需要指定 axis=1。

示例代码如下（df_sum_2.py）：

```
import pandas as pd

dict_sr = {'Name': pd.Series(['meng', 'cai', 'zhang', 'wang', 'li', 'qiang', 'yang']),
           'Age': pd.Series([20, 21, 22, 21, 22, 19, 20]),
           'Rating': pd.Series([2.65, 3.51, 2.98, 3.22, 2.70, 3.6, 4.1])}
df = pd.DataFrame(dict_sr)
print('行轴的值的总和: \n{}'.format(df.sum(1)))
```

执行 py 文件，得到的执行结果如下：

```
行轴的值的总和:
0    22.65
1    24.51
2    24.98
3    24.22
4    24.70
5    22.60
6    24.10
dtype: float64
```

4.7.2　mean()函数

mean()函数返回平均值。

示例代码如下（df_mean.py）：

```python
import pandas as pd

dict_sr = {'Name': pd.Series(['meng', 'cai', 'zhang', 'wang', 'li', 'qiang', 'yang']),
           'Age': pd.Series([20, 21, 22, 21, 22, 19, 20]),
           'Rating': pd.Series([2.65, 3.51, 2.98, 3.22, 2.70, 3.6, 4.1])}
df = pd.DataFrame(dict_sr)
print('轴的平均值: \n{}'.format(df.mean()))
```

执行 py 文件，得到的执行结果如下：

```
轴的平均值:
Age        20.714286
Rating      3.251429
dtype: float64
```

4.7.3 std()函数

std()函数返回数字列的 Bressel 标准偏差。

示例代码如下（df_std.py）：

```python
import pandas as pd

dict_sr = {'Name': pd.Series(['meng', 'cai', 'zhang', 'wang', 'li', 'qiang', 'yang']),
           'Age': pd.Series([20, 21, 22, 21, 22, 19, 20]),
           'Rating': pd.Series([2.65, 3.51, 2.98, 3.22, 2.70, 3.6, 4.1])}
df = pd.DataFrame(dict_sr)
print('标准偏差: \n{}'.format(df.std()))
```

执行 py 文件，得到的执行结果如下：

```
标准偏差:
Age        1.112697
Rating      0.524227
dtype: float64
```

4.7.4 describe()函数

describe()函数计算有关 DataFrame 列的统计信息的摘要。

示例代码如下（df_describe_1.py）：

```python
import pandas as pd

dict_sr = {'Name': pd.Series(['meng', 'cai', 'zhang', 'wang', 'li', 'qiang', 'yang']),
           'Age': pd.Series([20, 21, 22, 21, 22, 19, 20]),
           'Rating': pd.Series([2.65, 3.51, 2.98, 3.22, 2.70, 3.6, 4.1])}
df = pd.DataFrame(dict_sr)
print('汇总数据: \n{}'.format(df.describe()))
```

执行 py 文件，得到的执行结果如下：

```
汇总数据:
              Age     Rating
```

```
count    7.000000   7.000000
mean    20.714286   3.251429
std      1.112697   0.524227
min     19.000000   2.650000
25%     20.000000   2.840000
50%     21.000000   3.220000
75%     21.500000   3.555000
max     22.000000   4.100000
```

describe()函数给出了平均值、标准差和 IQR 值。同时，该函数排除了字符列，并给出了关于数字列的摘要。

describe()函数可以使用 include 参数，include 参数用于传递关于哪列需要考虑用于总结的必要信息的参数。

include 参数有 3 个指定取值：object，汇总字符串列；number，汇总数字列；all，将所有列汇总在一起（不应将其作为列表值传递）。

取值为 object 的示例代码如下（df_describe_2.py）：

```python
import pandas as pd

dict_sr = {'Name': pd.Series(['meng', 'cai', 'zhang', 'wang', 'li', 'qiang', 'yang']),
           'Age': pd.Series([20, 21, 22, 21, 22, 19, 20]),
           'Rating': pd.Series([2.65, 3.51, 2.98, 3.22, 2.70, 3.6, 4.1])}
df = pd.DataFrame(dict_sr)
print('include 为 object 值的标准偏差：\n{}'.format(df.describe(include=
['object'])))
```

执行 py 文件，得到的执行结果如下：

```
include 为 object 值的标准偏差：
        Name
count     7
unique    7
top     cai
freq      1
```

取值为 all 的示例代码如下（df_describe_3.py）：

```python
import pandas as pd

dict_sr = {'Name': pd.Series(['meng', 'cai', 'zhang', 'wang', 'li', 'qiang', 'yang']),
           'Age': pd.Series([20, 21, 22, 21, 22, 19, 20]),
           'Rating': pd.Series([2.65, 3.51, 2.98, 3.22, 2.70, 3.6, 4.1])}
df = pd.DataFrame(dict_sr)
print('include 为 all 的标准偏差：\n{}'.format(df.describe(include='all')))
```

执行 py 文件，得到的执行结果如下：

```
include 为 all 的标准偏差：
             Age  Name    Rating
count   7.000000     7  7.000000
unique       NaN     7       NaN
top          NaN  yang       NaN
freq         NaN     1       NaN
```

```
mean    20.714286    NaN    3.251429
std      1.112697    NaN    0.524227
min     19.000000    NaN    2.650000
25%     20.000000    NaN    2.840000
50%     21.000000    NaN    3.220000
75%     21.500000    NaN    3.555000
max     22.000000    NaN    4.100000
```

4.8　函数应用

将自定义或其他库的函数应用于 Pandas 对象，主要有 3 种方法，分别为表格函数（pipe()）、行列合理函数（apply()）和元素合理函数（applymap()）。使用何种方法取决于函数期望在整个 DataFrame、行或列或元素上进行哪些操作，下面讨论如何使用这 3 种方法。

4.8.1　表格函数

可以通过将函数和适当数量的参数作为管道参数执行自定义操作，从而对整个 DataFrame 执行操作。

例如，如果为 DataFrame 中的所有元素都增加一个数值 2，则对应的操作如下。

首先，定义一个函数，该函数将两个参数数值相加并返回总和，示例代码如下：

```
def add_num(ele1, ele2):
    return ele1 + ele2
```

其次，使用自定义函数对 DataFrame 进行操作，示例代码如下：

```
df = pd.DataFrame(np.random.randn(5, 3), columns=['col1', 'col2', 'col3'])
df.pipe(add_num, 2)
```

完整的示例代码如下（fun_pipe_1.py）：

```
import pandas as pd
import numpy as np


def add_num(ele1, ele2):
    return ele1 + ele2


df = pd.DataFrame(np.random.randn(5, 3), columns=['col1', 'col2', 'col3'])
print('初始数组: \n{}'.format(df))
print('调用函数后的数组: \n{}'.format(df.pipe(add_num, 2)))
```

执行 py 文件，得到的执行结果如下：

```
初始数组:
       col1       col2       col3
0  1.392575   1.087258   1.081433
1  0.550510   0.079232   2.147157
2  0.665983   0.095287   1.685808
3  1.217459  -1.671464  -0.272779
```

```
4 -0.772414  -1.165476   0.363439
```
调用函数后的数组：
```
        col1       col2       col3
0   3.392575   3.087258   3.081433
1   2.550510   2.079232   4.147157
2   2.665983   2.095287   3.685808
3   3.217459   0.328536   1.727221
4   1.227586   0.834524   2.363439
```

4.8.2　行列合理函数

可以使用 apply() 函数沿 DataFrame 或 Panel 的轴应用任意函数，它与描述性统计方法一样，采用可选的 axis 参数。在默认情况下，操作按列执行，将每列列为数组。

示例代码如下（fun_apply_1.py）：

```python
import pandas as pd
import numpy as np


df = pd.DataFrame(np.random.randn(5, 3), columns=['col1', 'col2', 'col3'])
df.apply(np.mean)
print('调用 apply 函数后的数组：\n{}'.format(df))
```

执行 py 文件，得到的执行结果如下：

调用 apply 函数后的数组：
```
        col1       col2       col3
0  -0.247734   0.131609  -0.061396
1   0.095883  -1.031836  -1.552248
2  -0.871647   1.168556   1.158808
3  -0.601217  -1.012580   0.751484
4   1.181117  -0.887359   0.627066
```

通过传递 axis 参数，可以在行上执行操作。

示例代码如下（fun_apply_2.py）：

```python
import pandas as pd
import numpy as np


df = pd.DataFrame(np.random.randn(5, 3), columns=['col1', 'col2', 'col3'])
df.apply(np.mean, axis=1)
print('调用 apply 函数后的数组：\n{}'.format(df))
```

执行 py 文件，得到的执行结果如下：

调用 apply 函数后的数组：
```
        col1       col2       col3
0   0.807227   1.319393  -0.445002
1  -0.225110   0.553967   0.249259
2   0.154444   0.537110  -0.337871
3   0.474131   0.505558  -0.797283
4   0.261479   0.451830  -0.588002
```

也可以使用 lambda 作为参数。

示例代码如下（fun_apply_3.py）：

```
import pandas as pd
import numpy as np

df = pd.DataFrame(np.random.randn(5, 3), columns=['col1', 'col2', 'col3'])
df.apply(lambda x: x.max() - x.min())
print('调用 apply 函数后的数组: \n{}'.format(df))
```

执行 py 文件，得到的执行结果如下：

```
调用 apply 函数后的数组:
        col1      col2      col3
0  0.129824  1.179181  0.478946
1 -2.705275 -0.660083  1.126917
2 -0.110756 -0.651636 -0.531675
3  2.331802  0.281454  1.167356
4 -0.269198 -1.896240 -0.581880
```

4.8.3　元素合理函数

并不是所有的函数都可以向量化（不是返回另一个数组的 NumPy 数组，也不是任何值），DataFrame 中的 applymap()函数与 Series 中的 map()函数类似，可以接收任何 Python 函数，并且返回单个值。

示例代码如下（fun_applymap_1.py）：

```
import pandas as pd
import numpy as np

df = pd.DataFrame(np.random.randn(5, 3), columns=['col1', 'col2', 'col3'])
df['col1'].map(lambda x: x*100)
print(df)
```

执行 py 文件，得到的执行结果如下：

```
        col1      col2      col3
0 -0.515990  0.269140  1.487362
1  3.409764  0.461438  1.462950
2  0.504634  1.783385 -1.057683
3 -0.519764 -0.070159 -0.272529
4 -1.087255  0.172454 -0.576072
```

示例代码如下（fun_applymap_2.py）：

```
import pandas as pd
import numpy as np

df = pd.DataFrame(np.random.randn(5, 3), columns=['col1', 'col2', 'col3'])
df.applymap(lambda x: x*100)
print(df)
```

执行 py 文件，得到的执行结果如下：

```
        col1      col2      col3
0  0.201437 -0.780036  0.327204
1 -0.569220  0.960516 -0.753211
2 -0.538458  0.329790  0.291704
```

```
3 -0.981880 -0.902949  0.741322
4 -0.014413  0.750872 -0.485678
```

4.9 重建索引

重建索引会更改 DataFrame 的行标签和列标签。重建索引意味着重新构建数据以匹配特定轴上的一组给定的标签。

可以通过索引实现重新排列现有数据以匹配一组新的标签，以及在没有标签数据的标签位置插入缺失值（NaN）标记。

下面讨论重建索引的部分方法。

4.9.1 重建对象对齐索引

有时可能希望对一个对象重建索引，从而使该对象的轴被标记为与另一个对象相同。

示例代码如下（re_index_1.py）：

```python
import pandas as pd
import numpy as np


df_1 = pd.DataFrame(np.random.randn(10, 3), columns=['col1', 'col2', 'col3'])
df_2 = pd.DataFrame(np.random.randn(7, 3), columns=['col1', 'col2', 'col3'])
print('初始数组: \n{}'.format(df_1))


df_1 = df_1.reindex_like(df_2)
print('重建对象对齐索引后的数组: \n{}'.format(df_1))
```

执行 py 文件，得到的执行结果如下：

```
初始数组:
      col1      col2      col3
0  0.789361 -0.402245 -0.301445
1 -0.626023  0.209122  0.678034
2 -1.357188 -1.236342  1.552624
3 -1.123919  0.314110  0.064670
4  1.304862  0.354747  2.146511
5 -0.785169 -0.819988 -1.027885
6 -1.306799  0.053248  0.472749
7  0.236742 -0.247790 -3.008888
8 -0.508143 -0.152630 -0.358406
9  0.676225  2.398056 -0.664921
重建对象对齐索引后的数组:
      col1      col2      col3
0  0.789361 -0.402245 -0.301445
1 -0.626023  0.209122  0.678034
2 -1.357188 -1.236342  1.552624
3 -1.123919  0.314110  0.064670
4  1.304862  0.354747  2.146511
```

```
5 -0.785169 -0.819988 -1.027885
6 -1.306799  0.053248  0.472749
```

在示例中，df_1 数据帧被更改并重新编号。在操作过程中，列名称应该匹配，否则将为整个列标签添加 NaN。

4.9.2 填充时重新加注

reindex()，即采用可选参数方法，是一个填充方法，其取值如下。

pad/ffill：向前填充值。

bfill/backfill：向后填充值。

nearest：从最近的索引值填充。

示例代码如下（re_index_2.py）：

```python
import pandas as pd
import numpy as np

df_1 = pd.DataFrame(np.random.randn(6, 3), columns=['col1', 'col2', 'col3'])
df_2 = pd.DataFrame(np.random.randn(2, 3), columns=['col1', 'col2', 'col3'])
print('NaN 值填充: \n{}'.format(df_2.reindex_like(df_1)))
print("用前面的值填充 NaN: \n{}".format(df_2.reindex_like(df_1, method='ffill')))
```

执行 py 文件，得到的执行结果如下：

```
NaN 值填充:
       col1      col2      col3
0 -0.377242 -0.052091  0.081355
1 -0.074333  0.513818 -1.183858
2       NaN       NaN       NaN
3       NaN       NaN       NaN
4       NaN       NaN       NaN
5       NaN       NaN       NaN
用前面的值填充 NaN:
       col1      col2      col3
0 -0.377242 -0.052091  0.081355
1 -0.074333  0.513818 -1.183858
2 -0.074333  0.513818 -1.183858
3 -0.074333  0.513818 -1.183858
4 -0.074333  0.513818 -1.183858
5 -0.074333  0.513818 -1.183858
```

对比执行结果可以看到，后面 4 行 NaN 值被填充了。

4.9.3 重建索引时的填充限制

限制参数在重建索引时提供对填充的额外控制，限制指定连续匹配的最大计数。

示例代码如下（re_index_3.py）：

```python
import pandas as pd
import numpy as np
```

```
df_1 = pd.DataFrame(np.random.randn(6, 3), columns=['col1', 'col2', 'col3'])
df_2 = pd.DataFrame(np.random.randn(2, 3), columns=['col1', 'col2', 'col3'])
print('NaN 值填充: \n{}'.format(df_2.reindex_like(df_1)))
print("正向填充限制为 1 的数据帧:\n{}".format(df_2.reindex_like(df_1, method=
'ffill', limit=1)))
```

执行 py 文件，得到的执行结果如下：

```
NaN 值填充:
        col1      col2      col3
0 -0.602967 -0.088992 -0.891694
1 -0.056700  0.116145  1.102329
2       NaN       NaN       NaN
3       NaN       NaN       NaN
4       NaN       NaN       NaN
5       NaN       NaN       NaN
正向填充限制为 1 的数据帧:
        col1      col2      col3
0 -0.602967 -0.088992 -0.891694
1 -0.056700  0.116145  1.102329
2 -0.056700  0.116145  1.102329
3       NaN       NaN       NaN
4       NaN       NaN       NaN
5       NaN       NaN       NaN
```

对比执行结果可以看到，只有一行被前一行填充，其他行保持原样。

4.9.4 重命名

rename()方法允许基于一些映射（字典或系列）或任意函数重新标记一个轴。

示例代码如下（re_name_1.py）：

```
import pandas as pd
import numpy as np


df_1 = pd.DataFrame(np.random.randn(6, 3), columns=['col1', 'col2', 'col3'])
print('初始数组: \n{}'.format(df_1))

print("重命名行和列后: \n{}".format(df_1.rename(columns={'col1': 'c1', 'col2': 'c2'},
                                 index={0: 'apple', 1: 'banana', 2: 'durian'})))
```

执行 py 文件，得到的执行结果如下：

```
初始数组:
        col1      col2      col3
0  1.183292 -1.209396 -1.484436
1 -1.699788 -0.723924  0.277420
2 -1.713407  1.697303 -0.174951
3 -1.428616 -0.309138 -0.334272
4  1.067536  0.127417 -0.143650
5  1.225273 -1.178923 -1.895658
重命名行和列后:
```

```
          c1        c2       col3
apple   1.183292 -1.209396 -1.484436
banana -1.699788 -0.723924  0.277420
durian -1.713407  1.697303 -0.174951
3      -1.428616 -0.309138 -0.334272
4       1.067536  0.127417 -0.143650
5       1.225273 -1.178923 -1.895658
```

rename()方法提供了一个 inplace 命名参数，默认为 False，并复制底层数据。如果指定传递 inplace=True，则表示将数据重命名。

4.10 迭代

Pandas 对象之间基本迭代的行为取决于类型。当迭代一个系列时，它被视为数组式，基本迭代产生这些值。其他数据结构，如 DataFrame 和 Panel，遵循类似惯例迭代对象的键。

迭代 DataFrame 提供列名。

示例代码如下（iter_1.py）：

```python
import pandas as pd
import numpy as np

N = 20
df = pd.DataFrame({
    'A': pd.date_range(start='2016-01-01', periods=N, freq='D'),
    'x': np.linspace(0, stop=N-1, num=N),
    'y': np.random.rand(N),
    'C': np.random.choice(['Low', 'Medium', 'High'], N).tolist(),
    'D': np.random.normal(100, 10, size=N).tolist()
    })
for col in df:
    print(col)
```

执行 py 文件，得到的执行结果如下：

```
col1 0   -0.473592
1   -0.386371
2   -2.104951
3    0.141882
Name: col1, dtype: float64
col2 0    1.154818
1    0.854356
2    0.528952
3    0.228733
Name: col2, dtype: float64
col3 0   -0.701175
1    0.343094
2    0.915758
3    2.000420
```

```
Name: col3, dtype: float64
```

要遍历 DataFrame 中的行，可以使用以下函数。

- iteritems()函数：迭代(key,value)对。
- iterrows()函数：将行迭代为(索引,系列)对。
- itertuples()函数：以 namedtuples 的形式迭代行。

iteritems()函数将每个列作为键，将值与值作为键和列值迭代为 Series 对象。

示例代码如下（iter_items_1.py）：

```python
import pandas as pd
import numpy as np

df = pd.DataFrame(np.random.randn(4, 3), columns=['col1', 'col2', 'col3'])
for key, value in df.iteritems():
    print(key, value)
```

读者可以实际操作执行该 py 文件，并观察执行结果，此处不再展示执行结果。

iterrows()函数返回迭代器，产生每个索引值以及包含每行数据的序列。

示例代码如下（iter_rows_1.py）：

```python
import pandas as pd
import numpy as np

df = pd.DataFrame(np.random.randn(4, 3), columns=['col1', 'col2', 'col3'])
for row_index, row in df.iterrows():
    print (row_index, row)
```

读者可以实际操作执行该 py 文件，并观察执行结果，此处不再展示执行结果。

itertuples()函数为 DataFrame 中的每一行返回一个产生一个命名元组的迭代器。元组的第一个元素是行的相应索引值，而剩余的值是行值。

示例代码如下（iter_tuples_1.py）：

```python
import pandas as pd
import numpy as np

df = pd.DataFrame(np.random.randn(4, 3), columns=['col1', 'col2', 'col3'])
for row in df.itertuples():
    print(row)
```

读者可以实际操作执行该 py 文件，并观察执行结果，此处不再展示执行结果。

4.11 排序

Pandas 有两种排序方式，分别是按标签排序和按实际值排序。下面分别进行讨论。

4.11.1 按标签排序

通过传递 axis 参数，使用 sort_index()函数可以对 DataFrame 进行排序。在默认情况下，按照升序对行标签进行排序。

示例代码如下（sort_index_1.py）：

```python
import pandas as pd
import numpy as np

un_sorted_df = pd.DataFrame(np.random.randn(10, 2), index=[1, 4, 6, 2, 3, 5, 9,
8, 0, 7], columns=['col2', 'col1'])
print('排序前: \n{}'.format(un_sorted_df))

sorted_df = un_sorted_df.sort_index()
print('排序后: \n{}'.format(sorted_df))
```

执行 py 文件，得到的执行结果如下：

```
排序前:
        col2       col1
1  -0.265526  -0.909469
4   1.012574  -0.973220
6   1.142370   0.976928
2  -0.517948  -1.577665
3   1.952430  -0.005693
5  -0.225149   1.453280
9   0.198330   1.442888
8  -0.076415  -0.509040
0  -0.332180  -0.935152
7   0.843483   2.087693
排序后:
        col2       col1
0  -0.332180  -0.935152
1  -0.265526  -0.909469
2  -0.517948  -1.577665
3   1.952430  -0.005693
4   1.012574  -0.973220
5  -0.225149   1.453280
6   1.142370   0.976928
7   0.843483   2.087693
8  -0.076415  -0.509040
9   0.198330   1.442888
```

4.11.2 排序顺序

通过将布尔值传递给升序参数，可以控制排序顺序。

示例代码如下（sort_index_2.py）：

```python
import pandas as pd
import numpy as np

un_sorted_df = pd.DataFrame(np.random.randn(10, 2), index=[1, 4, 6, 2, 3, 5, 9,
8, 0, 7], columns=['col2', 'col1'])
sorted_df = un_sorted_df.sort_index(ascending=False)
print(sorted_df)
```

读者可以实际操作执行该 py 文件，并观察执行结果，此处不再展示执行结果。

4.11.3 按列排序

传递 axis 参数值为 0 或 1，可以对列标签进行排序。在默认情况下，若 axis=0，则逐行排列。

示例代码如下（sort_index_3.py）：

```
import pandas as pd
import numpy as np

un_sorted_df = pd.DataFrame(np.random.randn(10, 2), index=[1, 4, 6, 2, 3, 5, 9,
8, 0, 7], columns=['col2', 'col1'])
sorted_df = un_sorted_df.sort_index(axis=1)
print(sorted_df)
```

读者可以实际操作执行该 py 文件，并观察执行结果，此处不再展示执行结果。

4.11.4 按值排序

与索引排序一样，sort_values()函数是按值排序的，它接收一个 by 参数，且参数值需要与待排序值的 DataFrame 的列名称一致。

示例代码如下（sort_index_4.py）：

```
import pandas as pd

un_sorted_df = pd.DataFrame({'col1': [2, 1, 1, 1], 'col2': [1, 3, 2, 4]})
sorted_df = un_sorted_df.sort_values(by='col1')
print(sorted_df)
```

执行 py 文件，得到的执行结果如下：

```
   col1  col2
1     1     3
2     1     2
3     1     4
0     2     1
```

通过 by 参数指定需要的列值。

示例代码如下（sort_index_5.py）：

```
import pandas as pd

un_sorted_df = pd.DataFrame({'col1': [2, 1, 1, 1], 'col2': [1, 3, 2, 4]})
sorted_df = un_sorted_df.sort_values(by=['col1', 'col2'])
print(sorted_df)
```

读者可以实际操作执行该 py 文件，并观察执行结果，此处不再展示执行结果。

4.11.5 排序算法

sort_values()函数提供了从 mergesort、heapsort 和 quicksort 中选择算法的一个配置。

mergesort 是唯一稳定的算法。

示例代码如下（sort_index_6.py）：

```
import pandas as pd

un_sorted_df = pd.DataFrame({'col1': [2, 1, 1, 1], 'col2': [1, 3, 2, 4]})
sorted_df = un_sorted_df.sort_values(by='col1', kind='mergesort')
print(sorted_df)
```

读者可以实际操作执行该 py 文件，并观察执行结果，此处不再展示执行结果。

4.12　字符串和文本数据

Pandas 提供了一组字符串函数，可以非常方便地对字符串数据进行操作。最重要的是，这些函数忽略（或排除）NaN 值。另外，这些函数几乎都使用 Python 字符串函数，将 Series 对象转换为 String 对象，然后执行对应操作。

下面分别进行讨论。

4.12.1　lower()函数

lower()函数用于将 Series/Index 中的字符串转换为小写。

示例代码如下（pd_lower.py）：

```
import pandas as pd
import numpy as np

str_list = ['meng', 'Zhi', 'MI', 'w@y', np.nan, '123', 'LiXiao']
pd_str = pd.Series(str_list)
print(pd_str.str.lower())
```

执行 py 文件，得到的执行结果如下：

```
0      meng
1       zhi
2        mi
3       w@y
4       NaN
5       123
6    lixiao
dtype: object
```

4.12.2　upper()函数

upper()函数用于将 Series/Index 中的字符串转换为大写。

示例代码如下（pd_upper.py）：

```
import pandas as pd
import numpy as np

str_list = ['meng', 'Zhi', 'MI', 'w@y', np.nan, '123', 'LiXiao']
```

```
pd_str = pd.Series(str_list)
print(pd_str.str.upper())
```

读者可以实际操作执行该 py 文件，并观察执行结果，此处不再展示执行结果。其执行结果和 lower() 函数类似，只是将结果中所有字母字符转换为大写。

4.12.3　len() 函数

len() 函数用于计算字符串长度。

示例代码如下（pd_len.py）：

```
import pandas as pd
import numpy as np

str_list = ['meng', 'Zhi', 'MI', 'w@y', np.nan, '123', 'LiXiao']
pd_str = pd.Series(str_list)
print(pd_str.str.len())
```

执行 py 文件，得到的执行结果如下：

```
0    4.0
1    3.0
2    2.0
3    3.0
4    NaN
5    3.0
6    6.0
dtype: float64
```

4.12.4　strip() 函数

strip() 函数可以删除 Series/Index 两侧的每个字符串中的空格（包括换行符）。

示例代码如下（pd_strip.py）：

```
import pandas as pd

str_list = [' meng', 'Zhi ', 'MI', 'Li Xiao']
pd_sr = pd.Series(str_list)
print('before stripping:\n{}'.format(pd_sr))
print("after stripping:\n{}".format(pd_sr.str.strip()))
```

读者可以实际操作执行该 py 文件，并观察执行结果，此处不再展示执行结果。

4.12.5　split() 函数

split() 函数用给定的模式拆分每个字符串。

示例代码如下（pd_split.py）：

```
import pandas as pd

str_list = [' meng', 'Zhi ', 'MI', ' Li Xiao']
pd_sr = pd.Series(str_list)
```

```
print('before split:\n{}'.format(pd_sr))
print("after split:\n{}".format(pd_sr.str.split()))
```

读者可以实际操作执行该 py 文件，并观察执行结果，此处不再展示执行结果。

4.12.6　cat()函数

cat()函数使用给定的分隔符连接 Series/Index 元素。

示例代码如下（pd_cat.py）：

```
import pandas as pd

str_list = [' meng', 'Zhi ', 'MI', ' Li Xiao']
pd_sr = pd.Series(str_list)
print(pd_sr.str.cat(sep=' <=> '))
```

执行 py 文件，得到的执行结果如下：

```
 meng <=> Zhi  <=> MI <=>  Li Xiao
```

4.12.7　get_dummies()函数

get_dummies()函数返回具有单热编码值的数据帧。

示例代码如下（pd_get_dummies.py）：

```
import pandas as pd

str_list = [' meng', 'Zhi ', 'MI', ' Li Xiao']
pd_sr = pd.Series(str_list)
print(pd_sr.str.get_dummies())
```

执行 py 文件，得到的执行结果如下：

```
    Li Xiao   meng  MI  Zhi
0         0      1   0    0
1         0      0   0    1
2         0      0   1    0
3         1      0   0    0
```

4.12.8　contains()函数

contains()函数的元素中若包含子字符串，则返回每个元素的布尔值 True，否则返回 False。

示例代码如下（pd_contains.py）：

```
import pandas as pd

str_list = [' meng', 'Zhi ', 'MI', ' Li Xiao']
pd_sr = pd.Series(str_list)
print(pd_sr.str.contains(' '))
```

执行 py 文件，得到的执行结果如下：

```
0     True
1     True
2    False
```

```
3        True
dtype: bool
```

4.12.9 replace()函数

replace()函数用于将值 a 替换为值 b。

示例代码如下（pd_replace.py）：

```
import pandas as pd

str_list = [' meng', 'Zhi ', 'MI', ' Li Xiao']
pd_sr = pd.Series(str_list)
print(pd_sr.str.replace('i', 'o'))
```

执行 py 文件，得到的执行结果如下：

```
0         meng
1          Zho
2           MI
3       Lo Xoao
dtype: object
```

4.12.10 repeat()函数

repeat()函数用于重复每个元素指定的次数。

示例代码如下（pd_repeat.py）：

```
import pandas as pd

str_list = [' meng', 'Zhi ', 'MI', ' Li Xiao']
pd_sr = pd.Series(str_list)
print(pd_sr.str.repeat(2))
```

读者可以实际操作执行该 py 文件，并观察执行结果，此处不再展示执行结果。

4.12.11 count()函数

count()函数用于返回模式中每个元素出现的总数。

示例代码如下（pd_count.py）：

```
import pandas as pd

str_list = [' meng', 'Zhi ', 'MI', ' Li Xiao']
pd_sr = pd.Series(str_list)
print(pd_sr.str.count('i'))
```

读者可以实际操作执行该 py 文件，并观察执行结果，此处不再展示执行结果。

4.12.12 startswith()函数

startswith()函数的 Series/Index 中的元素若以模式开始，则返回 True。

示例代码如下（pd_starts_with.py）：

```
import pandas as pd

str_list = [' meng', 'Zhi ', 'MI', ' Li Xiao']
pd_sr = pd.Series(str_list)
print(pd_sr.str.startswith('M'))
```

执行 py 文件，得到的执行结果如下：

```
0    False
1    False
2     True
3    False
dtype: bool
```

4.12.13　endswith()函数

endswith()函数的 Series/Index 中的元素若以模式结束，则返回 True。

示例代码如下（pd_ends_with.py）：

```
import pandas as pd

str_list = [' meng', 'Zhi ', 'MI', ' Li Xiao']
pd_sr = pd.Series(str_list)
print(pd_sr.str.endswith('i'))
```

读者可以实际操作执行该 py 文件，并观察执行结果，此处不再展示执行结果。

4.12.14　find()函数

find()函数用于返回模式第一次出现的位置。

示例代码如下（pd_find.py）：

```
import pandas as pd

str_list = [' meng', 'Zhi ', 'MI', ' Li Xiao']
pd_sr = pd.Series(str_list)
print(pd_sr.str.find('i'))
```

执行 py 文件，得到的执行结果如下：

```
0    -1
1     2
2    -1
3     2
```

4.12.15　findall()函数

findall()函数用于返回模式出现的所有列表。

示例代码如下（pd_find_all.py）：

```
import pandas as pd

str_list = [' meng', 'Zhi ', 'MI', ' Li Xiao']
```

```
pd_sr = pd.Series(str_list)
print(pd_sr.str.findall('i'))
```
执行 py 文件，得到的执行结果如下：
```
0        []
1       [i]
2        []
3    [i, i]
dtype: object
```
执行结果中的空列表（[]）表示元素中没有这样的模式可用。

4.12.16　swapcase()函数

swapcase()函数用于变换字母大小写。

示例代码如下（pd_swapcase.py）：
```
import pandas as pd

str_list = [' meng', 'Zhi ', 'MI', ' Li Xiao']
pd_sr = pd.Series(str_list)
print(pd_sr.str.swapcase())
```
读者可以实际操作执行该 py 文件，并观察执行结果，此处不再展示执行结果。

4.12.17　islower()函数

islower()函数用于检查 Series/Index 中每个字符串的所有字符是否是小写形式，返回布尔值。

示例代码如下（pd_is_lower.py）：
```
import pandas as pd

str_list = [' meng', 'Zhi ', 'MI', ' Li Xiao']
pd_sr = pd.Series(str_list)
print(pd_sr.str.islower())
```
执行 py 文件，得到的执行结果如下：
```
0     True
1    False
2    False
3    False
dtype: bool
```

4.12.18　isupper()函数

isupper()函数用于检查 Series/Index 中每个字符串的所有字符是否是大写形式，返回布尔值。

示例代码如下（pd_is_upper.py）：
```
import pandas as pd
```

```
str_list = [' meng', 'Zhi ', 'MI', ' Li Xiao']
pd_sr = pd.Series(str_list)
print(pd_sr.str.isupper())
```

读者可以实际操作执行该 py 文件，并观察执行结果，此处不再展示执行结果。

4.12.19　isnumeric()函数

isnumeric()函数用于检查Series/Index中每个字符串的所有字符是否为数字，返回布尔值。

示例代码如下（pd_is_numeric.py）：

```
import pandas as pd

str_list = ['123', 'Zhi ', 'MI', ' Li Xiao']
pd_sr = pd.Series(str_list)
print(pd_sr.str.isnumeric())
```

执行 py 文件，得到的执行结果如下：

```
0    True
1    False
2    False
3    False
dtype: bool
```

4.13　选项和自定义

Pandas 提供 API 自定义其行为的某些方面。API 由 5 个相关函数组成，分别是 get_option() 函数、set_option()函数、reset_option()函数、describe_option()函数、option_context()函数。下面分别进行讨论。

4.13.1　get_option()函数

get_option()函数需要一个参数，并返回指定输出中的值。

示例代码如下（get_option.py）：

```
import pandas as pd

print("display.max_rows = {}".format(pd.get_option("display.max_rows")))
print("display.max_columns = {}".format(pd.get_option("display.max_columns")))
```

执行 py 文件，得到的执行结果如下：

```
display.max_rows = 60
display.max_columns = 0
```

在上述执行结果中，60 和 0 是默认配置参数值。

4.13.2　set_option()函数

set_option()函数需要两个参数，并将该值设置为指定的参数值。

示例代码如下（set_option.py）：

```
import pandas as pd

print("before  set  display.max_rows  =  {}".format(pd.get_option("display.max_
rows")))
pd.set_option("display.max_rows", 500)
print("after  set  display.max_rows  =  {}".format(pd.get_option("display.max_
rows")))

print("before set display.max_columns = {}".format(pd.get_option("display.max_
columns")))
pd.set_option("display.max_columns", 50)
print("after set  display.max_columns = {}".format(pd.get_option("display.max_
columns")))
```

执行 py 文件，得到的执行结果如下：

```
before set display.max_rows = 60
after set display.max_rows = 500
before set display.max_columns = 0
after set display.max_columns = 50
```

4.13.3　reset_option()函数

reset_option()函数接收一个参数，并将其设置为默认值。

使用 reset_option()函数可以将 display.max_rows 更改回显示的默认行数。

示例代码如下（reset_option.py）：

```
import pandas as pd

pd.set_option("display.max_rows", 500)
print("after set display.max_rows = {}".format(pd.get_option("display.max_rows")))
pd.reset_option("display.max_rows")
print("reset display.max_rows = {}".format(pd.get_option("display.max_rows")))
```

执行 py 文件，得到的执行结果如下：

```
after set display.max_rows = 500
reset display.max_rows = 60
```

4.13.4　describe_option()函数

describe_option()函数用于打印参数的描述。

示例代码如下（describe_option.py）：

```
import pandas as pd

pd.describe_option("display.max_rows")
```

读者可以实际操作执行该 py 文件，并观察执行结果，此处不再展示执行结果。

4.13.5　option_context()函数

option_context()函数,上下文管理器,用于临时设置语句中的选项。当退出使用块时,选项值将自动恢复。

使用 option_context()函数可以临时设置 display.max_rows 值。

示例代码如下(option_context.py):

```python
import pandas as pd

with pd.option_context("display.max_rows", 50):
    print(pd.get_option("display.max_rows"))
    print(pd.get_option("display.max_rows"))
```

执行 py 文件,得到的执行结果如下:

```
50
50
```

在上述示例代码中,第一个打印语句由 option_context()函数设置值,该值在上下文中是临时的。在使用上下文之后,第二个打印语句打印配置的值。

display 常用参数如表 4-3 所示。

表 4-3　display 常用参数

参　　数	描　　述	参　　数	描　　述
display.max_rows	要显示的最大行数	display.max_colwidth	显示最大列宽
display.max_columns	要显示的最大列数	display.precision	显示十进制数的精度
display.expand_frame_repr	显示数据帧以拉伸页面		

4.14　选择和索引数据

Python 和 NumPy 中的索引运算符"[]"和属性运算符"."可以在广泛的用例中快速轻松地访问 Pandas 数据结构。然而,由于要访问的数据类型不是预先知道的,所以直接使用标准运算符具有一些优化限制。关于生产环境的代码,建议利用本节介绍的优化 Pandas 数据访问方法。这些优化的数据访问方法分别是.loc()、.iloc()和.ix()。

下面分别进行讨论。

4.14.1　.loc()

Pandas 提供的各种方法可以完成基于标签的索引。切片时,也包括起始边界。整数是有效的标签,但它们是指标签而不是位置。

.loc()具有多种访问方式,如单个标量标签、标签列表、切片对象、一个布尔数组等。.loc()需要两个单列表/范围运算符,用","分隔,第一个表示行,第二个表示列。

示例代码如下(pd_loc.py):

```python
import pandas as pd
import numpy as np
```

```
df = pd.DataFrame(np.random.randn(8, 4),
                  index=['a', 'b', 'c', 'd', 'e', 'f', 'g', 'h'],
                  columns=['A', 'B', 'C', 'D'])
print(df)
print(df.loc[:, 'B'])
print(df.loc[:, ['A', 'C']])
print(df.loc[['a', 'b', 'f', 'h'], ['A', 'C']])
print(df.loc['a': 'h'])
print(df.loc['a'] > 0)
```

读者可以实际操作执行该 py 文件，并观察执行结果，此处不再展示执行结果。

4.14.2　.iloc()

Pandas 提供的各种方法也可以获得纯整数索引。与 Python 和 NumPy 相同，Pandas 中第一个位置是基于 0 的索引。

示例代码如下（pd_iloc.py）：

```
import pandas as pd
import numpy as np


df = pd.DataFrame(np.random.randn(8, 4), columns=['A', 'B', 'C', 'D'])
print(df.iloc[:4])
print(df.iloc[1:5, 2:4])
print(df.iloc[[1, 3, 5], [1, 3]])
print(df.iloc[1:3, :])
print(df.iloc[:, 1:3])
```

读者可以实际操作执行该 py 文件，并观察执行结果，此处不再展示执行结果。

4.14.3　.ix()

除基于纯标签和整数外，Pandas 还提供了一种使用.ix()运算符进行对象选择和对象子集化的混合方法。

示例代码如下（pd_ix.py）：

```
import pandas as pd
import numpy as np


df = pd.DataFrame(np.random.randn(8, 4), columns=['A', 'B', 'C', 'D'])
print(df.ix[:4])
print(df.ix[:, 'A'])
```

读者可以实际操作执行该 py 文件，并观察执行结果，此处不再展示执行结果。

4.14.4　使用符号

使用多轴索引从 Pandas 对象获取值可以使用的符号如表 4-4 所示。

表 4-4　多轴索引符号

对　象	索　引	描　述
Series	s.loc[indexer]	标量值
DataFrame	df.loc[row_index,col_index]	标量对象
Panel	p.loc[item_index,major_index, minor_index]	p.loc[item_index,major_index, minor_index]

示例代码如下（pd_other.py）：

```
import pandas as pd
import numpy as np

df = pd.DataFrame(np.random.randn(8, 4), columns=['A', 'B', 'C', 'D'])
print(df['A'])
print(df[['A', 'B']])
print(df[2:2])
```

读者可以实际操作执行该 py 文件，并观察执行结果，此处不再展示执行结果。

4.14.5　属性访问

可以使用属性运算符"."选择列。

示例代码如下（get_option.py）：

```
import pandas as pd
import numpy as np

df = pd.DataFrame(np.random.randn(8, 4), columns=['A', 'B', 'C', 'D'])
print(df.A)
```

执行 py 文件，得到的执行结果如下：

```
0   -0.880466
1   -1.265509
2   -1.242705
3    0.780733
4    1.320456
5    0.393927
6   -0.094116
7   -0.576198
Name: A, dtype: float64
```

4.15　实战演练

1. 将 list 或 numpy array 或 dict 转为 pd.Series。
2. 自行构建多个 Series，将多个 Series 合并成一个 DataFrame。
3. 将数字系列分成 10 个相同大小的组。
4. 将 NumPy 数组转换为给定形状的 DataFrame。
5. 将系列中每个元素的第一个字符转换为大写。
6. 计算两个系列之间的欧氏距离。

第5章 Pandas 进阶

第 4 章介绍了 Pandas 的一些基本知识，本章将进一步介绍 Pandas 中更深层次的知识。

5.1 统计函数

统计方法有助于理解和分析数据的行为。下面将介绍一些统计函数，可以将这些函数应用于 Pandas 的对象上。下面分别进行讨论。

5.1.1 pct_change()函数

Series、DataFrame 和 Panel 中都有 pct_change()函数。pct_change()函数可以将每个元素与其前一个元素进行比较，并计算变化百分比。

示例代码如下（pct_change_exp.py）：

```python
import pandas as pd
import numpy as np

pd_sr = pd.Series([1, 2, 3, 4, 5, 4])
pct_ch = pd_sr.pct_change()
print('系列: \n{}'.format(pd_sr))
print('系列前后元素变化百分比: \n{}'.format(pct_ch))

df = pd.DataFrame(np.random.randn(5, 2))
print('数据帧前后元素变化百分比: \n{}'.format(df.pct_change()))
```

执行 py 文件，得到的执行结果如下：

```
系列:
0    1
1    2
2    3
3    4
4    5
5    4
dtype: int64
系列前后元素变化百分比:
0         NaN
1    1.000000
2    0.500000
3    0.333333
4    0.250000
5   -0.200000
```

```
dtype: float64
数据帧前后元素变化百分比:
           0         1
0        NaN       NaN
1  -0.617853 -1.456115
2   0.156538  0.570872
3   0.459925 -1.300559
4   0.541035 -4.266187
```

由执行结果可以看到,对于 Series,序号为 1 的元素值为 2,相对于序号为 0 的元素 1,增加了 100%,所以可以看到输出的百分比变化为 1.000 000,而序号为 2 的元素值为 3,相对于序号为 1 的元素值 2,增加了 1(3-2),即 50%(1/2)。其他依次进行计算。

在默认情况下,pct_change()函数对列进行操作。如果想应用于行上,则可设置 axis=1。

5.1.2 协方差

Series.cov()可用于计算序列之间的协方差(不包括缺失值),NaN 将被自动排除。

DataFrame.cov()用于计算 DataFrame 中序列之间的成对协方差,也排除 NaN / null 值。

DataFrame.cov()还支持可选 min_periods 关键字,该关键字指定每个列对所需的最小观察数,以获得有效结果。

示例代码如下(cov_exp.py):

```python
import pandas as pd
import numpy as np


sr_1 = pd.Series(np.random.randn(20))
sr_2 = pd.Series(np.random.randn(30))
print('Series.cov() 可用于计算序列之间的协方差:\n{}'.format(sr_1.cov(sr_2)))


df = pd.DataFrame(np.random.randn(100, 5), columns=['a', 'b', 'c', 'd', 'e'])
print('DataFrame.cov()计算 DataFrame 中的序列之间的协方差:\n{}'.format(df. cov()))


df = pd.DataFrame(np.random.randn(20, 3), columns=['a', 'b', 'c'])
df.loc[df.index[:5], 'a'] = np.nan
df.loc[df.index[5:10], 'b'] = np.nan
print('DataFrame.cov 支持可选 min_periods 关键字:\n{}'.format(df.cov(min_periods=
2)))
```

执行 py 文件,得到的执行结果如下:
```
Series.cov() 可用于计算序列之间的协方差:
-0.42810912338820856
DataFrame.cov()计算 DataFrame 中的序列之间的协方差:
          a         b         c         d         e
a  0.882931 -0.132864 -0.095440  0.143940 -0.132286
b -0.132864  0.957966 -0.087560 -0.003715 -0.048462
c -0.095440 -0.087560  0.725686  0.115187 -0.032833
d  0.143940 -0.003715  0.115187  1.024172 -0.013657
e -0.132286 -0.048462 -0.032833 -0.013657  0.785009
```

DataFrame.cov 支持可选 min_periods 关键字：

```
        a         b         c
a  0.932267  0.232560  0.149194
b  0.232560  1.880909  0.539228
c  0.149194  0.539228  1.235106
```

5.1.3 相关性

可以使用 corr()方法计算相关性。Pandas 中提供了如下几种计算相关性的方法。

pearson（default）：标准相关系数。

kendall：Kendall Tau 相关系数。

spearman：斯皮尔曼等级相关系数。

示例代码如下（corr_exp.py）：

```python
import pandas as pd
import numpy as np

df = pd.DataFrame(np.random.randn(10, 4), columns=['a', 'b', 'c', 'd'])
print(df['a'].corr(df['b']))
print(df.corr())

df.loc[df.index[:4], 'a'] = np.nan
df.loc[df.index[4:10], 'b'] = np.nan
print(df.corr(min_periods=2))
```

执行 py 文件，得到的执行结果如下：

```
-0.16156603370979425
           a         b         c         d
a  1.000000 -0.161566  0.769407 -0.554891
b -0.161566  1.000000  0.061386  0.252924
c  0.769407  0.061386  1.000000 -0.415997
d -0.554891  0.252924 -0.415997  1.000000
           a         b         c         d
a  1.000000       NaN  0.582979 -0.656402
b       NaN  1.000000 -0.027741 -0.121636
c  0.582979 -0.027741  1.000000 -0.415997
d -0.656402 -0.121636 -0.415997  1.000000
```

5.1.4 数据排名

数据排名为元素数组中的每个元素生成排名，在默认情况下分配了组的平均值。

示例代码如下（rank_exp.py）：

```python
import pandas as pd
import numpy as np

sr_pd = pd.Series(np.random.np.random.randn(4), index=list('abcd'))
sr_pd['d'] = sr_pd['b']
```

```
print(sr_pd.rank())
```

执行 py 文件，得到的执行结果如下：

```
a    3.0
b    1.5
c    4.0
d    1.5
dtype: float64
```

Rank 可选择使用一个默认为 True 的升序参数；当为 False 时，数据被反向排序，也就是较大的值被分配较小的排序。

Rank 支持不同的 tie-breaking 方法，需要用以下参数指定。

average：并列组平均排序等级。

min：组中最低的排序等级。

max：组中最高的排序等级。

first：按照它们出现在数组中的顺序分配队列。

5.2 窗口函数

为了处理数字数据，Pandas 中提供了几个变体函数，如滚动函数、展开函数和指数移动窗口统计，并分配权重函数。

下面分别进行讨论。

5.2.1 .rolling()函数

.rolling()函数可以应用于一系列数据。指定 window=n，并在数据上应用适当的统计函数。示例代码如下（rolling_exp.py）：

```
import pandas as pd
import numpy as np


df = pd.DataFrame(np.random.randn(6, 4),
                index=pd.date_range('1/1/2019', periods=6),
                columns=['A', 'B', 'C', 'D'])
print(df.rolling(window=3).mean())
```

执行 py 文件，得到的执行结果如下：

```
                   A         B         C         D
2019-01-01       NaN       NaN       NaN       NaN
2019-01-02       NaN       NaN       NaN       NaN
2019-01-03 -0.483276  0.944585 -0.614131  0.705046
2019-01-04  0.115932  0.735166  0.261279  0.989767
2019-01-05  0.204301  0.779830  0.287061  1.112676
2019-01-06 -0.721419  0.941389  0.000028  0.862286
```

由于窗口大小为 3（window），前两个元素有空值，第三个元素的值将是 n、$n-1$ 和 $n-2$ 的平均值。这样也可以应用上面提到的各种函数。

5.2.2 .expanding()函数

.expanding()函数可以应用于一系列数据。指定 min_periods=*n*，并在数据上应用适当的统计函数。

示例代码如下（expanding_exp.py）：

```
import pandas as pd
import numpy as np

df = pd.DataFrame(np.random.randn(6, 4),
                  index=pd.date_range('1/1/2019', periods=6),
                  columns=['A', 'B', 'C', 'D'])
print(df.expanding(min_periods=3).mean())
```

读者可以实际操作执行该 py 文件，并观察执行结果，此处不再展示执行结果。

5.2.3 .ewm()函数

.ewm()函数可应用于一系列数据。指定参数 com、span、halflife，并在数据上应用适当的统计函数。该函数以指数形式分配权重。

示例代码如下（ewm_exp.py）：

```
import pandas as pd
import numpy as np

df = pd.DataFrame(np.random.randn(6, 4),
                  index=pd.date_range('1/1/2019', periods=6),
                  columns=['A', 'B', 'C', 'D'])
print(df.ewm(com=0.5).mean())
```

执行 py 文件，得到的执行结果如下：

```
                   A         B         C         D
2019-01-01 -1.679832 -1.896430 -1.197321 -0.069683
2019-01-02  0.211439 -0.712365 -1.690072 -1.338832
2019-01-03  0.322936 -0.672435 -0.298018  1.357348
2019-01-04  1.704878  0.983317  0.334895  0.903856
2019-01-05  1.345371  0.540491 -0.030383 -0.594603
2019-01-06  0.241983 -0.583717 -0.073938  0.026275
```

窗口函数主要通过平滑曲线以图形方式表示数据的变化的趋势。如果日常数据中有很多变化，并且有很多数据点可用，那么采样和绘图就是一种方法，应用窗口计算并在结果上绘制图形是另一种方法。

5.3 聚合

有了滚动、扩展和 ewm 对象之后，就有多种方法可以对数据执行聚合。

下面创建一个 DataFrame 并在其上应用聚合。

5.3.1 在整个 DataFrame 上应用聚合

可以通过向整个 DataFrame 传递一个函数进行聚合，也可以通过标准的获取项目方法选择一个列。

示例代码如下（aggregate_exp_1.py）：

```python
import pandas as pd
import numpy as np


df = pd.DataFrame(np.random.randn(2, 4),
                  index=pd.date_range('1/1/2019', periods=2),
                  columns=['A', 'B', 'C', 'D'])
print('初始数组: \n{}'.format(df))


rl_df = df.rolling(window=3, min_periods=1)
print('聚合结果: \n{}'.format(rl_df.aggregate(np.sum)))
```

执行 py 文件，得到的执行结果如下：

```
初始数组:
                   A         B         C         D
2019-01-01  1.794266  0.712041  0.503971  0.944864
2019-01-02  0.389596 -0.531817 -0.001028  0.048630
聚合结果:
                   A         B         C         D
2019-01-01  1.794266  0.712041  0.503971  0.944864
2019-01-02  2.183862  0.180224  0.502943  0.993495
```

5.3.2 在 DataFrame 的单列上应用聚合

示例代码如下（aggregate_exp_2.py）：

```python
import pandas as pd
import numpy as np


df = pd.DataFrame(np.random.randn(2, 4),
                  index=pd.date_range('1/1/2019', periods=2),
                  columns=['A', 'B', 'C', 'D'])
print('初始数组: \n{}'.format(df))


rl_df = df.rolling(window=3, min_periods=1)
print('聚合结果: \n{}'.format(rl_df['A'].aggregate(np.sum)))
```

执行 py 文件，得到的执行结果如下：

```
初始数组:
                   A         B         C         D
2019-01-01  0.959496  0.160059  0.526518 -0.692348
2019-01-02 -1.086626 -0.977891  0.180267  0.607403
聚合结果:
2019-01-01    0.959496
2019-01-02   -0.127129
```

5.3.3　在 DataFrame 的多列上应用聚合

示例代码如下（aggregate_exp_3.py）：

```python
import pandas as pd
import numpy as np

df = pd.DataFrame(np.random.randn(2, 4),
                  index=pd.date_range('1/1/2019', periods=2),
                  columns=['A', 'B', 'C', 'D'])
print('初始数组: \n{}'.format(df))

rl_df = df.rolling(window=3, min_periods=1)
print('聚合结果: \n{}'.format(rl_df[['A', 'B']].aggregate(np.sum)))
```

执行 py 文件，得到的执行结果如下：

```
初始数组:
                   A         B         C         D
2019-01-01  1.536403  1.210810  0.261608 -0.507178
2019-01-02 -0.802717 -2.311347  2.441165 -0.257245
聚合结果:
                   A         B
2019-01-01  1.536403  1.210810
2019-01-02  0.733686 -1.100537
```

5.3.4　在 DataFrame 的单列上应用多个函数

示例代码如下（aggregate_exp_4.py）：

```python
import pandas as pd
import numpy as np

df = pd.DataFrame(np.random.randn(2, 4),
                  index=pd.date_range('1/1/2019', periods=2),
                  columns=['A', 'B', 'C', 'D'])
print('初始数组: \n{}'.format(df))

rl_df = df.rolling(window=3, min_periods=1)
print('聚合结果: \n{}'.format(rl_df['A'].aggregate([np.sum, np.mean])))
```

执行 py 文件，得到的执行结果如下：

```
初始数组:
                   A         B         C         D
2019-01-01 -0.407622 -1.050965 -0.130889  0.095595
2019-01-02  1.369243 -0.243290  0.956042  1.085184
聚合结果:
                 sum      mean
2019-01-01 -0.407622 -0.407622
```

5.3.5　在 DataFrame 的多列上应用多个函数

示例代码如下（aggregate_exp_5.py）：

```python
import pandas as pd
import numpy as np

df = pd.DataFrame(np.random.randn(2, 4),
                index=pd.date_range('1/1/2019', periods=2),
                columns=['A', 'B', 'C', 'D'])
print('初始数组: \n{}'.format(df))

rl_df = df.rolling(window=3, min_periods=1)
print('聚合结果: \n{}'.format(rl_df[['A', 'B']].aggregate([np.sum, np.mean])))
```

执行 py 文件，得到的执行结果如下：

```
初始数组:
                   A         B         C         D
2019-01-01 -0.624223  0.163933  0.159944 -0.094918
2019-01-02 -0.226833  0.319630 -0.902608  2.806550
聚合结果:
                   A                   B
                 sum      mean       sum      mean
2019-01-01 -0.624223 -0.624223  0.163933  0.163933
2019-01-02 -0.851056 -0.425528  0.483564  0.241782
```

5.3.6　将不同的函数应用于 DataFrame 的不同列

示例代码如下（aggregate_exp_6.py）：

```python
import pandas as pd
import numpy as np

df = pd.DataFrame(np.random.randn(2, 4),
                index=pd.date_range('1/1/2019', periods=2),
                columns=['A', 'B', 'C', 'D'])
print('初始数组: \n{}'.format(df))

rl_df = df.rolling(window=3, min_periods=1)
print('聚合结果: \n{}'.format(rl_df.aggregate({'A': np.sum, 'B': np.mean})))
```

执行 py 文件，得到的执行结果如下：

```
初始数组:
                   A         B         C         D
2019-01-01 -0.840752  1.163578 -1.201549  0.145155
2019-01-02 -0.744244 -0.699535 -2.314865 -0.885609
聚合结果:
                   A         B
```

```
2019-01-01 -0.840752  1.163578
2019-01-02 -1.584997  0.232022
```

5.4 缺失数据

数据丢失（或缺失）在现实生活中是一个常见的问题。机器学习和数据挖掘等领域的数据缺失会导致数据质量差，在模型预测的准确性上会面临严重的问题。在这些领域，缺失值处理是使模型更加准确和有效的重点。

5.4.1 为什么会缺失数据

调查显示：很多时候，人们不会分享与他们有关的所有信息；很少有人会分享他们所有的使用经验，不管他们使用产品多久；很少有人分享他们的个人联系信息。因此，总有一部分数据会丢失。

示例代码如下（data_loss_exp_1.py）：

```python
import pandas as pd
import numpy as np

df = pd.DataFrame(np.random.randn(3, 3),
                index=['a', 'c', 'e'], columns=['one', 'two', 'three'])
df = df.reindex(['a', 'b', 'c', 'd', 'e'])
print(df)
```

执行 py 文件，得到的执行结果如下：

```
        one        two      three
a  0.078615  -0.147124  -1.166800
b       NaN        NaN        NaN
c  0.284471  -0.959605  -2.180667
d       NaN        NaN        NaN
e  0.923943   1.710616   1.335288
```

上述示例使用重构索引（reindex）创建了一个缺少值的 DataFrame。在执行结果中，NaN 表示不是数字的值。

5.4.2 检查缺失值

为了更容易检测缺失值（或跨越不同的数组 dtype），Pandas 提供了 isnull()函数和 notnull() 函数，这两个函数也是 Series 和 DataFrame 对象的方法。

示例代码如下（data_loss_exp_2.py）：

```python
import pandas as pd
import numpy as np

df = pd.DataFrame(np.random.randn(3, 3),
                index=['a', 'c', 'e'], columns=['one', 'two', 'three'])
df = df.reindex(['a', 'b', 'c', 'd', 'e'])
```

```
print(df)
# 对应元素是否为 NaN。若为 NaN，则结果为 True；否则为 False
print(df['one'].isnull())
# 对应元素是否不为 NaN。若不为 NaN，则结果为 True；否则为 False
print(df['one'].notnull())
```
读者可以实际操作执行该 py 文件，并观察执行结果，此处不再展示执行结果。

5.4.3 缺失数据的计算

在数据求和时，NaN 将被视为 0，如果数据全部是 NaN，那么结果将是 NaN。

示例代码如下（data_loss_exp_3.py）：

```
import pandas as pd
import numpy as np


df = pd.DataFrame(np.random.randn(3, 3),
                  index=['a', 'c', 'e'], columns=['one', 'two', 'three'])
df = df.reindex(['a', 'b', 'c'])
print('df 数组: \n{}'.format(df))
print('df 数组求和: {}'.format(df['one'].sum()))


pd_df = pd.DataFrame(index=[0, 1, 2, 3, 4, 5], columns=['one', 'two'])
print('pd_df 数组: \n{}'.format(pd_df))
print('pd_df 数组求和: {}'.format(pd_df['one'].sum()))
```
读者可以实际操作执行该 py 文件，并观察执行结果，此处不再展示执行结果。

5.4.4 缺失数据填充

Pandas 中提供了多种方法来填充缺失的值。fillna()函数可以通过多种方法用非空数据"填充" NaN 值。

示例代码如下（data_loss_exp_4.py）：

```
import pandas as pd
import numpy as np


df = pd.DataFrame(np.random.randn(3, 3),
                  index=['a', 'c', 'e'], columns=['one', 'two', 'three'])
df = df.reindex(['a', 'b', 'c', 'd', 'e'])
print('df 数组: \n{}'.format(df))
print("用 0 填充 NaN 后的数组:\n{}".format(df.fillna(0)))
print("用 3 填充 NaN 后的数组:\n{}".format(df.fillna(3)))
```
读者可以实际操作执行该 py 文件，并观察执行结果，此处不再展示执行结果。

5.4.5 向前和向后填充

使用 fillna()函数中的 pad/fill 方法向前填充，使用 bfill/backfill 方法向后填充。

示例代码如下（data_loss_exp_5.py）：

```
import pandas as pd
import numpy as np

df = pd.DataFrame(np.random.randn(3, 3),
                index=['a', 'c', 'e'], columns=['one', 'two', 'three'])
df = df.reindex(['a', 'b', 'c', 'd', 'e'])
print('df 数组: \n{}'.format(df))
print('向前填充得到数组: \n{}'.format(df.fillna(method='pad')))
print('向后填充得到数组: \n{}'.format(df.fillna(method='backfill')))
```

读者可以实际操作执行该 py 文件，并观察执行结果，此处不再展示执行结果。

5.4.6 清除缺失值

如果只想排除缺失值，则可以使用 dropna()函数和 axis 参数。在默认情况下，axis=0，即在行上应用，这意味着如果行内的任何值是 NaN，那么整行被排除。

示例代码如下（data_loss_exp_6.py）：

```
import pandas as pd
import numpy as np

df = pd.DataFrame(np.random.randn(3, 3),
                index=['a', 'c', 'e'], columns=['one', 'two', 'three'])
df = df.reindex(['a', 'b', 'c', 'd', 'e'])
print(df.dropna())
print(df.dropna(axis=1))
```

读者可以实际操作执行该 py 文件，并观察执行结果，此处不再展示执行结果。

5.4.7 值替换

有时必须用一些具体的值取代一个通用的值，可以通过应用替换方法实现这一点。用标量值替换 NaN 是 fillna()函数的等效行为。

示例代码如下（data_loss_exp_7.py）：

```
import pandas as pd

df = pd.DataFrame({'one': [10, 20, 30, 40, 50, 2000],
                'two': [1000, 0, 30, 40, 50, 60]})
print(df.replace({1000: 10, 2000: 60}))
```

读者可以实际操作执行该 py 文件，并观察执行结果，此处不再展示执行结果。

5.5 分组

任何分组（groupby）操作都涉及对原始对象的分割和应用一个函数对结果中的对象进行结合的操作之一。

在许多情况下，可以将数据分成多个集合，并在每个子集上应用一些函数。在应用的函数中可以执行以下操作。

聚合：计算汇总统计。

转换：执行一些特定用于组的操作。

过滤：在某些情况下丢弃数据。

5.5.1 将数据拆分成组

Pandas 对象可以分成任何对象，有多种方式可以拆分对象，具体如下：

obj.groupby('key')

obj.groupby(['key1','key2'])

obj.groupby(key,axis=1)

将分组对象应用于 DataFrame 对象的示例代码如下（groupby_exp_1.py）：

```
import pandas as pd


df_data = {'Team': ['A', 'B', 'C', 'B', 'A', 'D', 'C'],
           'Rank': [1, 2, 2, 3, 3, 4, 1],
           'Year': [2018, 2019, 2020, 2019, 2018, 2020, 2021],
           'Points': [87.5, 81, 86, 79.5, 76, 89, 75]}
df = pd.DataFrame(df_data)
print(df.groupby('Team'))
```

执行 py 文件，得到的执行结果如下：

```
<pandas.core.groupby.DataFrameGroupBy object at 0x000000000B082B00>
```

5.5.2 查看分组

示例代码如下（groupby_exp_2.py）：

```
import pandas as pd


df_data = {'Team': ['A', 'B', 'C', 'B', 'A', 'D', 'C'],
           'Rank': [1, 2, 2, 3, 3, 4, 1],
           'Year': [2018, 2019, 2020, 2019, 2018, 2020, 2021],
           'Points': [87.5, 81, 86, 79.5, 76, 89, 75]}
df = pd.DataFrame(df_data)
print('按一列分组: \n{}'.format(df.groupby('Team').groups))
print('按多列分组: \n{}'.format(df.groupby(['Team', 'Year']).groups))
```

执行 py 文件，得到的执行结果如下：

```
按一列分组:
{'A': Int64Index([0, 4], dtype='int64'), 'B': Int64Index([1, 3], dtype= 'int64'),
'C': Int64Index([2, 6], dtype='int64'), 'D': Int64Index([5], dtype= 'int64')}
按多列分组:
{('A', 2018): Int64Index([0, 4], dtype='int64'), ('B', 2019): Int64Index([1, 3],
dtype='int64'), ('C', 2020): Int64Index([2], dtype='int64'), ('C', 2021): Int64Index([6],
dtype='int64'), ('D', 2020): Int64Index([5], dtype='int64')}
```

5.5.3　迭代遍历分组

使用 groupby 对象可以遍历与 itertools.obj 类似的对象。

示例代码如下（groupby_exp_3.py）：

```python
import pandas as pd

df_data = {'Team': ['A', 'B', 'C', 'B', 'A', 'D', 'C'],
          'Rank': [1, 2, 2, 3, 3, 4, 1],
          'Year': [2018, 2019, 2020, 2019, 2018, 2020, 2021],
          'Points': [87.5, 81, 86, 79.5, 76, 89, 75]}
df = pd.DataFrame(df_data)
grouped = df.groupby('Year')

for name, group in grouped:
    print(name)
    print(group)
```

执行 py 文件，得到的执行结果如下：

```
2018
   Points  Rank Team  Year
0   87.5     1    A  2018
4   76.0     3    A  2018
2019
   Points  Rank Team  Year
1   81.0     2    B  2019
3   79.5     3    B  2019
2020
   Points  Rank Team  Year
2   86.0     2    C  2020
5   89.0     4    D  2020
2021
   Points  Rank Team   Year
6   75.0     1    C   2021
```

在默认情况下，groupby 对象具有与分组名相同的标签名称。

5.5.4　选择一个分组

使用 get_group()函数可以选择一个组。

示例代码如下（groupby_exp_4.py）：

```python
import pandas as pd

df_data = {'Team': ['A', 'B', 'C', 'B', 'A', 'D', 'C'],
          'Rank': [1, 2, 2, 3, 3, 4, 1],
          'Year': [2018, 2019, 2020, 2019, 2018, 2020, 2021],
          'Points': [87.5, 81, 86, 79.5, 76, 89, 75]}
df = pd.DataFrame(df_data)
grouped = df.groupby('Year')
```

```
print(grouped.get_group(2019))
```
执行 py 文件，得到的执行结果如下：

```
   Points  Rank Team  Year
1   81.0     2    B   2019
3   79.5     3    B   2019
```

5.5.5 聚合

聚合函数为每个组返回单个聚合值。若创建了 groupby 对象，则可以对分组数据执行多个聚合操作，比较常用的是通过聚合或等效的 agg()方法进行聚合。

示例代码如下（groupby_exp_5.py）：

```
import pandas as pd
import numpy as np

df_data = {'Team': ['A', 'B', 'C', 'B', 'A', 'D', 'C'],
           'Rank': [1, 2, 2, 3, 3, 4, 1],
           'Year': [2018, 2019, 2020, 2019, 2018, 2020, 2021],
           'Points': [87.5, 81, 86, 79.5, 76, 89, 75]}
df = pd.DataFrame(df_data)
grouped = df.groupby('Year')
print('按 Points 聚合: \n{}'.format(grouped['Points'].agg(np.mean)))


grouped = df.groupby('Team')
print('按 Team 分组查看大小: \n{}'.format(grouped.agg(np.size)))
```

执行 py 文件，得到的执行结果如下：

```
按 Points 聚合:
Year
2018    81.75
2019    80.25
2020    87.50
2021    75.00
Name: Points, dtype: float64
按 Team 分组查看大小:
      Points  Rank  Year
Team
A        2.0     2     2
B        2.0     2     2
C        2.0     2     2
D        1.0     1     1
```

5.5.6 使用多个聚合函数

通过分组系列，还可以传递函数的列表或字典进行聚合，并生成 DataFrame 作为输出。

示例代码如下（groupby_exp_6.py）：

```
import pandas as pd
import numpy as np
```

```
df_data = {'Team': ['A', 'B', 'C', 'B', 'A', 'D', 'C'],
           'Rank': [1, 2, 2, 3, 3, 4, 1],
           'Year': [2018, 2019, 2020, 2019, 2018, 2020, 2021],
           'Points': [87.5, 81, 86, 79.5, 76, 89, 75]}
df = pd.DataFrame(df_data)
grouped = df.groupby('Team')
agg = grouped['Points'].agg([np.sum, np.mean, np.std])
print(agg)
```

执行 py 文件，得到的执行结果如下：

```
       sum    mean        std
Team
A     163.5  81.75   8.131728
B     160.5  80.25   1.060660
C     161.0  80.50   7.778175
D      89.0  89.00        NaN
```

5.5.7　转换

分组或列上的转换返回与被分组的索引相同的对象。因此，转换返回与组块大小相同的结果。

示例代码如下（groupby_exp_7.py）：

```
import pandas as pd
import numpy as np

df_data = {'Team': ['A', 'B', 'C', 'B', 'A', 'D', 'C'],
           'Rank': [1, 2, 2, 3, 3, 4, 1],
           'Year': [2018, 2019, 2020, 2019, 2018, 2020, 2021],
           'Points': [87.5, 81, 86, 79.5, 76, 89, 75]}
df = pd.DataFrame(df_data)
grouped = df.groupby('Team')
score = lambda x: (x - x.mean()) / x.std()*10
print(grouped.transform(score))
```

执行 py 文件，得到的执行结果如下：

```
     Points       Rank       Year
0   7.071068  -7.071068        NaN
1   7.071068  -7.071068        NaN
2   7.071068   7.071068  -7.071068
3  -7.071068   7.071068        NaN
4  -7.071068   7.071068        NaN
5       NaN        NaN        NaN
6  -7.071068  -7.071068   7.071068
```

5.5.8　过滤

过滤，根据定义的标准过滤数据并返回数据的子集。filter()函数用于过滤数据。

示例代码如下（groupby_exp_8.py）：

```python
import pandas as pd

df_data = {'Team': ['ABCA', 'BD', 'ABCA', 'BD', 'AE', 'ABDCA', 'CA'],
           'Rank': [1, 2, 2, 3, 3, 4, 1],
           'Year': [2018, 2019, 2020, 2019, 2018, 2020, 2021],
           'Points': [187.5, 181, 186, 179.5, 176, 189, 175]}
df = pd.DataFrame(df_data)
filter = df.groupby('Team').filter(lambda x: len(x) >= 2)
print(filter)
```

执行 py 文件，得到的执行结果如下：

```
   Points  Rank  Team  Year
0   187.5     1  ABCA  2018
1   181.0     2    BD  2019
2   186.0     2  ABCA  2020
3   179.5     3    BD  2019
```

5.6   合并/连接

Pandas 具有功能全面的高性能内存中的连接操作，与 SQL 等关系数据库非常相似。

Pandas 提供了一个单独的 merge()函数，作为 DataFrame 对象之间所有标准数据库连接操作的入口。

merge()函数的语法如下：

```python
pd.merge(left, right, how='inner', on=None, left_on=None, right_on=None, left_index=False, right_index=False, sort=True)
```

其参数说明如下。

left：一个 DataFrame 对象。

right：另一个 DataFrame 对象。

how：是 left、right、outer 及 inner 之中的一个，默认为 inner，下面会介绍每种方法的用法。

on：列（名称）连接，必须在左侧 DateFrame 和右侧 DataFrame 对象中存在（找到）。

left_on：来自左侧 DataFrame 中的列作为键，可以是列名或长度等于 DataFrame 长度的数组。

right_on：来自右侧 DataFrame 中的列作为键，可以是列名或长度等于 DataFrame 长度的数组。

left_index：如果为 True，则使用左侧 DataFrame 中的索引（行标签）作为其连接键。在具有 MultiIndex（分层）的 DataFrame 的情况下，级别的数量必须与来自右侧 DataFrame 中的连接键的数量相匹配。

right_index：与右侧 DataFrame 的 left_index 具有相同的用法。

sort：按照字典顺序通过连接键对结果 DataFrame 进行排序。默认为 True；设置为 False 时，在很多情况下可以大大地提高性能。

5.6.1 合并一个键上的两个数据帧

示例代码如下（merge_exp_1.py）：

```python
import pandas as pd

left = pd.DataFrame({'id': [1, 2, 3],
                     'Name': ['meng', 'zhi', 'wang'],
                     'number': ['1001', '1002', '1003']})
right = pd.DataFrame({'id': [1, 2, 3],
                      'Name': ['li', 'zhang', 'ming'],
                      'number': ['1002', '1003', '1005']})
print('左数据帧: \n{}'.format(left))
print('右数据帧: \n{}'.format(right))
rs = pd.merge(left, right, on='id')
print('由 id 合并数据帧: \n{}'.format(rs))
```

执行 py 文件，得到的执行结果如下：

```
左数据帧:
    Name  id number
0   meng   1   1001
1    zhi   2   1002
2   wang   3   1003
右数据帧:
    Name  id number
0     li   1   1002
1  zhang   2   1003
2   ming   3   1005
由 id 合并数据帧:
  Name_x  id number_x Name_y number_y
0   meng   1     1001     li     1002
1    zhi   2     1002  zhang     1003
2   wang   3     1003   ming     1005
```

5.6.2 合并多个键上的两个数据帧

示例代码如下（merge_exp_2.py）：

```python
import pandas as pd

left = pd.DataFrame({'id': [1, 2, 3],
                     'Name': ['meng', 'zhi', 'wang'],
                     'number': ['1001', '1002', '1003']})
right = pd.DataFrame({'id': [1, 2, 3],
                      'Name': ['li', 'zhang', 'ming'],
                      'number': ['1001', '1002', '1005']})
rs = pd.merge(left, right, on=['id', 'number'])
print('由多个键合并数据帧: \n{}'.format(rs))
```

执行 py 文件，得到的执行结果如下：

由多个键合并数据帧：

```
   Name_x  id  number Name_y
0   meng    1    1001     li
1    zhi    2    1002  zhang
```

5.6.3 使用 how 参数

merge 中的 how 参数指定如何确定在结果表中包含哪些键。如果组合键没有出现在左表或右表中，则连接表中的值将为 NaN。

how 参数及其 SQL 等效名称如表 5-1 所示。

表 5-1　how 参数及其 SQL 等效名称

合 并 方 法	SQL 等效名称	描　　述
left	LEFT OUTER JOIN	使用左侧对象的键
right	RIGHT OUTER JOIN	使用右侧对象的键
outer	FULL OUTER JOIN	使用键的联合
inner	INNER JOIN	使用键的交集

示例代码如下（merge_exp_3.py）：

```python
import pandas as pd

left = pd.DataFrame({'id': [1, 2, 3],
                     'Name': ['meng', 'zhi', 'wang'],
                     'number': ['1001', '1002', '1003']})
right = pd.DataFrame({'id': [1, 2, 3],
                      'Name': ['li', 'zhang', 'ming'],
                      'number': ['1001', '1002', '1005']})
rs_left = pd.merge(left, right, on='number', how='left')
print('Left Join 结果: \n{}'.format(rs_left))

rs_right = pd.merge(left, right, on='number', how='right')
print('Right Join 结果: \n{}'.format(rs_right))

rs_outer = pd.merge(left, right, on='number', how='outer')
print('Outer Join 结果: \n{}'.format(rs_outer))

rs_inner = pd.merge(left, right, on='number', how='inner')
print('Inner Join 结果: \n{}'.format(rs_inner))
```

执行 py 文件，得到的执行结果如下：

```
Left Join 结果:
   Name_x  id_x  number Name_y  id_y
0   meng     1    1001     li   1.0
1    zhi     2    1002  zhang   2.0
2   wang     3    1003    NaN   NaN
Right Join 结果:
   Name_x  id_x  number Name_y  id_y
```

```
0    meng    1.0    1001       li    1
1     zhi    2.0    1002    zhang    2
2     NaN    NaN    1005     ming    3
Outer Join 结果:
  Name_x   id_x  number  Name_y  id_y
0   meng    1.0    1001      li   1.0
1    zhi    2.0    1002   zhang   2.0
2   wang    3.0    1003     NaN   NaN
3    NaN    NaN    1005    ming   3.0
Inner Join 结果:
  Name_x   id_x  number  Name_y  id_y
0   meng      1    1001      li     1
1    zhi      2    1002   zhang     2
```

5.7 级联

Pandas 中提供了各种工具（功能），可以轻松地将 Series、DataFrame 和 Panel 对象组合在一起。

5.7.1 concat()函数

concat()函数的语法如下：

```
pd.concat(objs,axis=0,join='outer',join_axes=None,ignore_index=False)
```

其参数说明如下。

objs：Series、DataFrame 或 Panel 对象的序列或映射。

axis：{0,1,...}，默认为 0，是连接的轴。

join：{'inner', 'outer'}，默认为 inner，联合外部和交叉内部来处理其他轴上的索引。

join_axes：是 Index 对象的列表，用于其他（$n-1$）轴的特定索引，而不是执行内部/外部逻辑。

ignore_index：布尔值，默认为 False。如果指定为 True，则不要使用连接轴上的索引值。结果轴将被标记为 $0,1,\cdots,n-1$。

concat()函数完成了沿轴执行级联操作的所有重要工作。

示例代码如下（concat_exp.py）：

```
import pandas as pd

first = pd.DataFrame({
        'Name': ['meng', 'zhi', 'wang'],
        'number': ['1001', '1002', '1003'],
        'score': [98, 95, 91]},
        index=[1, 2, 3])
second = pd.DataFrame({
        'Name': ['li', 'zhang', 'ming'],
        'number': ['1001', '1002', '1005'],
```

```
                'score': [93, 100, 97]},
            index=[1, 2, 3])
rs = pd.concat([first, second])
print('对象连接: \n{}'.format(rs))


# 通过键参数把特定的键与每个碎片的 DataFrame 关联起来
rs = pd.concat([first, second], keys=['x', 'y'])
print('使用键参数关联碎片: \n{}'.format(rs))


# 如果想要生成对象必须遵循自己的索引, 则将 ignore_index 设置为 True
rs = pd.concat([first, second], keys=['x', 'y'], ignore_index=True)
print('使生成对象遵循自己的索引: \n{}'.format(rs))


# 如果需要沿 axis=1, 则添加两个对象
rs = pd.concat([first, second], axis=1)
print('沿 axis 设置值添加对象: \n{}'.format(rs))
```
执行 py 文件, 得到的执行结果如下:

对象连接:
```
     Name  number  score
1    meng    1001     98
2     zhi    1002     95
3    wang    1003     91
1      li    1001     93
2   zhang    1002    100
3    ming    1005     97
```
使用键参数关联碎片:
```
       Name  number  score
x 1    meng    1001     98
  2     zhi    1002     95
  3    wang    1003     91
y 1      li    1001     93
  2   zhang    1002    100
  3    ming    1005     97
```
使生成对象遵循自己的索引:
```
     Name  number  score
0    meng    1001     98
1     zhi    1002     95
2    wang    1003     91
3      li    1001     93
4   zhang    1002    100
5    ming    1005     97
```
沿 axis 设置值添加对象:
```
     Name  number  score   Name  number  score
1    meng    1001     98     li    1001     93
2     zhi    1002     95  zhang    1002    100
3    wang    1003     91   ming    1005     97
```
```
160
```

5.7.2　append()函数

连接中一个有用且快捷的方式是使用 Series 和 DataFrame 实例的 append()函数。append() 函数实际上早于 concat()函数，append()函数沿 axis=0 连接。

示例代码如下（append_exp.py）：

```
import pandas as pd

first = pd.DataFrame({
        'Name': ['meng', 'zhi', 'wang'],
        'number': ['1001', '1002', '1003'],
        'score': [98, 95, 91]},
        index=[1, 2, 3])
second = pd.DataFrame({
        'Name': ['li', 'zhang', 'ming'],
        'number': ['1001', '1002', '1005'],
        'score': [93, 100, 97]},
        index=[1, 2, 3])
rs = first.append(second)
print('append 函数带一个对象: \n{}'.format(rs))

rs = first.append([second, first])
print('append 函数带多个对象: \n{}'.format(rs))
```

读者可以实际操作执行该 py 文件，并观察执行结果，此处不再展示执行结果。

5.7.3　时间序列

Pandas 为时间序列数据的工作时间提供了一个强大的工具，尤其是在金融领域。在处理时间序列数据时，经常遇到以下两种情况：①生成时间序列；②将时间序列转换为不同的频率。

Pandas 提供了一个相对紧凑和自包含的工具执行上述任务。

示例代码如下（time_series_exp.py）：

```
import pandas as pd

print('当前时间: {}'.format(pd.datetime.now()))

pd_time = pd.Timestamp('2019-01-23')
print('创建一个时间戳: {}'.format(pd_time))

pd_time = pd.Timestamp(1588686880, unit='s')
print('时间戳转时间:{}'.format(pd_time))

pd_time = pd.date_range("12:00", "23:59", freq="30min").time
print('创建一个时间范围: \n{}'.format(pd_time))

pd_time = pd.date_range("12:00", "23:59", freq="H").time
```

```
print('改变时间的频率:\n{}'.format(pd_time))

pd_time = pd.to_datetime(pd.Series(['Jul 31, 2009', '2019-10-10', None]))
print('转换为时间戳:\n{}'.format(pd_time))

pd_time = pd.to_datetime(['2019/01/23', '2019.12.31', None])
print('时间转换:{}'.format(pd_time))
```

执行 py 文件，得到的执行结果如下：

```
当前时间: 2019-01-23 11:52:50.071000
创建一个时间戳: 2019-01-23 00:00:00
时间戳转时间:2020-05-05 13:54:40
创建一个时间范围:
[datetime.time(12, 0) datetime.time(12, 30) datetime.time(13, 0)
 datetime.time(13, 30) datetime.time(14, 0) datetime.time(14, 30)
 datetime.time(15, 0) datetime.time(15, 30) datetime.time(16, 0)
 datetime.time(16, 30) datetime.time(17, 0) datetime.time(17, 30)
 datetime.time(18, 0) datetime.time(18, 30) datetime.time(19, 0)
 datetime.time(19, 30) datetime.time(20, 0) datetime.time(20, 30)
 datetime.time(21, 0) datetime.time(21, 30) datetime.time(22, 0)
 datetime.time(22, 30) datetime.time(23, 0) datetime.time(23, 30)]
改变时间的频率:
[datetime.time(12, 0) datetime.time(13, 0) datetime.time(14, 0)
 datetime.time(15, 0) datetime.time(16, 0) datetime.time(17, 0)
 datetime.time(18, 0) datetime.time(19, 0) datetime.time(20, 0)
 datetime.time(21, 0) datetime.time(22, 0) datetime.time(23, 0)]
转换为时间戳:
0    2009-07-31
1    2019-10-10
2           NaT
dtype: datetime64[ns]
时间转换:DatetimeIndex(['2019-01-23', '2019-12-31', 'NaT'], dtype='datetime64
[ns]', freq=None)
```

5.8 日期功能

日期功能扩展了时间序列，在财务数据分析中具有重要作用。在处理日期数据时，经常遇到以下两种情况：①生成日期序列；②将日期序列转换为不同的频率。

通过指定周期和频率，可以使用 date.range() 函数创建日期序列。在默认情况下，日期频率是天。

示例代码如下（data_range.py）：

```
import pandas as pd

date_list = pd.date_range('2019/01/23', periods=5)
print(date_list)
```

```
# 更改日期频率
date_list = pd.date_range('2019/01/23', periods=5, freq='M')
print('最大日期频率: \n{}'.format(date_list))
```
执行 py 文件，得到的执行结果如下：
```
DatetimeIndex(['2019-01-23', '2019-01-24', '2019-01-25', '2019-01-26',
               '2019-01-27'],
              dtype='datetime64[ns]', freq='D')
最大日期频率:
DatetimeIndex(['2019-01-31', '2019-02-28', '2019-03-31', '2019-04-30',
               '2019-05-31'],
              dtype='datetime64[ns]', freq='M')
```
由执行结果可以看到，freq 参数设置值时，默认为天，若设置 freq 参数，则默认为每月最后一天。

Pandas 中提供了指定商业日期的函数，bdate_range()函数用来表示商业日期范围。不同于 date_range()函数，bdate_range()函数不包括星期六和星期日。

示例代码如下（bdata_range.py）：
```
import pandas as pd


date_list = pd.bdate_range('2019/01/23', periods=5)
print('指定开始日期的商业日期: \n{}'.format(date_list))


# 指定起始日期
start = pd.datetime(2019, 1, 23)
end = pd.datetime(2019, 1, 28)
b_dates = pd.bdate_range(start, end)
print('指定起始日期的商业日期: \n{}'.format(b_dates))
```
执行 py 文件，得到的执行结果如下：
```
指定开始日期的商业日期:
DatetimeIndex(['2019-01-23', '2019-01-24', '2019-01-25', '2019-01-28',
               '2019-01-29'],
              dtype='datetime64[ns]', freq='B')
指定起始日期的商业日期:
DatetimeIndex(['2019-01-23', '2019-01-24', '2019-01-25', '2019-01-28'], dtype='datetime64
[ns]', freq='B')
```
date_range()函数和 bdate_range()函数利用了各种频率别名。date_range()函数的默认频率是日历中的自然日，而 bdate_range()函数的默认频率是工作日。

在 Pandas 中，大量字符串别名被赋予了常用的时间序列频率，通常把这些别名称为偏移别名。时间序列偏移别名如表 5-2 所示。

表 5-2　时间序列偏移别名

别　　名	描　述　说　明	别　　名	描　述　说　明
B	工作频率	MS	月起始频率
BQS	商务季度开始频率	T,min	分频率
D	日历/自然日频率	SMS	SMS 半开始频率
A	年度（年）结束频率	S	秒频率

别　　名	描 述 说 明	别　　名	描 述 说 明
W	每周频率	BMS	商务月开始频率
BA	商务年底结束	L,ms	毫秒
M	月结束频率	Q	季度结束频率
BAS	商务年度开始频率	U,us	微秒
SM	半月结束频率	BQ	商务季度结束频率
BH	商务时间频率	N	纳秒
BM	商务月结束频率	QS	季度开始频率
H	小时频率		

5.9　时间差

时间差（Timedelta）是时间上的差异，可以用不同的单位表示，如天、小时、分、秒。它们可以是正值，也可以是负值。可以使用各种参数创建 Timedelta 对象。

通过传递字符串，可以创建一个 Timedelta 对象。

示例代码如下（timedelta_exp_1.py）：

```
import pandas as pd


time_dl = pd.Timedelta('3 days 5 hours 10 minutes 36 seconds')
print(time_dl)
```

执行 py 文件，得到的执行结果如下：

```
3 days 05:10:36
```

通过传递一个整数值与指定单位，这样的一个参数也可以用来创建 Timedelta 对象。

示例代码如下（timedelta_exp_2.py）：

```
import pandas as pd


time_dl = pd.Timedelta(3, unit='h')
print(time_dl)
```

执行 py 文件，得到的执行结果如下：

```
0 days 03:00:00
```

周、天、小时、分、秒、毫秒、微秒及纳秒的数据偏移也可用于创建一个 Timedelta 对象。

示例代码如下（timedelta_exp_3.py）：

```
import pandas as pd


time_dl = pd.Timedelta(days=7)
print(time_dl)
```

执行 py 文件，得到的执行结果如下：

```
7 days 00:00:00
```

可以在 Series/DataFrames 上执行运算操作。

示例代码如下（timedelta_exp_4.py）：

```
import pandas as pd

s = pd.Series(pd.date_range('2019-1-23', periods=3, freq='D'))
td = pd.Series([pd.Timedelta(days=i) for i in range(3, 6)])
df = pd.DataFrame(dict(A=s, B=td))
print('初始日期: \n{}'.format(df))


df['C'] = df['A'] + df['B']
print('日期相加: \n{}'.format(df))


df['C'] = df['A'] - df['B']
print('日期相减: \n{}'.format(df))
```

执行 py 文件，得到的执行结果如下：

```
初始日期:
           A       B
0 2019-01-23  3 days
1 2019-01-24  4 days
2 2019-01-25  5 days
日期相加:
           A       B          C
0 2019-01-23  3 days 2019-01-26
1 2019-01-24  4 days 2019-01-28
2 2019-01-25  5 days 2019-01-30
日期相减:
           A       B          C
0 2019-01-23  3 days 2019-01-20
1 2019-01-24  4 days 2019-01-20
2 2019-01-25  5 days 2019-01-20
```

5.10 分类数据

分类数据是与统计中分类变量相对应的 Pandas 数据类型。分类变量采用有限且通常固定的可能值（类别 R 中的级别），如性别、社会阶层、血型、国家归属、观察时间等。

与统计分类变量相比，分类数据可能有一个顺序（如"强烈同意"与"同意"或"第一次观察"与"第二次观察"），但无法进行数值运算（加法、除法……）。

分类数据的所有值都是类别或 np.nan。顺序由类别的顺序定义，而不是值的词汇顺序。在内部，数据结构由类别数组和整数代码数组组成，这些代码指向类别数组中的实际值。

分类数据类型在以下几种情况下比较有用。

（1）字符串变量，仅包含几个不同的值。将这样的字符串变量转换为分类变量将节省一些内存。

（2）变量的词汇顺序与逻辑顺序（"one""two""three"）不同。通过转换为分类并指定类别上的顺序，排序和最小值/最大值将使用逻辑顺序，而不是词汇顺序。

（3）作为其他 Python 库的一个信号，这个列应该被当作一个分类变量（例如，使用合适的统计方法或 plot 类型）。

分类对象可以通过多种方式创建。

通过在 Pandas 对象创建中将 dtype 指定为"category"可以创建分类对象。

示例代码如下（categorical_data_1.py）:

```
import pandas as pd

sr = pd.Series(["a", "b", "c", "a"], dtype="category")
print(sr)
```

执行 py 文件，得到的执行结果如下：

```
0    a
1    b
2    c
3    a
dtype: category
Categories (3, object): [a, b, c]
```

由源码及执行结果可以看到，传递给系列对象的元素数量是 4 个，但类别只有 3 个。

使用标准的 Pandas 分类构造函数 Categorical()可以创建一个类别对象。Categorical()函数的语法如下：

```
pandas.Categorical(values, categories, ordered)
```

示例代码如下（categorical_data_2.py）:

```
import pandas as pd

cat = pd.Categorical(['a', 'b', 'c', 'a', 'b', 'c'])
print('示例一: \n{}'.format(cat))

cat = pd.Categorical(['a', 'b', 'c', 'a', 'b', 'c', 'd'], ['c', 'b', 'a'])
print('示例二: \n{}'.format(cat))

cat = pd.Categorical(['a', 'b', 'c', 'a', 'b', 'c', 'd'], ['c', 'b', 'a'], ordered=True)
print('示例三: \n{}'.format(cat))
```

执行 py 文件，得到的执行结果如下：

```
示例一:
[a, b, c, a, b, c]
Categories (3, object): [a, b, c]
示例二:
[a, b, c, a, b, c, NaN]
Categories (3, object): [c, b, a]
示例三:
[a, b, c, a, b, c, NaN]
Categories (3, object): [c < b < a]
```

使用分类数据上的.describe()命令，可以得到与类型字符串的 Series 或 DataFrame 类似的输出。

示例代码如下（categorical_data_3.py）:

```
import pandas as pd
```

```
import numpy as np

cat = pd.Categorical(["a", "c", "c", np.nan], categories=["b", "a", "c"])
df = pd.DataFrame({"cat": cat, "s": ["a", "c", "c", np.nan]})
print(df.describe())
print("=" * 40)
print(df["cat"].describe())
```
执行 py 文件，得到的执行结果如下：
```
       cat  s
count    3  3
unique   2  2
top      c  c
freq     2  2
========================================
count    3
unique   2
top      c
freq     2
Name: cat, dtype: object
```
obj.cat.categories 命令用于获取对象的类别，obj.ordered 命令用于获取对象的顺序。

示例代码如下（categorical_data_4.py）：
```
import pandas as pd
import numpy as np

s = pd.Categorical(["a", "c", "c", np.nan], categories=["b", "a", "c"])
print('对象类别: {}'.format(s.categories))

cat = pd.Categorical(["a", "c", "c", np.nan], categories=["b", "a", "c"])
print('对象顺序: {}'.format(cat.ordered))
```
执行 py 文件，得到的执行结果如下：
```
对象类别: Index(['b', 'a', 'c'], dtype='object')
对象顺序: False
```
将新值分配给 series.cat.categories 属性可以实现类别重命名。

示例代码如下（categorical_data_5.py）：
```
import pandas as pd

sr = pd.Series(["a", "b", "c", "a"], dtype="category")
sr.cat.categories = ["Group %s" % g for g in sr.cat.categories]

print(sr.cat.categories)
```
执行 py 文件，得到的执行结果如下：
```
Index(['Group a', 'Group b', 'Group c'], dtype='object')
```
使用 Categorical.add.categories()方法可以追加新的类别。

使用 Categorical.remove_categories()方法可以删除不需要的类别。

示例代码如下（categorical_data_6.py）：

```
import pandas as pd

sr = pd.Series(["a", "b", "c", "a"], dtype="category")
print("初始对象:\n{}".format(sr))
sr = sr.cat.add_categories([4])
print('追加新类别后的对象: \n{}'.format(sr.cat.categories))
print('删除指定类别后的对象: \n{}'.format(sr.cat.remove_categories("a")))
```

执行 py 文件，得到的执行结果如下：

```
初始对象:
0    a
1    b
2    c
3    a
dtype: category
Categories (3, object): [a, b, c]
追加新类别后的对象:
Index(['a', 'b', 'c', 4], dtype='object')
删除指定类别后的对象:
0    NaN
1    b
2    c
3    NaN
dtype: category
Categories (3, object): [b, c, 4]
```

在如下 3 种情况下可以将分类数据与其他对象进行比较。

（1）将等号（==和!=）与类别数据相同长度的类似列表的对象（列表、系列、数组等）进行比较。

（2）当 ordered==True 和类别相同时，比较（==、!=、>、>=、<和<=）两个分类数据。

（3）将分类数据与标量进行比较。

示例代码如下（categorical_data_7.py）：

```
import pandas as pd

cat_1 = pd.Series([1, 2, 3]).astype("category", categories=[1, 2, 3], ordered=True)
cat_2 = pd.Series([2, 2, 2]).astype("category", categories=[1, 2, 3], ordered=True)
print(cat_1 > cat_2)
```

执行 py 文件，得到的执行结果如下：

```
0    False
1    False
2     True
dtype: bool
```

5.11 稀疏数据

当任何匹配特定值的数据（NaN/缺失值，可以选择任何值）被省略时，在一个特殊的 SparseIndex 对象跟踪数据被"稀疏"的地方，稀疏对象会被"压缩"。所有标准的 Pandas 数据结构都有一个 to_sparse()函数。

示例代码如下（to_sparse_1.py）：

```python
import pandas as pd
import numpy as np

ts = pd.Series(np.random.randn(5))
ts[2:-1] = np.nan
sts = ts.to_sparse()
print(sts)
```

执行 py 文件，得到的执行结果如下：

```
0   -0.178398
1    0.913222
2         NaN
3         NaN
4    0.652477
dtype: float64
BlockIndex
Block locations: array([0, 4])
Block lengths: array([2, 1])
```

调用 to_dense()函数可以将任何稀疏对象转换为标准密集形式。

示例代码如下（to_sparse_2.py）：

```python
import pandas as pd
import numpy as np

ts = pd.Series(np.random.randn(10))
ts[2:-2] = np.nan
sts = ts.to_sparse()
print(sts.to_dense())
```

执行 py 文件，得到的执行结果如下：

```
0    0.699834
1    0.042004
2         NaN
3         NaN
4         NaN
5         NaN
6         NaN
7         NaN
8    0.602446
9    1.452299
dtype: float64
```

稀疏数据应该具有与其密集表示相同的 dtype，目前支持 float64、int64 和 booldtypes。fill_value 默认值的更改取决于原始的 dtype：

float64:np.nan

int64:0

bool:False

示例代码如下（to_sparse_3.py）：

```python
import pandas as pd
import numpy as np

sr = pd.Series([1, np.nan, np.nan])
print('初始序列: \n{}'.format(sr))
print('稀疏处理后: \n{}'.format(sr.to_sparse()))
```

执行 py 文件，得到的执行结果如下：

```
初始序列:
0    1.0
1    NaN
2    NaN
dtype: float64
稀疏处理后:
0    1.0
1    NaN
2    NaN
dtype: float64
BlockIndex
Block locations: array([0])
Block lengths: array([1])
```

5.12　实战演练

1. 创建一个以"2010-01-02"开始且包含 10 个星期六的 TimeSeries。

2. 统计 DataFrame 中每列缺失值的数量。

3. 使用多个列创建唯一索引（index）。

4. 计算每一行最小值与最大值的比值。

5. 从 DataFrame 中删除在另一个 DataFrame 中存在的行。

6. 用 0 填充 DataFrame 中对角线上的数。

7. 获取整个 DataFrame 值的计数。

第四部分 优雅的艺术——Matplotlib

在智慧城市游览完"Pandas 数据展览中心"后,"Python 快乐学习班"的学员来到了"Matplotlib 艺术宫"。"Matplotlib 艺术宫"是一个汇聚了 NumPy 和 Pandas 的艺术宫殿,本部分主要通过 Matplotlib 将 NumPy 和 Pandas 的科技魅力以艺术形式展现出来。

第6章　Matplotlib 入门

在进入"Matplotlib 艺术宫"之前，需要先了解什么是 Matplotlib。

6.1　Matplotlib 简介

Matplotlib 是一个在 Python 中绘制数组的 2D 图形库。虽然 Matplotlib 起源于模仿 MATLAB 图形命令，但它独立于 MATLAB，可以以 Pythonic 和面向对象的方式使用。虽然 Matplotlib 主要是在纯 Python 中编写的，但它使用了大量 NumPy 和其他扩展代码，对大型数组也能提供良好的性能。

Matplotlib 的设计理念是，可以使用一个或多个命令创建简单的图形。如果要得到数据的直方图，不需要实例化对象、调用方法、设置属性等。

多年来，作者常常使用 MATLAB 进行数据分析和可视化。MATLAB 适宜绘制漂亮的图形，但处理 EEG 数据时，需要编写应用程序与数据交互，并且需要在 MATLAB 中开发一个 EEG 分析应用程序。随着应用程序越来越复杂，通常需要与数据库、HTTP 服务器交互，并操作复杂的数据结构，所以很多开发者开始对 MATLAB 作为一种编程语言的限制感到不满意，并决定迁移到 Python。Python 作为一种编程语言，弥补了 MATLAB 的诸多缺陷，但很难找到一个 2D 绘图包（3D VTK 则超出了用户的所有需求）。

当用户寻找一个 Python 绘图包时，主要有以下几个要求。

（1）绘图应该看起来不错（有抗锯齿等功能），这对用户来说非常重要。

（2）包含 TeX 文档的 PostScript 输出。

（3）可嵌入图形用户界面用于应用程序开发。

（4）代码应该足够容易，用户可以理解它，并扩展它。

（5）绘图应该很容易。

要满足上述要求确实很难。虽然没有找到合适的绘图包，但作者做了任何 Python 程序员都会做的事情：自己造。作者没有任何真正的计算机绘图方面的经验，所以模仿的是 MATLAB 的绘图功能，因为 MATLAB 做得很好。另外，许多人有使用 MATLAB 的经验，因此，他们在 Python 中绘图比较容易。从开发人员的角度来看，拥有固定的用户接口（pylab 接口）非常有用，因为代码库的内容可以重新设计，而不会影响用户代码。

Matplotlib 代码在概念上分为以下 3 个部分。

第一部分为 pylab 接口。pylab 接口是由 matplotlib.pylab 提供的函数集，允许用户使用类似于 MATLAB 图生成（Pyplot 教程）的代码创建绘图。

第二部分为 Matplotlib API。Matplotlib API 是一组重要的类，用于创建和管理图形、文本、线条、图表等（艺术家教程）。这是一个标准图形输出的抽象接口。

第三部分为后端。后端是设备相关的绘图设备，也称为渲染器，将前端表示转换为打印件或显示设备（什么是后端）。后端示例：Photoshop 创建 PostScript 打印件，SVG 创建可缩放矢量图形打印件，Agg 使用 Matplotlib 附带的高质量反颗粒几何库创建 PNG 输出，GTK 在 Gtk+应用程序中嵌入 Matplotlib，GTKAgg 使用反颗粒渲染器创建图形并将其嵌入 Gtk+ 应用程序中，以及用于 PDF、WxWidgets、Tkinter 等文件。

Matplotlib 被很多人用于不同的上下文中。有些人希望自动生成 PostScript 文件以发送给打印机或发布商。也有人在 Web 应用程序服务器上部署 Matplotlib 生成 PNG 输出，并包含在动态生成的网页中。一些人在 Windows 上 Tkinter 的 Python shell 中以交互方式使用 Matplotlib。作者的主要用途是将 Matplotlib 嵌入 Windows、Linux 和 Mac OS X 上运行的 Gtk+ EEG 应用程序中。

6.2　Matplotlib 安装

安装 Matplotlib 的方式有很多种，标准的安装方式是使用 pip 安装 Matplotlib。

对于 Mac OS X 和 Windows 操作系统，安装 Matplotlib 可以使用的语句如下：

```
pip install matplotlib
```

Linux 爱好者可能更倾向于使用包管理器。Matplotlib 是用于多数主流 Linux 发行版的包。

对于 Debian/Ubuntu 操作系统，安装 Matplotlib 的语句如下：

```
sudo apt-get install python-matplotlib
```

对于 Fedora/Redhat 操作系统，安装 Matplotlib 的语句如下：

```
sudo yum install python-matplotlib
```

若读者是 Matplotlib 源码爱好者，并且有兴趣为 Matplotlib 开发做贡献，需要运行最新的源码，可以从源码构建 Matplotlib，这个过程并不难，本书不做过多讲解，有兴趣的读者可以自行查阅相关资料。

6.3　Pyplot 教程

matplotlib.pyplot 是一个命令风格函数的集合，使 Matplotlib 的机制更像 MATLAB。每个绘图函数都可以对图形进行一些更改。例如，创建图形，在图形中创建绘图区域，在绘图区域绘制一些线条，使用标签装饰绘图，等等。

在 matplotlib.pyplot 中，各种状态跨函数调用保存，以便跟踪诸如当前图形和绘图区域等，而绘图函数始终指向当前轴域。

示例代码如下（pyplot_exp_1.py）：

```
import matplotlib.pyplot as plt


plt.plot([1, 2, 3, 4])
plt.ylabel('numbers series')
plt.show()
```

执行 py 文件，得到的输出结果如图 6-1 所示。

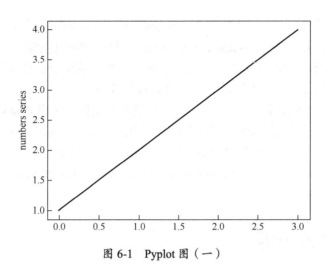

图 6-1 Pyplot 图（一）

由输出结果可以看到，x 轴打印的范围为 0.0～3.0，y 轴打印的范围为 1.0～4.0，对此，读者可能会有一些疑问，为什么 x 轴的范围为 0.0～3.0，y 轴的范围为 1.0～4.0？

这是因为：若向 plot() 命令提供单个列表或数组，则 Matplotlib 假定它是一个 y 值序列，并自动生成 x 值。由于 Python 的范围从 0 开始，默认 x 具有与 y 相同的长度，但是从 0 开始，所以 x 的数据是[0,1,2,3]。

plot() 是一个通用命令，可以接收任意数值的参数。

例如，以给定参数绘制 x 和 y 的打印结果的示例代码如下（pyplot_exp_2.py）：

```
import matplotlib.pyplot as plt


plt.plot([1, 2, 3, 4], [1, 4, 9, 16])
plt.ylabel('numbers series')
plt.show()
```

执行 py 文件，得到的输出结果如图 6-2 所示。

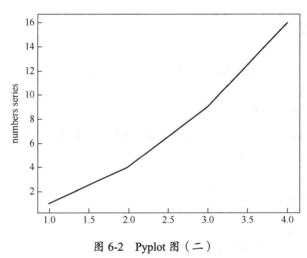

图 6-2 Pyplot 图（二）

对于每个 x 和 y 参数对，有一个可选的第三个参数，即指示图形颜色和线型的格式字符串。格式字符串的字母和符号来自 MATLAB，并且将颜色字符串与线型字符串连接在一起。

默认颜色的格式字符串为"b-"，是一条蓝色实线。

绘制黑色实习圆，示例代码如下（pyplot_exp_3.py）：

```
import matplotlib.pyplot as plt


plt.plot([1, 2, 3, 4], [1, 4, 9, 16], 'ko')
plt.axis([0, 6, 0, 20])
plt.show()
```

执行 py 文件，得到的输出结果如图 6-3 所示。

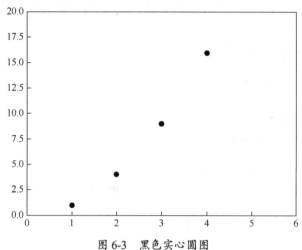

图 6-3　黑色实心圆图

由输出结果可以看到，图 6-3 中绘制了几个黑色实心圆。

该示例中，axis()命令接收[xmin,xmax,ymin,ymax]的列表，表示指定轴域的可视区域。

线型和格式字符串的完整列表如表 6-1 所示。

表 6-1　线型和格式字符串的完整列表

字　　符	描　　述	字　　符	描　　述
'-'	实线样式	'3'	tri_left 标记
'--'	虚线样式	'4'	tri_right 标记
'-.'	点画线样式	's'	方形标记
':'	虚线样式	'p'	五边形标记
'.'	点标记	'*'	星形标记
','	像素标记	'h'	hexagon1 标记
'o'	圆圈标记	'H'	hexagon2 标记
'v'	triangle_down 标记	'+'	加上标记
'^'	triangle_up 标记	'x'	x 标记
'<'	triangle_left 标记	'D'	钻石标记
'>'	triangle_right 标记	'd'	thin_diamond 标记
'1'	tri_down 标记	'|'	vline 标记
'2'	tri_up 标记	'_'	hline 标记

颜色缩写如表 6-2 所示。

表 6-2　颜色缩写

字　符	颜　色	字　符	颜　色
'b'	蓝色	'm'	品红
'g'	绿色	'y'	黄色
'r'	红色	'k'	黑色
'c'	青色	'w'	白色

若 Matplotlib 的操作仅限于使用列表，那么它对数字处理是相当无用的。事实上，它还可以支持使用 NumPy 数组。在 Matplotlib 的操作中，所有序列都会在内部转换为 NumPy 数组。

示例代码如下（pyplot_exp_4.py）：

```python
import numpy as np
import matplotlib.pyplot as plt

# 平均采样时间为 200ms
pt = np.arange(0., 5., 0.2)

# 输出红色的虚线、蓝色的正方形和绿色的三角形
plt.plot(pt, pt, 'r--', pt, pt ** 2, 'bs', pt, pt ** 3, 'g^')
plt.show()
```

执行 py 文件，得到的输出结果如图 6-4 所示。

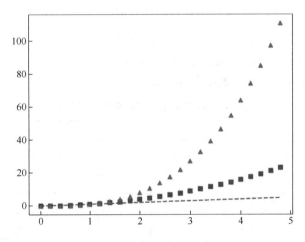

图 6-4　由 NumPy 数组输出图形

Pyplot 其他的使用方式如下。

6.3.1　控制线条属性

线条可以设置的属性有许多，如 linewidth、dash style、antialiased 等，更多详情可以参考 matplotlib.lines.Line2D。

如下几种方法可以设置线条属性。

● 使用关键字参数：

```python
plt.plot(x, y, linewidth=2.0)
```

- 使用Line2D实例的setter方法。plot返回Line2D对象的列表，如line1,line2 = plot(x1,y1, x2,y2)。

在下面的代码中，假设只有一行，返回的列表长度为1。对line使用元组结构，得到该列表的第一个元素：

```
line, = plt.plot(x, y, '-')
line.set_antialiased(False) # turn off antialising
```

- 使用setp()函数。setp()函数使用对象列表或单个对象透明地工作，也可以使用Python关键字参数或MATLAB风格的字符串/值对，示例代码片段如下：

```
lines = plt.plot(x1, y1, x2, y2)
# 使用关键字参数
plt.setp(lines, color='r', linewidth=2.0)
# 或者使用 MATLAB 风格的字符串/值对
plt.setp(lines, 'color', 'r', 'linewidth', 2.0)
```

要了解更多可用Line2D属性，可以查看附录A。

如果要获取可设置的线条属性的列表，那么可以将一个或多个线条作为参数调用setp()函数。

示例代码如下（pyplot_exp_5.py）：

```
import matplotlib.pyplot as plt


lines = plt.plot([1, 2, 3])
print(plt.setp(lines))
```

读者可以实际操作执行该py文件，并观察执行结果，此处不再展示执行结果。

6.3.2　处理多个图形和轴域

MATLAB和Pyplot具有当前图形与当前轴域的概念。

所有绘图命令适用于当前轴域。gca()函数返回当前轴域（matplotlib.axes.Axes实例），gcf()函数返回当前图形（matplotlib.figure.Figure实例）。

创建两个子图的脚本的示例代码如下（pyplot_exp_6.py）：

```
import numpy as np
import matplotlib.pyplot as plt


def f(t):
    return np.exp(-t) * np.cos(2*np.pi*t)


t_1 = np.arange(0.0, 5.0, 0.1)
t_2 = np.arange(0.0, 5.0, 0.02)

plt.figure(1)
plt.subplot(211)
plt.plot(t_1, f(t_1), 'bo', t_2, f(t_2), 'k')
```

```
plt.subplot(212)
plt.plot(t_2, np.cos(2 * np.pi * t_2), 'r--')
plt.show()
```

执行 py 文件，得到的输出结果如图 6-5 所示。

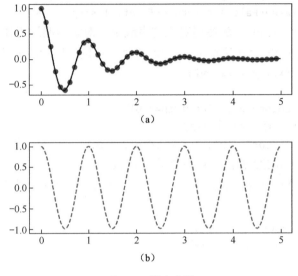

图 6-5　创建多图

这里的 figure()命令是可选的，在默认情况下将创建 figure(1)，如果不手动指定任何轴域，则默认创建 subplot(111)。subplot()命令指定 numrows、numcols、fignum，其中，fignum 的范围是 1～numrows × numcols。

如果 numrows × numcols <10，则 subplot()命令中的逗号是可选的。因此，子图 subplot(211) 与 subplot(2, 1, 1)相同。

可以创建任意数量的子图和轴域。如果要手动放置轴域，即不在矩形网格上，则需要使用 axes()命令，该命令允许将 axes([left, bottom, width, height])指定为位置，其中，所有值都使用小数（0～1）坐标。

可以通过使用递增图形编号多次调用 figure()命令创建多个图形，每个数字可以包含所需的轴和子图数量。

可以使用 clf()清除当前图形，使用 cla()清除当前轴域。

如果正在制作大量的图形，那么需要注意：在一个图形用 close()显式关闭之前，该图形所需的内存不会完全释放，只删除对图形的所有引用，或使用窗口管理器关闭屏幕上出现的图形的窗口是不够的，因为在调用 close()之前，Pyplot 会维护内部引用。

6.3.3　处理文本

text()命令可用于在任意位置添加文本，xlabel()、ylabel()和 title()用于在指定的位置添加文本。

示例代码如下（pyplot_exp_7.py）：

```
import numpy as np
import matplotlib.pyplot as plt

mu, sigma = 100, 15
x = mu + sigma * np.random.randn(10000)

# 数据的直方图
n, bins, patches = plt.hist(x, 50, normed=1, facecolor='g', alpha=0.75)

plt.xlabel('Smarts')
plt.ylabel('Probability')
plt.title('Histogram of IQ')
plt.text(60, .025, r'$\mu=100,\ \sigma=15$')
plt.axis([40, 160, 0, 0.03])
plt.grid(True)
plt.show()
```

执行 py 文件，得到的输出结果如图 6-6 所示。

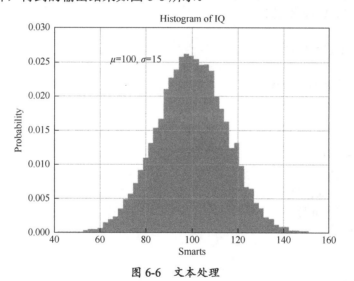

图 6-6　文本处理

所有的 text()命令返回一个 matplotlib.text.Text()实例。可以通过将关键字参数传递到 text()函数或使用 setp()函数自定义属性。

6.3.4　在文本中使用数学表达式

Matplotlib 可以在任何文本表达式中接收 TeX 方程表达式。

例如，如果在标题中写入表达式，则可以编写一个由美元符号包围的 TeX 表达式。

示例代码如下：

```
plt.title(r'$\sigma_i=15$')
```

标题字符串之前的 r 很重要，它表示该字符串是一个原始字符串，而不是将反斜杠作为 Python 转义处理。

Matplotlib 中有一个内置的 TeX 表达式解析器和布局引擎，并且具有数学字体，因此，可以跨平台使用数学文本，而无须安装 TeX。对于安装了 LaTeX 和 dvipng 的用户，还可以使用 LaTeX 格式化文本，并将输出直接合并到显示图形或保存的 PostScript 中。

6.3.5 对数和其他非线性轴

matplotlib.pyplot 不仅支持线性轴刻度，还支持对数和对数刻度。如果数据跨越许多数量级，通常会使用 matplotlib.pyplot。

更改轴的刻度很容易，可以使用如下语句实现：

```
plt.xscale('log')
```

如下示例显示了 4 个图，具有相同数据和不同刻度的 y 轴（pyplot_exp_8.py）：

```python
import numpy as np
import matplotlib.pyplot as plt

# 生成一些 [0, 1] 内的数据
y = np.random.normal(loc=0.5, scale=0.4, size=1000)
y = y[(y > 0) & (y < 1)]
y.sort()
x = np.arange(len(y))

# 带有多个轴域刻度的 plot
plt.figure(1)

# 线性
plt.subplot(221)
plt.plot(x, y)
plt.yscale('linear')
plt.title('linear')
plt.grid(True)

# 对数
plt.subplot(222)
plt.plot(x, y)
plt.yscale('log')
plt.title('log')
plt.grid(True)

# 对称的对数
plt.subplot(223)
plt.plot(x, y - y.mean())
plt.yscale('symlog', linthreshy=0.05)
plt.title('symlog')
plt.grid(True)
```

```
# logit
plt.subplot(224)
plt.plot(x, y)
plt.yscale('logit')
plt.title('logit')
plt.grid(True)

plt.show()
```
执行 py 文件，得到的输出结果如图 6-7 所示。

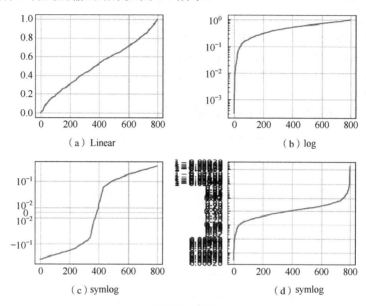

图 6-7　多图

6.4　使用 GridSpec 自定义子图位置

本节主要介绍 3 个函数：subplot2grid、GridSpec、SubplotSpec。

subplot2grid 是一个辅助函数，类似于 pyplot.subplot，但是使用基于 0 的索引，并且可以使子图跨越多个网格。

GridSpec 用于指定子图将放置的网格的几何位置，需要设置网格的行数和列数。子图布局参数（如左、右等）可以选择性调整。

SubplotSpec 用于指定在给定 GridSpec 中的子图位置。

下面对这几个函数分别进行介绍。

6.4.1　subplot2grid

如果要使用 subplot2grid，则需要提供网格的几何形状和网格中子图的位置。创建简单的单网格子图的语句如下：
```
ax = plt.subplot2grid((2,2),(0, 0))
```

该语句等价于如下语句：

```
ax = plt.subplot(2,2,1)
```

若要创建跨越多个网格的子图，操作语句可以如下：

```
ax_2 = plt.subplot2grid((3, 3), (1, 0), colspan=2)
ax_3 = plt.subplot2grid((3, 3), (1, 2), rowspan=2)
```

示例代码如下（subplot_2_grid.py）：

```
import matplotlib.pyplot as plt

ax_1 = plt.subplot2grid((3, 3), (0, 0), colspan=3)
ax_2 = plt.subplot2grid((3, 3), (1, 0), colspan=2)
ax_3 = plt.subplot2grid((3, 3), (1, 2), rowspan=2)
ax_4 = plt.subplot2grid((3, 3), (2, 0))
ax_5 = plt.subplot2grid((3, 3), (2, 1))
plt.show()
```

执行 py 文件，得到的输出结果如图 6-8 所示。

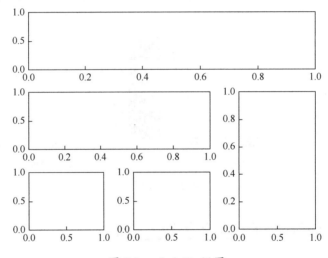

图 6-8   subplot2grid 图

6.4.2   GridSpec 和 SubplotSpec

可以显式创建 GridSpec 并用其创建子图，创建子图的语句如下：

```
ax = plt.subplot2grid((2,2),(0, 0))
```

该语句等价于如下语句：

```
gs = gridspec.GridSpec(2, 2)
ax = plt.subplot(gs[0, 0])
```

GridSpec 示例提供类似于数组（一维或二维）的索引，并返回 SubplotSpec 实例。例如，使用切片返回跨越多个网格的 SubplotSpec 实例，示例代码如下（gridspec_exp_1.py）：

```
import matplotlib.gridspec as grid_spec
import matplotlib.pyplot as plt
```

```
gs = grid_spec.GridSpec(3, 3)
ax_1 = plt.subplot(gs[0, :])
ax_2 = plt.subplot(gs[1, :-1])
ax_3 = plt.subplot(gs[1:, -1])
ax_4 = plt.subplot(gs[-1, 0])
ax_5 = plt.subplot(gs[-1, -3])
plt.show()
```

执行 py 文件，得到的输出结果如图 6-9 所示。

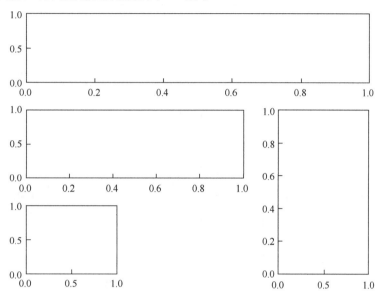

图 6-9　创建跨越多个网格的 SubplotSpec

6.4.3　调整 GridSpec 布局

在显式使用 GridSpec 时，可以调整子图的布局参数，子图由 GridSpec 创建。
创建子图的语句如下：

```
gs_1 = grid_spec.GridSpec(3, 3)
gs_1.update(left=0.05, right=0.48, wspace=0.05)
```

这类似于 subplots_adjust，但是只影响从给定 GridSpec 创建的子图。
示例代码如下（gridspec_exp_2.py）：

```
import matplotlib.gridspec as grid_spec
import matplotlib.pyplot as plt


gs_1 = grid_spec.GridSpec(3, 3)
gs_1.update(left=0.05, right=0.48, wspace=0.05)
ax_1 = plt.subplot(gs_1[:-1, :])
ax_2 = plt.subplot(gs_1[-1, :-1])
ax_3 = plt.subplot(gs_1[-1, -1])
```

```
gs_2 = grid_spec.GridSpec(3, 3)
gs_2.update(left=0.55, right=0.98, hspace=0.05)
ax_4 = plt.subplot(gs_2[:, :-1])
ax_5 = plt.subplot(gs_2[:-1, -1])
ax_6 = plt.subplot(gs_2[-1, -1])
plt.show()
```

执行 py 文件，得到的输出结果如图 6-10 所示。

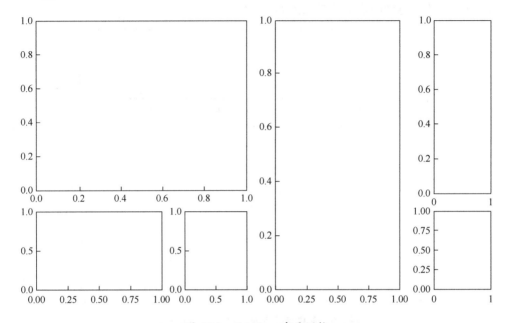

图 6-10　GridSpec 布局调整

6.4.4　使用 SubplotSpec 创建 GridSpec

可以从 SubplotSpec 创建 GridSpec，它的布局参数设置为给定 SubplotSpec 的位置的布局参数。

示例代码如下（gridspec_exp_3.py）：

```
import matplotlib.gridspec as grid_spec
import matplotlib.pyplot as plt

gs0 = grid_spec.GridSpec(1, 2)

gs_1 = grid_spec.GridSpecFromSubplotSpec(3, 3, subplot_spec=gs0[0])
gs_2 = grid_spec.GridSpecFromSubplotSpec(3, 3, subplot_spec=gs0[1])
ax_1 = plt.subplot(gs_1[:-1, :])
ax_2 = plt.subplot(gs_1[-1, :-1])
plt.show()
```

执行 py 文件，得到的输出结果如图 6-11 所示。

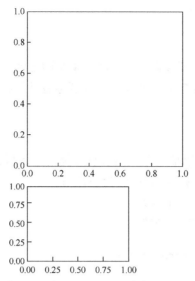

图 6-11   由 SubplotSpec 创建 GridSpec

6.4.5   调整 GridSpec 布局

在通常情况下，GridSpec 创建大小相等的网格。可以调整行和列的相对高度与宽度，但绝对高度值是无意义的，有意义的只是它们的相对比值。

示例代码如下（gridspec_exp_4.py）：

```
import matplotlib.gridspec as grid_spec
import matplotlib.pyplot as plt

gs = grid_spec.GridSpec(2, 2, width_ratios=[1,2],height_ratios=[4, 1])

ax_1 = plt.subplot(gs[0])
ax_2 = plt.subplot(gs[1])
ax_3 = plt.subplot(gs[2])
ax_4 = plt.subplot(gs[3])
plt.show()
```

执行 py 文件，得到的输出结果如图 6-12 所示。

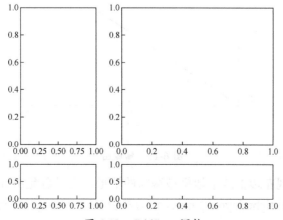

图 6-12   GridSpec 调整

6.5 布局

tight_layout 会自动调整子图参数，使之填充整个图像区域。这是一个实验特性，在一些情况下可能不工作。它仅仅检查坐标轴标签、刻度标签及标题部分。

6.5.1 简单示例

在 Matplotlib 中，轴域（包括子图）的位置用标准化图形坐标指定。如果轴标签或标题（有时甚至是刻度标签）超出图形区域可能会被截断。

示例代码如下（tight_layout_1.py）：

```python
import matplotlib.pyplot as plt

plt.rcParams['savefig.facecolor'] = "0.8"


def draw_plot(ax_p, font_size=12):
    ax_p.plot([1, 2])
    ax_p.locator_params(nbins=3)
    ax_p.set_xlabel('x-label', fontsize=font_size)
    ax_p.set_ylabel('y-label', fontsize=font_size)
    ax_p.set_title('Title', fontsize=font_size)


plt.close('all')
fig, ax = plt.subplots()
draw_plot(ax, font_size=24)
plt.show()
```

执行 py 文件，得到的输出结果如图 6-13 所示。

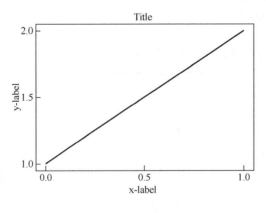

图 6-13　轴域图

该示例可能会出现左边框或下边框被截断的情形，为了避免出现这种情况，Matplotlib v1.1 之后的版本引入了 tight_layout()方法，该方法会自动解决边框截断问题。tight_layout()方法的使用语句如下：

```
plt.tight_layout()
```

当拥有多个子图时，经常会看到不同轴域的标签叠在一起，示例代码如下（tight_layout_2.py）：

```
import matplotlib.pyplot as plt


def draw_plot(ax_p, font_size=12):
    ax_p.plot([1, 2])
    ax_p.locator_params(nbins=3)
    ax_p.set_xlabel('x-label', fontsize=font_size)
    ax_p.set_ylabel('y-label', fontsize=font_size)
    ax_p.set_title('Title', fontsize=font_size)


plt.close('all')
fig, ((ax1, ax2), (ax3, ax4)) = plt.subplots(nrows=2, ncols=2)
draw_plot(ax1)
draw_plot(ax2)
draw_plot(ax3)
draw_plot(ax4)
plt.show()
```

执行 py 文件，得到的输出结果如图 6-14 所示。

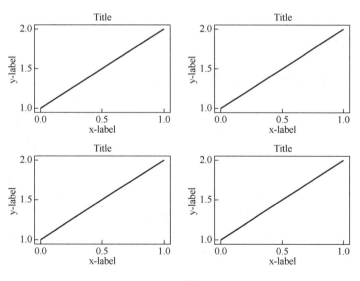

图 6-14　多个子图

当输出多个子图时，经常会出现不同轴域的标签叠在一起。可以通过 tight_layout() 方法调整子图之间的间隔，以减少堆叠。

另外，tight_layout() 方法可以接收关键字参数 pad、w_pad 或 h_pad，这些参数用于指定图像边界和子图之间的额外边距，边距以字体单位大小规定。使用的示例语句如下：

```
plt.tight_layout(pad=0.4, w_pad=0.5, h_pad=1.0)
```

即使出现子图大小不同的情形，tight_layout()方法也能够工作，只要网格之间的规则是兼容的。例如，在下面的例子中，ax_1 和 ax_2 是 2×2 网格的子图，但 ax_3 是 1×2 网格的子图。

示例代码如下（tight_layout_3.py）：

```python
import matplotlib.pyplot as plt


def draw_plot(ax_p, font_size=12):
    ax_p.plot([1, 2])
    ax_p.locator_params(nbins=3)
    ax_p.set_xlabel('x-label', fontsize=font_size)
    ax_p.set_ylabel('y-label', fontsize=font_size)
    ax_p.set_title('Title', fontsize=font_size)


plt.close('all')
fig = plt.figure()

ax_1 = plt.subplot(221)
ax_2 = plt.subplot(223)
ax_3 = plt.subplot(122)

draw_plot(ax_1)
draw_plot(ax_2)
draw_plot(ax_3)

plt.tight_layout()
plt.show()
```

执行 py 文件，得到的输出结果如图 6-15 所示。

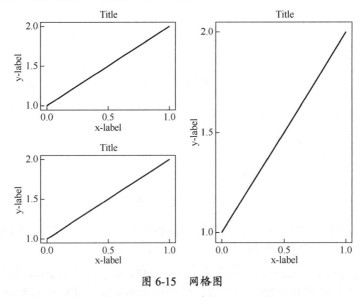

图 6-15 网格图

此外，tight_layout()方法也适用于使用 subplot2grid 创建的子图，并且一般从 GridSpec

（使用 GridSpec 自定义子布局的位置）创建的子图也能正常工作。

示例代码如下（tight_layout_4.py）：

```python
import matplotlib.pyplot as plt


def draw_plot(ax_p, font_size=12):
    ax_p.plot([1, 2])
    ax_p.locator_params(nbins=3)
    ax_p.set_xlabel('x-label', fontsize=font_size)
    ax_p.set_ylabel('y-label', fontsize=font_size)
    ax_p.set_title('Title', fontsize=font_size)


plt.close('all')
fig = plt.figure()

ax_1 = plt.subplot2grid((3, 3), (0, 0))
ax_2 = plt.subplot2grid((3, 3), (0, 1), colspan=2)
ax_3 = plt.subplot2grid((3, 3), (1, 0), colspan=2, rowspan=2)
ax_4 = plt.subplot2grid((3, 3), (1, 2), rowspan=2)

draw_plot(ax_1)
draw_plot(ax_2)
draw_plot(ax_3)
draw_plot(ax_4)

plt.tight_layout()
plt.show()
```

执行 py 文件，得到的输出结果如图 6-16 所示。

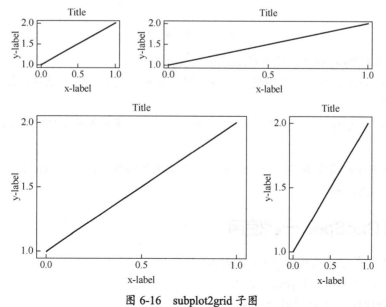

图 6-16   subplot2grid 子图

在一定范围内，tight_layout()方法也适用于 aspect 创建不是 auto 的子图，当前执行的结果并没有经过严格测试，示例代码如下（tight_layout_5.py）：

```python
import matplotlib.pyplot as plt
import numpy as np


arr = np.arange(100).reshape((10,10))


plt.close('all')
fig = plt.figure(figsize=(5,4))

ax = plt.subplot(111)
im = ax.imshow(arr, interpolation="none")


plt.tight_layout()
plt.show()
```

执行 py 文件，得到的输出结果如图 6-17 所示。

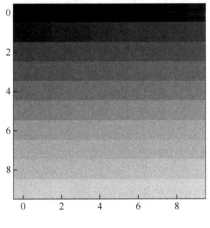

图 6-17　aspect 图

在使用 tight_layout()方法时需要注意以下几点。

（1）tight_layout()方法只考虑刻度标签、轴标签和标题。因此，其他区域可能被截断并且也可能重叠。

（2）tight_layout()方法假定刻度标签、轴标签和标题所需的额外空间与轴域的原始位置无关。

（3）pad=0 将某些文本剪切若干像素，这可能是当前算法的错误或限制，所以推荐使用至少大于 0.3px 的间隔。

6.5.2　和 GridSpec 一起使用

GridSpec 拥有自己的 tight_layout()方法。
示例代码如下（tight_layout_6.py）：

```python
import matplotlib.pyplot as plt
```

```
import matplotlib.gridspec as grid_spec


def draw_plot(ax_p, font_size=12):
    ax_p.plot([1, 2])
    ax_p.locator_params(nbins=3)
    ax_p.set_xlabel('x-label', fontsize=font_size)
    ax_p.set_ylabel('y-label', fontsize=font_size)
    ax_p.set_title('Title', fontsize=font_size)


plt.close('all')
fig = plt.figure()

gs_1 = grid_spec.GridSpec(2, 1)
ax_1 = fig.add_subplot(gs_1[0])
ax_2 = fig.add_subplot(gs_1[1])

draw_plot(ax_1)
draw_plot(ax_2)

gs_1.tight_layout(fig)
plt.show()
```

执行 py 文件，得到的输出结果如图 6-18 所示。

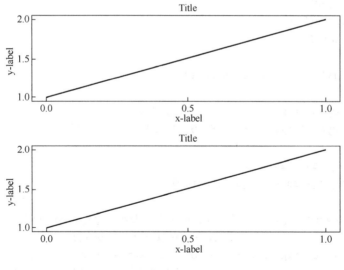

图 6-18   tight_layout 图

对上述示例中的 tight_layout()方法，可以提供一个可选的 rect 参数，并指定子图所填充的边框，但坐标必须为标准化图形坐标，默认值为(0, 0, 1, 1)。设置的示例语句如下：

```
gs_1.tight_layout(fig, rect=[0, 0, 0.5, 1])
```

这可用于带有多个 GridSpec 的图形，也可以尝试匹配两个网格的顶部和底部。
示例代码如下（tight_layout_7.py）：

```python
import matplotlib.pyplot as plt
import matplotlib.gridspec as grid_spec


def draw_plot(ax_p, font_size=12):
    ax_p.plot([1, 2])
    ax_p.locator_params(nbins=3)
    ax_p.set_xlabel('x-label', fontsize=font_size)
    ax_p.set_ylabel('y-label', fontsize=font_size)
    ax_p.set_title('Title', fontsize=font_size)


plt.close('all')
fig = plt.figure()

gs_1 = grid_spec.GridSpec(2, 1)
gs_2 = grid_spec.GridSpec(3, 1)
ax_1 = fig.add_subplot(gs_1[0])
ax_2 = fig.add_subplot(gs_1[1])

for ss in gs_2:
    ax = fig.add_subplot(ss)
    draw_plot(ax)
    ax.set_title("")
    ax.set_xlabel("")

ax.set_xlabel("x-label", fontsize=12)

gs_1.tight_layout(fig, rect=[0, 0, 0.5, 1])
gs_2.tight_layout(fig, rect=[0.5, 0, 1, 1], h_pad=0.5)

top = min(gs_1.top, gs_2.top)
bottom = max(gs_1.bottom, gs_2.bottom)

gs_1.tight_layout(fig, rect=[None, 0 + (bottom - gs_1.bottom),
                        0.5, 1 - (gs_1.top - top)])
gs_2.tight_layout(fig, rect=[0.5, 0 + (bottom - gs_2.bottom),
                        None, 1 - (gs_2.top - top)], h_pad=0.5)
plt.show()
```

执行 py 文件，得到的输出结果如图 6-19 所示。

在上述示例中，调整顶部和底部也需要调整 hspace。为了更新 hspace 和 vspace，需要再次使用更新后的 rect 参数调用 tight_layout() 方法。rect 参数指定的区域包括刻度标签。因此，将底部（正常情况下为 0）增加每个 GridSpec 的底部之差，顶部也是如此。

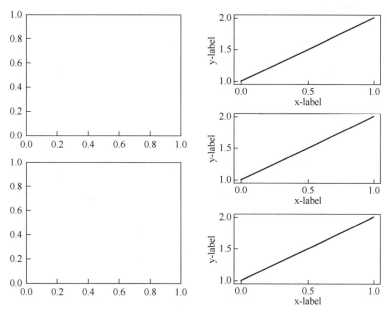

图 6-19 多图匹配

6.5.3 和 AxesGrid1 一起使用

tight_layout()方法在很多情形下的使用虽然受限，但也支持 axes_grid1 工具包。

示例代码如下（tight_layout_8.py）：

```
import matplotlib.pyplot as plt
from mpl_toolkits.axes_grid1 import Grid


def draw_plot(ax_p, font_size=12):
    ax_p.plot([1, 2])
    ax_p.locator_params(nbins=3)
    ax_p.set_xlabel('x-label', fontsize=font_size)
    ax_p.set_ylabel('y-label', fontsize=font_size)
    ax_p.set_title('Title', fontsize=font_size)


plt.close('all')
fig = plt.figure()

grid = Grid(fig, rect=111, nrows_ncols=(2, 2), axes_pad=0.25, label_mode='L',)

for ax in grid:
    draw_plot(ax)
    ax.title.set_visible(False)
```

```
plt.tight_layout()
plt.show()
```

执行 py 文件，得到的输出结果如图 6-20 所示。

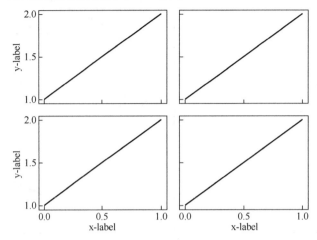

图 6-20　axes_grid1 工具包使用 tight_layout()方法

6.5.4　颜色条

如果使用 colorbar 命令创建了颜色条，但创建的颜色条是 Axes 而不是 Subplot 的实例，那么 tight_layout()方法就没有效果。在 Matplotlib v1.1 中，可以使用 GridSpec 将颜色条创建为子图。另外，也可以使用 AxesGrid1 工具包，显式为颜色条创建一个轴域。

示例代码如下（tight_layout_9.py）：

```
import matplotlib.pyplot as plt
import numpy as np
from mpl_toolkits.axes_grid1 import make_axes_locatable


plt.close('all')
arr = np.arange(100).reshape((10, 10))
fig = plt.figure(figsize=(4, 4))
im = plt.imshow(arr, interpolation="none")

divider = make_axes_locatable(plt.gca())
cax = divider.append_axes("right", "5%", pad="3%")
plt.colorbar(im, cax=cax)

plt.tight_layout()
plt.show()
```

执行 py 文件，得到的输出结果如图 6-21 所示。

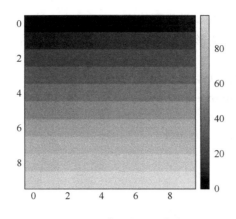

图 6-21　带轴域的颜色条

6.6　艺术家教程

Matplotlib API 有如下 3 个层级。

（1）matplotlib.backend_bases.FigureCanvas，用于绘制图形的区域。

（2）matplotlib.backend_bases.Renderer，该对象用于在 ChartCanvas 上进行绘制。

（3）matplotlib.artist.Artist，用于使用渲染器渲染在画布上画图的对象。

FigureCanvas 和 Renderer 用于处理与用户界面工具包（如 wxPython）或 PostScript 等绘图语言交互的所有细节，Artist 可处理所有高级结构，如图形布局、文本和线条处理，这些操作通常需要花费用户 95% 的时间。

通常有两种类型的艺术家：基本类型和容器类型。基本类型表示想要绘制到画布上的标准图形对象，如 Line2D、Rectangle、Text、AxesImage 等，容器是放置它们的位置（Axis、Axes 和 Figure）。标准用法是创建一个 Figure 实例，使用 Figure 创建一个或多个 Axes 或 Subplot 实例，并使用 Axes 实例的辅助方法创建基本类型。

下面的示例使用 matplotlib.pyplot.figure() 创建了一个 Figure 实例，这是一个便捷的方法，用于实例化 Figure 实例并将它们与用户界面或绘图工具包 FigureCanvas 连接。

示例代码如下（figure_exp_1.py）：

```python
import matplotlib.pyplot as plt


fig = plt.figure()
# two rows, one column, first plot
ax = fig.add_subplot(2, 1, 1)
plt.show()
```

Axes 是 Matplotlib API 中最重要的类，接下来的大多数时间将使用 Axes。

Axes 是大多数对象所进入的绘图区域，有许多特殊的辅助方法（plot()、text()、hist()、imshow()）用于创建最常见的图形基本类型，如 Line2D、Text、Rectangle、Image 等。

这些辅助方法将获取给定的数据（如 NumPy 数组和字符串），同时根据需要创建基本 Artist 实例（如 Line2D），将它们添加到相关容器中，并在请求时绘制它们。

大多数人熟悉的子图只是 Axes 的一个特例，它存在于 Subplot 实例的列网格的固定行上。如果要在任意位置创建 Axes，只需要使用 add_axes()方法，该方法接收[left, bottom, width, height]值的列表，以 0~1 的图形相对坐标为单位，示例代码片段如下：

```
fig2 = plt.figure()
ax2 = fig2.add_axes([0.15, 0.1, 0.7, 0.3])
```

具体示例代码如下（figure_exp_2.py）：

```
import numpy as np
import matplotlib.pyplot as plt


t = np.arange(0.0, 1.0, 0.01)
s = np.sin(2 * np.pi * t)


fig2 = plt.figure()
ax = fig2.add_subplot(2, 1, 1)
ax2 = fig2.add_axes([0.15, 0.1, 0.7, 0.3])
line, = ax2.plot(t, s, color='blue', lw=2)
plt.show()
```

当调用 ax.plot 时，会创建一个 Line2D 实例并将其添加到 Axes.lines 列表中。

如果对 ax.plot 进行连续调用，那么将在列表中添加其他线条。

6.6.1　自定义对象

图中的每个元素都用一个 Matplotlib 艺术家表示，每个元素都有一个扩展属性列表用于配置它的外观。

图形本身包含一个 Rectangle，正好是图形的大小，可以使用它设置图形的背景颜色和透明度。同样，每个 Axes 边框（在通常的 Matplotlib 绘图中是标准的白底黑边）拥有一个 Rectangle 实例，用于确定轴域的颜色、透明度和其他属性，这些实例存储为成员变量 Figure.patch 和 Axes.patch（Patch 是一个继承自 MATLAB 的名称，它是图形上一个颜色的 2D，如矩形、圆和多边形）。每个 Matplotlib 艺术家都有表 6-3 列举的属性。

表 6-3　Matplotlib 艺术家属性

属　　性	描　　述
alpha	透明度为 0~1 的标量
animated	用于帮助动画绘制的布尔值
axes	艺术家所在的轴域，可能为空
clip_box	用于剪切艺术家的边框
clip_on	剪切是否开启
clip_path	艺术家被剪切的路径
contains	一个拾取函数，用于判断艺术家是否位于拾取点
figure	艺术家所在的图形实例，可能为空
label	文本标签（用于自动标记）
picker	控制对象拾取的 Python 对象
transform	变换
visible	布尔值，表示艺术家是否应该绘制

属 性	描 述
zorder	确定绘制顺序的数值
rasterized	布尔值，是否将向量转换为光栅图形（出于压缩或 eps 透明度）

每个属性都使用一个老式的 setter 或 getter。例如，若要将当前 alpha 值变为一半，可以做如下操作：

```
a = o.get_alpha()
o.set_alpha(0.5*a)
```

若要一次性设置一些属性，也可以以关键字参数使用 set()方法，示例代码如下：

```
o.set(alpha=0.5, zorder=2)
```

6.6.2　图形容器

顶层容器艺术家是 matplotlib.figure.Figure，它包含图形中的所有内容。图形的背景是一个 Rectangle，存储在 Figure.patch 中。

当向图形中添加子图（add_subplot()）和轴域（add_axes()）时，顶层容器艺术家会附加到 Figure. axes 中。子图也由创建子图的方法返回。

因为图形维护了当前轴域的概念以支持 pylab/pyplot 状态机，所以不应直接从轴域列表中插入或删除轴域，而应使用 add_subplot()和 add_axes()进行插入，并使用 delaxes()进行删除。但可以自由地遍历轴域列表或索引，以访问要自定义的 Axes 实例。遍历方式的代码段如下：

```
for ax in fig.axes:
    ax.grid(True)
```

图形还拥有自己的文本、线条、补丁和图像，可以使用它们直接添加基本类型。图形的默认坐标系统简单地以像素为单位，可以通过设置添加到图中的艺术家的 transform 属性进行控制。

图形可以包含的艺术家属性如表 6-4 所示。

表 6-4　图形可以包含的艺术家属性

图 形 属 性	描 述
axes	Axes 实例的列表（包括 Subplot）
patch	Rectangle 背景
images	FigureImages 补丁的列表——用于显示原始像素
legends	图形 Legend 实例的列表（不同于 Axes.legends）
lines	图形 Line2D 实例的列表（很少使用）
patches	图形补丁列表（很少使用）
texts	图形 Text 实例的列表

6.6.3　轴域容器

matplotlib.axes.Axes 是 Matplotlib 的中心，包含绝大多数在一个图形中使用的艺术家，并带有许多辅助方法用于创建和添加这些艺术家本身，以及访问和自定义所包含的艺术家的辅助方法。

与 Figure 类似，Axes 包含一个 patch，是一个用于笛卡儿坐标的 Rectangle 和一个用于极坐标的 Circle。这个补丁决定了绘图区域的形状、背景和边框，示例代码片段如下：

```
ax = fig.add_subplot(111)
rect = ax.patch
rect.set_facecolor('green')
```

当调用绘图方法（通常是 plot()）并传递数组或值列表时，绘图方法会创建一个 matplotlib.lines.Line2D()实例，所有 Line2D 属性将作为关键字参数传递，将该线条添加到 Axes.lines 容器并返回，示例代码片段如下：

```
x, y = np.random.rand(2, 100)
line, = ax.plot(x, y, '-', color='blue', linewidth=2)
```

plot()返回一个线条列表，因为可以传入多个 x,y 对进行绘制，将长度为 1 的列表的第一个元素解构到 line 变量中。

完整的示例代码如下（axes_exp_1.py）：

```
import matplotlib.pyplot as plt
import numpy as np

fig = plt.figure()
ax = fig.add_subplot(111)
rect = ax.patch
rect.set_facecolor('green')
x, y = np.random.rand(2, 100)
line, = ax.plot(x, y, '-', color='blue', linewidth=2)
plt.show()
```

不应该直接将对象添加到 Axes.lines 或 Axes.patches 列表，除非确切知道自己在做什么，因为 Axes 需要在它创建和添加对象时做一些事情。Axes 需要设置 Artist 的 figure 和 axes 属性，以及默认 Axes 变换（除非设置了变换）。Axes 需要检查 Artist 中包含的数据，从而更新控制自动缩放的数据结构，以便可以调整视图限制包含绘制的数据。读者可以自己创建对象，并使用辅助方法（如 add_line()和 add_patch()）将它们直接添加到 Axes。

很多 Axes 辅助方法可以用于创建基本艺术家并将它们添加到各自的容器中。Axes 容器如表 6-5 所示。

表 6-5　Axes 容器

辅 助 方 法	艺 术 家	容 器
ax.annotate——文本标注	Annotate	ax.texts
ax.bar——条形图 Rectangle	Rectangle 背景	ax.patches
ax.errorbar——误差条形图	Line2D 和 Rectangle	ax.lines 和 ax.patches
ax.fill——共享区域	Polygon	ax.patches
ax.hist——直方图	Rectangle	ax.patches
ax.imshow——图像数据	AxesImage	ax.images
ax.legend——轴域图例	Legend	ax.legends
ax.plot——xy 绘图	Line2D	ax.lines
ax.scatter——散点图	PolygonCollection	ax.collections
ax.text——文本	Text	ax.texts

除了所有这些艺术家，Axes 还包含两个重要的艺术家容器：XAxis 和 YAxis，这两个容器用于处理刻度和标签的绘制，它们被存储为实例变量 xaxis 和 yaxis。

Axes 包含许多辅助方法，它们会将调用转发给 Axis 实例，因此通常不需要直接使用它们，除非你愿意使用。

XAxis 和 YAxis 容器将在后面详细介绍。

轴域艺术家总结如表 6-6 所示。

表 6-6　轴域艺术家总结

轴域属性	描　　述	轴域属性	描　　述
artists	Artist 实例的列表	lines	Line2D 实例的列表
patch	用于轴域背景的 Rectangle 实例	patches	Patch 实例的列表
collections	Collection 实例的列表	texts	Text 实例的列表
images	AxesImage 的列表	xaxis	matplotlib.axis.XAxis 实例
legends	Legend 实例的列表	yaxis	matplotlib.axis.YAxis 实例

6.6.4　轴容器（Axis）

matplotlib.axis.Axis 实例用于处理刻度线、网格线、刻度标签和轴标签的绘制，可以为 *y* 轴配置左刻度和右刻度，为 *x* 轴配置上刻度和下刻度。

Axis 还存储在自动缩放、平移和缩放中使用的数据与视图间隔，以及 Locator 和 Formatter 实例。Locator 控制刻度位置，Formatter 用于表示字符串的格式化方式。

每个 Axis 对象都包含一个 label 属性（这是 pylab 在调用 xlabel() 和 ylabel() 时修改的内容）以及主刻度和次刻度的列表。

刻度是 XTick 和 YTick 实例，包含渲染刻度和刻度标签的实际线条与文本基本类型。因为刻度是按需动态创建的（例如，当平移和缩放时），所以应该通过访问器方法 get_major_ticks() 和 get_minor_ticks() 访问主刻度与次刻度的列表。

表 6-7 总结了 Axis 的一些访问器方法。

表 6-7　Axis 的一些访问器方法

访问器方法	描　　述
get_scale	轴的比例，如'log'或'linear'
get_view_interval	轴视图范围的内部实例
get_data_interval	轴数据范围的内部实例
get_gridlines	轴的网格线列表
get_label	轴标签，Text 实例
get_ticklabels	Text 实例的列表，关键字`minor=True or False`
get_ticklines	Line2D 实例的列表，关键字`minor=True or False`
get_ticklocs	Tick 位置的列表，关键字`minor=True or False`
get_major_locator	用于主刻度的 matplotlib.ticker.Locator 实例
get_major_formatter	用于主刻度的 matplotlib.ticker.Formatter 实例
get_minor_locator	用于次刻度的 matplotlib.ticker.Locator 实例
get_minor_formatter	用于次刻度的 matplotlib.ticker.Formatter 实例
get_major_ticks	用于主刻度的 Tick 实例列表

访问器方法	描　　述
get_minor_ticks	用于次刻度的 Tick 实例列表
grid	为主刻度或次刻度打开或关闭网格

示例代码如下（tight_layout_1.py）：

```python
import matplotlib.pyplot as plt

# plt.figure creates a matplotlib.figure.Figure instance
fig = plt.figure()
# a rectangle instance
rect = fig.patch
rect.set_facecolor('lightgoldenrodyellow')

ax1 = fig.add_axes([0.1, 0.3, 0.4, 0.4])
rect = ax1.patch
rect.set_facecolor('lightslategray')


for label in ax1.xaxis.get_ticklabels():
    # label is a Text instance
    label.set_color('red')
    label.set_rotation(45)
    label.set_fontsize(16)

for line in ax1.yaxis.get_ticklines():
    # line is a Line2D instance
    line.set_color('green')
    line.set_markersize(25)
    line.set_markeredgewidth(3)

plt.show()
```

执行 py 文件，得到的输出结果如图 6-22 所示。

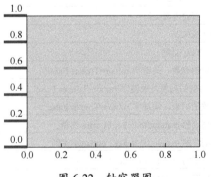

图 6-22　轴容器图

6.6.5 刻度容器

matplotlib.axis.Tick 是从 Figure 到 Axes 再到 Axis 最后到 Tick 的最终的容器对象。Tick 包含刻度和网格线的实例，以及上侧刻度和下侧刻度的标签实例，这里每个实例都可以直接作为 Tick 的属性访问。此外，也可以用于确定左标签和刻度是否对应 x 轴，以及右标签和刻度是否对应 y 轴的布尔变量。

表 6-8 总结了刻度容器的属性。

表 6-8　刻度容器的属性

属　　性	描　　述	属　　性	描　　述
tick1line	Line2D 实例	gridOn	确定是否绘制刻度线的布尔值
tick2line	Line2D 实例	tick1On	确定是否绘制主刻度线的布尔值
gridline	Line2D 实例	tick2On	确定是否绘制次刻度线的布尔值
label1	Text 实例	label1On	确定是否绘制主刻度标签的布尔值
label2	Text 实例	label2On	确定是否绘制次刻度标签的布尔值

示例代码如下（tick_exp.py）：

```python
import numpy as np
import matplotlib.pyplot as plt
import matplotlib.ticker as ticker

# Fixing random state for reproducibility
np.random.seed(19680801)

fig = plt.figure()
ax = fig.add_subplot(111)
ax.plot(100 * np.random.rand(20))

formatter = ticker.FormatStrFormatter('$%1.2f')
ax.yaxis.set_major_formatter(formatter)

for tick in ax.yaxis.get_major_ticks():
    tick.label1On = False
    tick.label2On = True
    tick.label2.set_color('green')

plt.show()
```

执行 py 文件，得到的输出结果如图 6-23 所示。

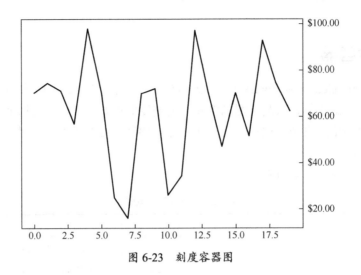

图 6-23　刻度容器图

6.7　图例指南

图例指南是 legend()函数中可用文档的扩展。

图例指南需要使用一些常见术语，为了清楚表述，下面先对这些术语进行说明。

- 图例条目：图例由一个或多个图例条目组成。一个条目由一个键和一个标签组成。
- 图例键：每个图例标签左侧的彩色/图案标记。
- 图例标签：描述由键表示的句柄的文本。
- 图例句柄：用于在图例中生成适当条目的原始对象。

6.7.1　控制图例条目

不带参数调用 legend()函数会自动获取图例句柄及其相关标签。函数等同于如下示例代码片段：

```
handles, labels = ax.get_legend_handles_labels()
ax.legend(handles, labels)
```

get_legend_handles_labels()函数返回轴域上存在的句柄/艺术家的列表，这些句柄/艺术家可以用于为结果图例生成条目。

为了完全控制要添加到图例的内容，通常将适当的句柄直接传递给 legend()函数，示例代码片段如下：

```
line_up, = plt.plot([1, 2, 3], label='Line 2')
line_down, = plt.plot([3, 2, 1], label='Line 1')
plt.legend(handles=[line_up, line_down])
```

在某些情况下无法设置句柄的标签，因此可以将标签列表传递给 legend()函数，示例代码片段如下：

```
line_up, = plt.plot([1, 2, 3], label='Line 2')
line_down, = plt.plot([3, 2, 1], label='Line 1')
plt.legend([line_up, line_down], ['Line Up', 'Line Down'])
```

完整的示例代码如下（legend_exp_1.py）：

```
import matplotlib.pyplot as plt

line_up, = plt.plot([1, 2, 3], label='Line 2')
line_down, = plt.plot([3, 2, 1], label='Line 1')
plt.legend([line_up, line_down], ['Line Up', 'Line Down'])
plt.show()
```

6.7.2 代理艺术家

并非所有的句柄都可以自动转换为图例条目，因此通常需要创建一个可转换的艺术家。图例句柄不必存在于被用到的图像或轴域上。

示例代码如下（legend_exp_2.py）：

```
import matplotlib.patches as m_patches
import matplotlib.pyplot as plt

black_patch = m_patches.Patch(color='black', label='The black data')
plt.legend(handles=[black_patch])

plt.show()
```

执行 py 文件会创建一个黑色标题的空白图例，代理艺术家如图 6-24 所示。

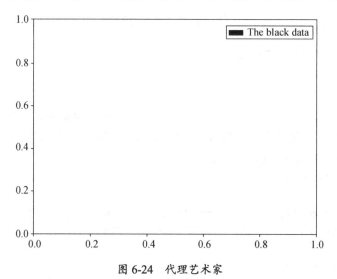

图 6-24　代理艺术家

除创建一个色块外，还有许多受支持的图例句柄，如可以创建一个带有标记的线条，示例代码如下（legend_exp_3.py）：

```
import matplotlib.lines as m_lines
import matplotlib.pyplot as plt

blue_line = m_lines.Line2D([], [], color='blue', marker='*',
                           markersize=15, label='Blue stars')
plt.legend(handles=[blue_line])
plt.show()
```

6.7.3 图例位置

图例位置可以通过关键字参数 loc 指定。

示例代码如下（legend_exp_4.py）：

```
import matplotlib.pyplot as plt

plt.subplot(211)
plt.plot([1, 2, 3], label="test1")
plt.plot([3, 2, 1], label="test2")
# 将图例放到这个子图的上方，扩展自身来完全利用提供的边界框
plt.legend(bbox_to_anchor=(0., 1.02, 1., .102), loc=3,
           ncol=2, mode="expand", borderaxespad=0.)

plt.subplot(223)
plt.plot([1, 2, 3], label="test1")
plt.plot([3, 2, 1], label="test2")
# 将图例放到这个小型子图的右侧
plt.legend(bbox_to_anchor=(1.05, 1), loc=2, borderaxespad=0.)

plt.show()
```

读者可以实际操作执行该 py 文件，并观察执行结果，此处不再展示执行结果。

6.7.4 同轴域的多个图例

有时在多个图例之间分割图例条目会更加清晰，通常会选择多次调用 legend()函数，但会发现轴域上只存在一个图例。这样做是为了可以重复调用 legend()函数，从而将图例更新为轴域上的最新句柄，因此要保留旧的图例实例，必须将它们手动添加到轴域中。

示例代码如下（legend_exp_5.py）：

```
import matplotlib.pyplot as plt

line1, = plt.plot([1, 2, 3], label="Line 1", linestyle='--')
line2, = plt.plot([3, 2, 1], label="Line 2", linewidth=4)

# 为第一个线条创建图例
first_legend = plt.legend(handles=[line1], loc=1)
# 手动将图例添加到当前轴域
ax = plt.gca().add_artist(first_legend)

# 为第二个线条创建另一个图例
plt.legend(handles=[line2], loc=4)
plt.show()
```

读者可以实际操作执行该 py 文件，并观察执行结果，此处不再展示执行结果。

6.7.5　图例处理器

为了创建图例条目，可以将句柄作为参数提供给适当的 HandlerBase 子类。处理器子类的选择由以下规则确定。

- 使用 handler_map 关键字中的值更新 get_legend_handler_map()。
- 检查句柄是否在新创建的 handler_map 中。
- 检查句柄的类型是否在新创建的 handler_map 中。
- 检查句柄 mro 中的所有类型是否在新创建的 handler_map 中。

所有这些灵活性意味着可以使用一些必要的钩子，从而为图例键类型实现自定义处理器。

使用自定义处理器的最简单的例子是，实例化一个现有的 HandlerBase 子类。为了简单起见，可以选择 matplotlib.legend_handler.HandlerLine2D，它接收 numpoints 参数，然后可以将实例的字典作为关键字 handler_map 传给 legend()函数。

示例代码如下（legend_exp_6.py）：

```python
import matplotlib.pyplot as plt
from matplotlib.legend_handler import HandlerLine2D

line1, = plt.plot([3, 2, 1], marker='o', label='Line 1')
line2, = plt.plot([1, 2, 3], marker='o', label='Line 2')

plt.legend(handler_map={line1: HandlerLine2D(numpoints=4)})
plt.show()
```

读者可以实际操作执行该 py 文件，并观察执行结果，此处不再展示执行结果。

除了用于复杂的绘图类型的处理器，如误差条、茎叶图和直方图，默认的 handler_map 有一个特殊的元组处理器（HandlerTuple），它简单地在顶部一一绘制给定元组中每个项目的句柄。将两个图例的键相互叠加的示例代码如下（legend_exp_7.py）：

```python
import matplotlib.pyplot as plt
from numpy.random import randn

z = randn(10)

red_dot, = plt.plot(z, "ro", markersize=15)
# 将白色十字放置在一些数据上
white_cross, = plt.plot(z[:5], "w+", markeredgewidth=3, markersize=15)

plt.legend([red_dot, (red_dot, white_cross)], ["Attr A", "Attr A+B"])
plt.show()
```

执行 py 文件，得到的输出结果如图 6-25 所示。

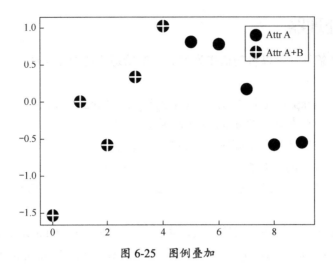

图 6-25　图例叠加

6.7.6　自定义图例处理器

使用自定义图例处理器，可以实现自定义处理器，并将所有句柄转换为图例的键（句柄不一定是 matplotlibartist）。处理器必须实现 legend_artist()方法，该方法为要使用的图例返回单个艺术家。

示例代码如下（legend_exp_8.py）：

```python
import matplotlib.pyplot as plt
import matplotlib.patches as m_patches


class AnyObject(object):
    pass


class AnyObjectHandler(object):
    def legend_artist(self, legend, orig_handle, fontsize, handlebox):
        x0, y0 = handlebox.xdescent, handlebox.ydescent
        width, height = handlebox.width, handlebox.height
        patch = m_patches.Rectangle([x0, y0], width, height, facecolor='red',
                                    edgecolor='black', hatch='xx', lw=3,
                                    transform=handlebox.get_transform())
        handlebox.add_artist(patch)
        return patch


plt.legend([AnyObject()], ['My first handler'],
           handler_map={AnyObject: AnyObjectHandler()})
plt.show()
```

执行 py 文件，得到的输出结果如图 6-26 所示。

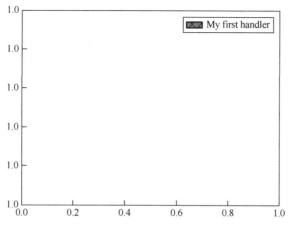

图 6-26　自定义图例处理

自定义生成椭圆的图例键的示例代码如下（legend_exp_9.py）：

```
from matplotlib.legend_handler import HandlerPatch
import matplotlib.pyplot as plt
import matplotlib.patches as m_patches


class HandlerEllipse(HandlerPatch):
    def create_artists(self, legend, orig_handle,
                       xdescent, ydescent, width, height, fontsize, trans):
        center = 0.5 * width - 0.5 * xdescent, 0.5 * height - 0.5 * ydescent
        p = m_patches.Ellipse(xy=center, width=width + xdescent,
                              height=height + ydescent)
        self.update_prop(p, orig_handle, legend)
        p.set_transform(trans)
        return [p]


c = m_patches.Circle((0.5, 0.5), 0.25, facecolor="green",
                     edgecolor="red", linewidth=3)
plt.gca().add_patch(c)

plt.legend([c], ["An ellipse, not a rectangle"],
           handler_map={m_patches.Circle: HandlerEllipse()})
plt.show()
```

执行 py 文件，得到的输出结果如图 6-27 所示。

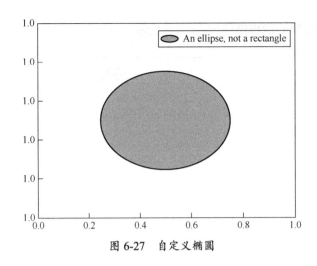

图 6-27   自定义椭圆

6.8   变换

与任何图形包一样，Matplotlib 建立在变换框架之上，以便在坐标系、用户数据坐标系、轴域坐标系、图形坐标系和显示坐标系之间轻易变换。

在 95%的绘图中不需要考虑变换，因为它发生在背后。但随着接近自定义图形生成的极限，变换框架有助于理解这些对象，以便可以重用 Matplotlib 提供的现有变换，或创建自己的变换。

表 6-9 总结了现有的坐标系、应该在该坐标系中使用的变换对象，以及对该系统的描述。其中，ax 是 Axes 实例，fig 是一个图形实例。

表 6-9   坐标系

坐标系	变换对象	描 述
数据	ax.transData	用户数据坐标系，由 xlim 和 ylim 控制
轴域	ax.transAxes	轴域坐标系：(0,0)是轴域左下角，(1,1)是轴域右上角
图形	fig.transFigure	图形坐标系：(0,0)是图形左下角，(1,1)是图形右上角
显示	None	这是显示器的像素坐标系：(0,0)是显示器的左下角，(width, height)是显示器的右上角，以像素为单位。也可以使用恒等变换（matplotlib.transforms.IdentityTransform()）代替 None

表 6-9 中的所有变换对象都接收以其坐标系为单位的输入，并将输入变换到显示坐标系，这也是显示坐标系没有变换对象的原因——它已经以显示坐标为单位了。

变换也知道如何反转自身，从而显示返回自身的坐标系。在处理来自用户界面的事件（通常发生在显示空间中），并且想知道数据坐标系中鼠标单击或按键按下的位置时特别有用。

6.8.1   数据坐标

每当向轴域添加数据时，Matplotlib 会更新数据对象，set_xlim()和 set_ylim()最常用于更新。在以下示例中，数据的范围在 *x* 轴上为 0～10，在 *y* 轴上为-1～1（ax_exp_1.py）：

```
import numpy as np
import matplotlib.pyplot as plt
```

```
x = np.arange(0, 10, 0.005)
y = np.exp(-x/2.) * np.sin(2 * np.pi * x)

fig = plt.figure()
ax = fig.add_subplot(111)
ax.plot(x, y)
ax.set_xlim(0, 10)
ax.set_ylim(-1, 1)

plt.show()
```

执行 py 文件，得到的输出结果如图 6-28 所示。

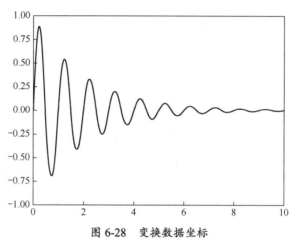

图 6-28　变换数据坐标

6.8.2　混合变换

在数据与轴域坐标混合的混合坐标空间中绘制图形是非常实用的，如创建一个水平跨度的图形，突出 y 轴数据的一些区域横跨 x 轴，而不管数据限制、平移或缩放级别等。实际上，这些混合线条和跨度非常有用，已经内置了一些函数使它们容易绘制（参见 axhline()、axvline()、axhspan()、axvspan()），但是为了方便教学，使用混合变换实现这里的水平跨度。

这种技巧只适用于可分离的变换，就如同在正常的笛卡儿坐标系中看到的，但不能为不可分离的变换，如 PolarTransform（极坐标变换）。

示例代码如下（ax_exp_2.py）。

```
import numpy as np
import matplotlib.pyplot as plt
import matplotlib.patches as patches
import matplotlib.transforms as transforms


fig = plt.figure()
ax = fig.add_subplot(111)

x = np.random.randn(1000)
```

```
ax.hist(x, 30)
ax.set_title(r'$\sigma=1 \/ \dots \/ \sigma=2$', fontsize=16)

# the x coords of this transformation are data, and the y coord are axes
trans = transforms.blended_transform_factory(
    ax.transData, ax.transAxes)

# highlight the 1..2 stddev region with a span. We want x to be in
# data coordinates and y to span from 0..1 in axes coords
rect = patches.Rectangle((1, 0), width=1, height=1, transform=trans, color='yellow',
alpha=0.5)
ax.add_patch(rect)
plt.show()
```

执行 py 文件，得到的输出结果如图 6-29 所示。

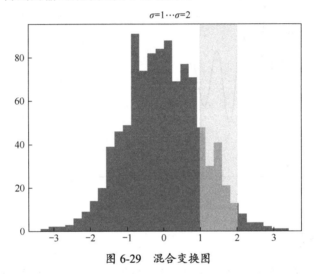

图 6-29　混合变换图

6.8.3　创建阴影效果

变换的一个用法是创建偏离另一变换的新变换。例如，放置一个对象，相对于另一对象有一些偏移。

通常希望物理尺寸上有一些移位，如以点或英寸为单位，而不是以数据坐标为单位，以便移位效果在不同的缩放级别和 DPI 设置下保持不变。

偏移的一个用途是创建阴影效果，如绘制一个与第一个对象相同的对象，刚好在它的右边和下面，调整 zorder 以确保首先绘制阴影，然后绘制对象，可以使阴影在它之上。通过变换辅助模块 ScaledTranslation 做变换，实例化如下：

```
trans = ScaledTranslation(xt, yt, scale_trans)
```

其中，xt 和 yt 是变换的偏移，scale_trans 是变换，在应用偏移之前的变换期间缩放 xt 和 yt。

一个典型的用例是将图形的 fig.dpi_scale_trans 变换用于 scale_trans 参数，在实现最终的偏移之前，首先将以点为单位的 xt 和 yt 缩放到显示空间。DPI 和英寸偏移是常见的用例，在 matplotlib.transforms.offset_copy()中创建一个辅助函数，返回一个带有附加偏移的新变换。

如下示例代码片段将自行创建偏移变换：

```
offset = transforms.ScaledTranslation(dx, dy, fig.dpi_scale_trans)
shadow_transform = ax.transData + offset
```

这里可以使用加法运算符将变换连起来。该代码表示：首先应用数据变换 ax.transData，然后由 dx 和 dy 翻译数据。

在排版中，一个点是 1/72in，通过以点为单位指定偏移，无论所保存的 DPI 分辨率是多少，图形看起来都是一样的。

示例代码如下（ax_exp_3.py）：

```
import numpy as np
import matplotlib.pyplot as plt
import matplotlib.transforms as transforms

fig = plt.figure()
ax = fig.add_subplot(111)

# 做一个简单的正弦波
x = np.arange(0., 2., 0.01)
y = np.sin(2 * np.pi * x)
line, = ax.plot(x, y, lw=3, color='blue')

# 向下移动物体两个点
dx, dy = 2/72., -2/72.
offset = transforms.ScaledTranslation(dx, dy, fig.dpi_scale_trans)
shadow_transform = ax.transData + offset

# 现在用偏移变换绘制相同的数据，使用 zorder 确保在线下
ax.plot(x, y, lw=3, color='gray', transform=shadow_transform, zorder=0.5 *
line.get_zorder())

# 使用偏移变换创建阴影效果
ax.set_title('creating a shadow effect with an offset transform')
plt.show()
```

执行 py 文件，得到的输出结果如图 6-30 所示。

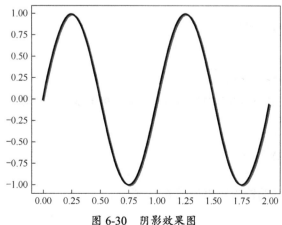

图 6-30　阴影效果图

6.9　路径

位于所有 matplotlib.patch 对象底层的对象是 Path，它支持 moveto、lineto、curveto 等命令，可以绘制由线段和样条组成的简单与复合轮廓。

路径由(x,y)顶点的(N,2)数组，以及路径代码长度为 N 的数组实例化。例如，可以绘制(0,0)到(1,1)的单位矩形，示例代码如下（path_exp_1.py）：

```python
import matplotlib.pyplot as plt
from matplotlib.path import Path
import matplotlib.patches as patches

verts = [
    # left, bottom
    (0., 0.),
    # left, top
    (0., 1.),
    # right, top
    (1., 1.),
    # right, bottom
    (1., 0.),
    # ignored
    (0., 0.),
    ]

codes = [Path.MOVETO,
        Path.LINETO,
        Path.LINETO,
        Path.LINETO,
        Path.CLOSEPOLY,
        ]

path = Path(verts, codes)

fig = plt.figure()
ax = fig.add_subplot(111)
patch = patches.PathPatch(path, facecolor='orange', lw=2)
ax.add_patch(patch)
ax.set_xlim(-2, 2)
ax.set_ylim(-2, 2)
plt.show()
```

执行 py 文件，得到的输出结果如图 6-31 所示。

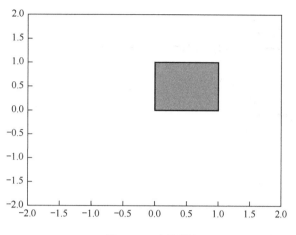

图 6-31　路径图

路径代码如表 6-10 所示。

表 6-10　路径代码

代　码	顶　点	描　述
STOP	1（被忽略）	整个路径终点的标记（当前不需要或已忽略）
MOVETO	1	提起笔并移动到指定顶点
LINETO	1	从当前位置向指定顶点画线
CURVE3	2（1 个控制点，1 个终点）	从当前位置，以给定控制点向给定端点画贝塞尔曲线
CURVE4	3（两个控制点，1 个终点）	从当前位置，以给定控制点向给定端点画三次贝塞尔曲线
CLOSEPOLY	1（点自身被忽略）	向当前折线的起点画线

6.9.1　贝塞尔示例

一些路径组件需要由多个顶点指定：如 CURVE3 是具有 1 个控制点和 1 个终点的贝塞尔曲线，CURVE4 是具有 2 个控制点和 1 个终点的贝塞尔曲线。

下面的示例代码显示了 CURVE4 贝塞尔曲线，该贝塞尔曲线包含在 1 个起始点、2 个控制点和 1 个终点的凸包中（path_exp_2.py）：

```python
import matplotlib.pyplot as plt
from matplotlib.path import Path
import matplotlib.patches as patches

vert_s = [(0., 0.), (0.2, 1.), (1., 0.8), (0.8, 0.), ]

codes = [Path.MOVETO, Path.CURVE4, Path.CURVE4, Path.CURVE4, ]

path = Path(vert_s, codes)

fig = plt.figure()
ax = fig.add_subplot(111)
patch = patches.PathPatch(path, facecolor='none', lw=2)
ax.add_patch(patch)
```

```
xs, ys = zip(*vert_s)
ax.plot(xs, ys, 'x--', lw=2, color='black', ms=10)

ax.text(-0.05, -0.05, 'P0')
ax.text(0.15, 1.05, 'P1')
ax.text(1.05, 0.85, 'P2')
ax.text(0.85, -0.05, 'P3')

ax.set_xlim(-0.1, 1.1)
ax.set_ylim(-0.1, 1.1)

plt.show()
```

执行 py 文件，得到的输出结果如图 6-32 所示。

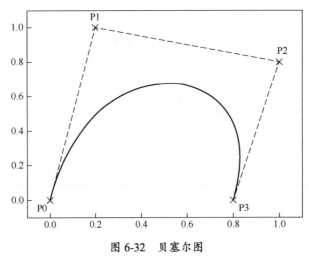

图 6-32　贝塞尔图

6.9.2　复合路径

所有在 Matplotlib、Rectangle、Circle、Polygon 等之中的简单补丁原语都是用简单的路径实现的。使用复合路径通常可以更有效地实现绘制函数，如 hist() 和 bar()，它们创建了许多原语，如一堆 Rectangle，可使用复合路径实现。

bar() 创建的是一个矩形列表，而不是一个复合路径，这是因为：路径代码是比较新的，bar 在它之前就已经存在。虽然现在可以改变它，但会破坏旧的代码，所以如果需要，为了保证效率，在代码中应这样做：创建动画条形图和复合路径，替换 bar 中的功能。

通过为每个直方图的条形创建一系列矩形以创建直方图图表：矩形宽度是条形的宽度，矩形高度是该条形中的数据点数量。创建一些随机的正态分布数据并计算直方图。

因为 NumPy 返回条形边缘而不是中心，所以如下代码片段中 bins 的长度比 n 的长度大 1：

```
data = np.random.randn(1000)
n, bins = np.histogram(data, 100)
```

首先提取矩形的角。如下代码片段中的每个 left 和 bottom 等数组长度为 len(n)，其中 n

214

是每个直方图条形的计数数组：

```
left = np.array(bins[:-1])
right = np.array(bins[1:])
bottom = np.zeros(len(left))
top = bottom + n
```

其次构造复合路径，它由每个矩形的一系列 MOVETO、LINETO 和 CLOSEPOLY 组成。每个矩形需要 5 个顶点：1 个代表 MOVETO，3 个代表 LINETO，1 个代表 CLOSEPOLY。如表 6-10 所示，CLOSEPOLY 的顶点被忽略，但仍然需要它保持代码与顶点对齐，示例代码片段如下：

```
nverts = nrects*(1+3+1)
verts = np.zeros((nverts, 2))
codes = np.ones(nverts, int) * path.Path.LINETO
codes[0::5] = path.Path.MOVETO
codes[4::5] = path.Path.CLOSEPOLY
verts[0::5,0] = left
verts[0::5,1] = bottom
verts[1::5,0] = left
verts[1::5,1] = top
verts[2::5,0] = right
verts[2::5,1] = top
verts[3::5,0] = right
verts[3::5,1] = bottom
```

最后创建路径，将路径添加到 PathPatch，再添加到轴域：

```
barpath = path.Path(verts, codes)
patch = patches.PathPatch(barpath, facecolor='green',
  edgecolor='yellow', alpha=0.5)
ax.add_patch(patch)
```

完整的示例代码如下（path_exp_3.py）：

```
import numpy as np
import matplotlib.pyplot as plt
import matplotlib.patches as patches
import matplotlib.path as path


fig = plt.figure()
ax = fig.add_subplot(111)


# Fixing random state for reproducibility
np.random.seed(19680801)


# histogram our data with numpy
data = np.random.randn(1000)
n, bins = np.histogram(data, 100)


# get the corners of the rectangles for the histogram
left = np.array(bins[:-1])
right = np.array(bins[1:])
```

```
bottom = np.zeros(len(left))
top = bottom + n
n_rect_s = len(left)


n_vert_s = n_rect_s * (1 + 3 + 1)
vert_s = np.zeros((n_vert_s, 2))
codes = np.ones(n_vert_s, int) * path.Path.LINETO
codes[0::5] = path.Path.MOVETO
codes[4::5] = path.Path.CLOSEPOLY
vert_s[0::5, 0] = left
vert_s[0::5, 1] = bottom
vert_s[1::5, 0] = left
vert_s[1::5, 1] = top
vert_s[2::5, 0] = right
vert_s[2::5, 1] = top
vert_s[3::5, 0] = right
vert_s[3::5, 1] = bottom


bar_path = path.Path(vert_s, codes)
patch    =    patches.PathPatch(bar_path,  facecolor='green',  edgecolor='yellow',
alpha=0.5)
   ax.add_patch(patch)

   ax.set_xlim(left[0], right[-1])
   ax.set_ylim(bottom.min(), top.max())

   plt.show()
```
执行 py 文件，得到的输出结果如图 6-33 所示。

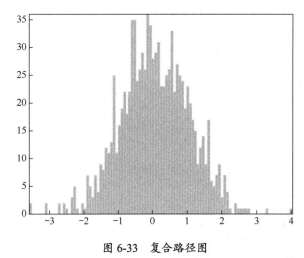

图 6-33　复合路径图

6.9.3　路径效果

　　Matplotlib 的 patheffects 模块提供了一些功能，用于将多个绘制层次应用于任何艺术家，并可以通过路径呈现。

可以对 patheffects 模块应用路径效果的艺术家包括 Patch、Line2D、Collection 和文本。

艺术家的路径效果都可以通过 set_path_effects()方法控制，它需要一个 AbstractPathEffect 的可迭代实例。

最简单的路径效果是普通效果，它简单地绘制艺术家，并没有任何效果。

示例代码如下（path_effects_1.py）：

```python
import matplotlib.pyplot as plt
import matplotlib.patheffects as path_effects

fig = plt.figure(figsize=(5, 1.5))
text_val = fig.text(0.5, 0.5, 'Hello path effects world!\nThis is '
                                'the normal path effect.\nPretty dull, huh?',
                ha='center', va='center', size=20)
text_val.set_path_effects([path_effects.Normal()])
plt.show()
```

执行 py 文件，得到的输出结果如图 6-34 所示。

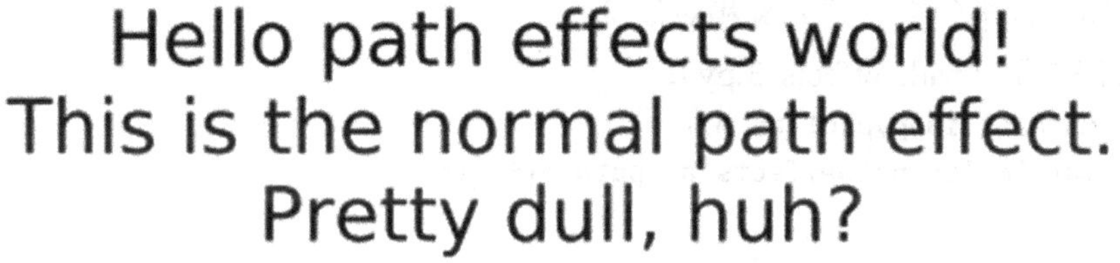

图 6-34 路径效果

6.9.4 添加阴影

比正常效果更有趣的路径效果是阴影，阴影可以应用于任何基于路径的艺术家。

SimplePatchShadow 和 SimpleLineShadow 类通过在基本艺术家下面绘制填充补丁或线条补丁实现添加阴影。

示例代码如下（path_effects_2.py）：

```python
import matplotlib.pyplot as plt
import matplotlib.patheffects as path_effects

text = plt.text(0.5, 0.5, 'Hello path effects world!',
                path_effects=[path_effects.withSimplePatchShadow()])

plt.plot([0, 3, 2, 5], linewidth=5, color='blue',
        path_effects=[path_effects.SimpleLineShadow(),
                        path_effects.Normal()])

plt.show()
```

执行 py 文件，得到的输出结果如图 6-35 所示。

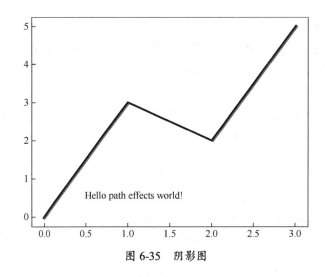

图 6-35 阴影图

6.9.5 其他

使艺术家在视觉上脱颖而出的一个比较好的方法是，在实际艺术家下面以粗体绘制轮廓。Stroke 路径效果使突出艺术家相对简单。

示例代码如下（path_effects_3.py）：

```python
import matplotlib.pyplot as plt
import matplotlib.patheffects as path_effects


fig = plt.figure(figsize=(7, 1))
text_val = fig.text(0.5, 0.5, 'This text stands out because of\nits '
                            'black border.', color='white',
                    ha='center', va='center', size=30)
text_val.set_path_effects([path_effects.Stroke(linewidth=3, foreground='black'),
                    path_effects.Normal()])
plt.show()
```

执行 py 文件，得到的输出结果如图 6-36 所示。

This text stands out because of its black border.

图 6-36 突出艺术家

示例中绘制了两次文本路径：一次使用粗黑线绘制，另一次使用原始文本路径在上面绘制。

需要注意的是，Stroke、SimplePatchShadow 和 SimpleLineShadow 的关键字不是通常的 Artist 关键字（如 facecolor 和 edgecolor 等），这是因为使用这些路径效果操作了 Matplotlib 的较低层。

实际上，接收的主要是用于 matplotlib.backend_bases.GraphicsContextBase 实例的关键字，它们为易于创建新的后端而设计，而不是用于其用户界面。

如前所述，一些路径效果的操作级别低于大多数用户操作，这意味着设置关键字（如 facecolor 和 edgecolor）会导致 AttributeError。幸运的是，有一个通用的 PathPatchEffect 路径效果，它创建了一个具有原始路径的 PathPatch 类，此效果的关键字与 PathPatch 相同。

示例代码如下（path_effects_4.py）：

```python
import matplotlib.pyplot as plt
import matplotlib.patheffects as path_effects

fig = plt.figure(figsize=(8, 1))
text_val = fig.text(0.02, 0.5, 'Hatch shadow', fontsize=75, weight=1000, va='center')
text_val.set_path_effects([path_effects.PathPatchEffect(offset=(4, -4), hatch='xxxx', facecolor='gray'), path_effects.PathPatchEffect(edgecolor='white', linewidth=1.1, facecolor='black')])
plt.show()
```

执行 py 文件，得到的输出结果如图 6-37 所示。

图 6-37　PathPatchEffect 路径效果

第 7 章　Matplotlib 更多处理

Matplotlib 具有优秀的文本支持，包括数学表达式、光栅和向量输出的 truetype 支持，以及任意旋转的换行分隔文本和 unicode 的支持。

直接在输出文档中嵌入字体，如 PostScript 或 PDF，在屏幕上看到的也是在打印件中得到的。freetype2 可产生非常漂亮、抗锯齿的字体，即使在小光栅尺寸下看起来也很好。

Matplotlib 拥有自己的 matplotlib.font_manager，使用 font_manager 可以完全控制每个文本属性（字体大小、字体重量、文本位置和颜色等），并且可以在文件中设置合理的默认值。另外，Matplotlib 还包含大量的 TeX 数学符号和命令，所以支持在图中任何地方放置数学表达式。

7.1　基本文本命令

在 Matplotlib 中有如下一些基本文本命令。

1．text

作用：在 Axes 的任意位置添加文本。

命令式：matplotlib.pyplot.text，面向对象：matplotlib.axes.Axes.text。

2．xlabel

作用：向 x 轴添加轴标签。

命令式：matplotlib.pyplot.xlabel，面向对象：matplotlib.axes.Axes.set_xlabel。

3．ylabel

作用：向 y 轴添加轴标签。

命令式：matplotlib.pyplot.ylabel，面向对象：matplotlib.axes.Axes.set_ylabel。

4．title

作用：向 Axes 添加标题。

命令式：matplotlib.pyplot.title，面向对象：matplotlib.axes.Axes.set_title。

5．figtext

作用：向 Figure 的任意位置添加文本。

命令式：matplotlib.pyplot.figtext，面向对象：matplotlib.figure.Figure.text。

6．suptitle

作用：向 Figure 添加标题。

命令式：matplotlib.pyplot.suptitle，面向对象：matplotlib.figure.Figure.suptitle。

7．annotate

作用：向 Axes 添加标注，带有可选的箭头。

命令式：matplotlib.pyplot.annotate，面向对象：matplotlib.axes.Axes.annotate。

所有这些函数创建并返回一个 matplotlib.text.Text()实例，它可以配置各种字体和其他属性。

如下示例代码在实战中展示上述命令（basic_text_commands.py）：

```python
import matplotlib.pyplot as plt

fig = plt.figure()
fig.suptitle('bold figure suptitle', fontsize=14, fontweight='bold')

ax = fig.add_subplot(111)
fig.subplots_adjust(top=0.85)
ax.set_title('axes title')

ax.set_xlabel('xlabel')
ax.set_ylabel('ylabel')

ax.text(3, 8, 'boxed italics text in data coords', style='italic',
        bbox={'facecolor': 'red', 'alpha': 0.5, 'pad': 10})

ax.text(2, 6, r'an equation: $E=mc^2$', fontsize=15)

ax.text(3, 2, u'unicode: Institut f\374r Festk\366rperphysik')

ax.text(0.95, 0.01, 'colored text in axes coords',
        verticalalignment='bottom', horizontalalignment='right',
        transform=ax.transAxes,
        color='green', fontsize=15)

ax.plot([2], [1], 'o')
ax.annotate('annotate', xy=(2, 1), xytext=(3, 4),
            arrowprops=dict(facecolor='black', shrink=0.05))

ax.axis([0, 10, 0, 10])
plt.show()
```

执行 py 文件，得到的输出结果如图 7-1 所示。

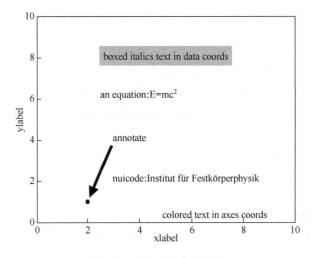

图 7-1　基本文件命令使用

7.2　文本属性及布局

matplotlib.text.Text()实例有各种属性，可以通过关键字参数配置文本命令（如 title()、xlabel()和 text()）。表 7-1 列举了一些文本属性。

表 7-1　文本属性

属　　　性	类　型　值
alpha	浮点值
backgroundcolor	任何 matplotlib 颜色
bbox	rectangle prop dict plus key 'pad' which is a pad in points
clip_box	matplotlib.transform.Bbox 实例
clip_on	[True / False]
clip_path	Path、Transform 或 Patch 实例
color	任何 matplotlib 颜色
family	['serif' / 'sans-serif' / 'cursive' / 'fantasy' / 'monospace']
fontproperties	matplotlib.font_manager.FontProperties 实例
horizontalalignment or ha	['center' / 'right' / 'left']
label	任何字符串
linespacing	浮点
multialignment	['left' / 'right' / 'center']
name or fontname	字符串，如 ['Sans' / 'Courier' / 'Helvetica' ...]
picker	[None / 浮点 / 布尔值 / 可调用对象]
position	(x,y)
rotation	[角度制的角度 / 'vertical' / 'horizontal']
size or fontsize	[点的尺寸，相对尺寸，如 'smaller', 'x-large']
style or fontstyle	['normal' / 'italic' / 'oblique']
text	字符串或任何可使用'%s'打印的东西
transform	matplotlib.transform 实例

属　　　性	类　型　值
variant	['normal' / 'small-caps']
verticalalignment or va	['center' / 'top' / 'bottom' / 'baseline']
visible	[True / False]
weight or fontweight	['normal'/'bold'/'heavy'/'light'/'ultrabold'/'ultralight']
x	浮点值
y	浮点值
zorder	任意数值

可以使用对齐参数 horizontalalignment、verticalalignment 和 multialignment 布置文本。

- horizontalalignment，控制文本在 x 轴的位置，表示文本边界框的左边、中间或右边。
- verticalalignment，控制文本在 y 轴的位置，表示文本边界框的底部、中心或顶部。
- multialignment，仅对换行符分隔的字符串控制不同的行是左对齐、中间对齐还是右对齐。

使用 text()命令可以显示各种对齐方式，示例代码如下（text_layout.py）：

```python
import matplotlib.pyplot as plt
import matplotlib.patches as patches

# build a rectangle in axes coords
left, width = .25, .5
bottom, height = .25, .5
right = left + width
top = bottom + height

fig = plt.figure()
ax = fig.add_axes([0, 0, 1, 1])

# axes coordinates are 0,0 is bottom left and 1,1 is upper right
p = patches.Rectangle(
    (left, bottom), width, height,
    fill=False, transform=ax.transAxes, clip_on=False
    )

ax.add_patch(p)

ax.text(left, bottom, 'left top',
        horizontalalignment='left',
        verticalalignment='top',
        transform=ax.transAxes)

ax.text(left, bottom, 'left bottom',
        horizontalalignment='left',
        verticalalignment='bottom',
        transform=ax.transAxes)
```

```
ax.text(right, top, 'right bottom',
        horizontalalignment='right',
        verticalalignment='bottom',
        transform=ax.transAxes)

ax.text(right, top, 'right top',
        horizontalalignment='right',
        verticalalignment='top',
        transform=ax.transAxes)

ax.text(right, bottom, 'center top',
        horizontalalignment='center',
        verticalalignment='top',
        transform=ax.transAxes)

ax.text(left, 0.5*(bottom+top), 'right center',
        horizontalalignment='right',
        verticalalignment='center',
        rotation='vertical',
        transform=ax.transAxes)

ax.text(left, 0.5*(bottom+top), 'left center',
        horizontalalignment='left',
        verticalalignment='center',
        rotation='vertical',
        transform=ax.transAxes)

ax.text(0.5*(left+right), 0.5*(bottom+top), 'middle',
        horizontalalignment='center',
        verticalalignment='center',
        fontsize=20, color='red',
        transform=ax.transAxes)

ax.text(right, 0.5*(bottom+top), 'centered',
        horizontalalignment='center',
        verticalalignment='center',
        rotation='vertical',
        transform=ax.transAxes)

ax.text(left, top, 'rotated\nwith newlines',
        horizontalalignment='center',
        verticalalignment='center',
        rotation=45,
        transform=ax.transAxes)

ax.set_axis_off()
plt.show()
```

执行 py 文件，得到的输出结果如图 7-2 所示。

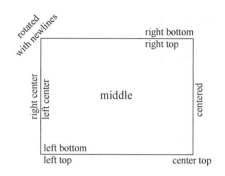

图 7-2　文本属性及布局

示例代码中使用了 transform=ax.transAxes，表示相对于轴边界框给出坐标，其中，(0,0) 是轴的左下角，(1,1) 是右上角。

除了可以设置文本布局，还可以设置默认字体，基本的默认字体由一系列 rcParams 参数控制，rcParams 参数如表 7-2 所示。

表 7-2　rcParams 参数

rcParams 参数	用　　法
'font.family'	字体名称或{'cursive', 'fantasy', 'monospace', 'sans', 'sans serif', 'sans-serif', 'serif'}的列表
'font.style'	默认字体，如'normal' 'italic'
'font.variant'	默认变体，如'normal' 'small-caps'（未测试）
'font.stretch'	默认拉伸，如'normal' 'condensed'（未完成）
'font.weight'	字体粗细，可为整数或字符串
'font.size'	默认字体大小（以磅为单位），相对字体大小（'large', 'x-small'）按照该大小计算

从 Matplotlib v2.0 开始，默认字体包含许多西方字母的字形，但仍然没有覆盖 mpl 用户可能需要的所有字形。例如，DejaVu 没有覆盖中文、韩文和日文。

如果要将默认字体设置为支持所需代码点的字体，则需要将字体名称添加到 font.family 或所需的别名列表前面，示例代码如下：

```
matplotlib.rcParams['font.sans-serif'] = ['Source Han Sans TW', 'sans-serif']
```

也可以在.matplotlibrc 文件中设置：

```
font.sans-serif: Source Han Sans TW, Ariel, sans-serif
```

若要控制每个艺术家使用的字体，可以使用'name'、'fontname'或'fontproperties'关键字参数。

7.3　标注

7.3.1　基本标注

使用 text()函数可以将文本放置在轴域的任意位置。

文本的一个常见用例是标注绘图的某些特征，而 annotate()方法提供的辅助函数可以使标注变得容易。

在标注时需要考虑两个方面：由参数 xy 表示的标注位置；由 xytext 表示的文本位置。这两个参数都是(x, y)元组。

示例代码如下（annotation_exp_1.py）：

```python
import numpy as np
import matplotlib.pyplot as plt

fig = plt.figure()
ax = fig.add_subplot(111)

t = np.arange(0.0, 5.0, 0.01)
s = np.cos(2 * np.pi * t)
line, = ax.plot(t, s, lw=2)

ax.annotate('local max', xy=(2, 1), xytext=(3, 1.5),
            arrowprops=dict(facecolor='black', shrink=0.05), )

ax.set_ylim(-2, 2)
plt.show()
```

执行 py 文件，得到的输出结果如图 7-3 所示。

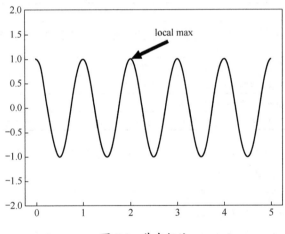

图 7-3　基本标注

在该示例中，xy（箭头尖端）和 xytext 的位置（文本位置）都以数据坐标为单位。

可以通过可选关键字参数 arrowprops 提供的箭头属性字典绘制从文本到注释点的箭头。箭头属性如表 7-3 所示。

表 7-3　箭头属性

arrowprops 键	类 型 值
width	箭头宽度，以点为单位
frac	箭头头部所占的比例
headwidth	箭头底部的宽度，以点为单位
shrink	移动提示，并使其与注释点和文本存在一定的距离
**kwargs	matplotlib.patches.Polygon 的任何键，如 facecolor

7.3.2　使用框和文本标注

先看一段示例代码（annotation_exp_2.py）：

```
import numpy.random
import matplotlib.pyplot as plt

fig = plt.figure(1, figsize=(5, 5))
fig.clf()

ax = fig.add_subplot(111)
ax.set_aspect(1)

x1 = -1 + numpy.random.randn(100)
y1 = -1 + numpy.random.randn(100)
x2 = 1. + numpy.random.randn(100)
y2 = 1. + numpy.random.randn(100)

ax.scatter(x1, y1, color="r")
ax.scatter(x2, y2, color="g")

bbox_props = dict(boxstyle="round", fc="w", ec="0.5", alpha=0.9)
ax.text(-2, -2, "Sample A", ha="center", va="center", size=20, bbox=bbox_ props)
ax.text(2, 2, "Sample B", ha="center", va="center", size=20, bbox=bbox_props)

bbox_props = dict(boxstyle="rarrow", fc=(0.8, 0.9, 0.9), ec="b", lw=2)
t = ax.text(0, 0, "Direction", ha="center", va="center", rotation=45, size=15,
bbox=bbox_props)

bb = t.get_bbox_patch()
bb.set_boxstyle("rarrow", pad=0.6)

ax.set_xlim(-4, 4)
ax.set_ylim(-4, 4)

plt.draw()
plt.show()
```

执行 py 文件，得到的输出结果如图 7-4 所示。

Pyplot 模块（或 Axes 类的 text()函数）中的 text()函数用于接收 bbox 关键字参数，并且会在文本周围绘制一个框。

与文本相关联的补丁对象的访问方式如下：

```
bb = t.get_bbox_patch()
```

该语句的返回值是 FancyBboxPatch 的一个实例，并且补丁属性（如 facecolor、edgewidth等）可以访问和修改。

更改框的形状需要使用 set_boxstyle()方法，具体如下：

```
bb.set_boxstyle("rarrow", pad=0.6)
```

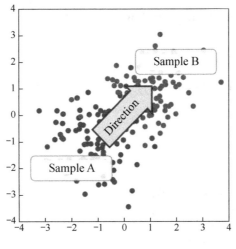

图 7-4　箭头使用示例

7.3.3　使用箭头标注

Pyplot 模块（或 Axes 类中的 annotate()函数）中的 annotate()函数用于绘制连接图上两点的箭头，示例代码段如下：

```
ax.annotate("Annotation",
            xy=(x1, y1), xycoords='data',
            xytext=(x2, y2), textcoords='offset points', )
```

此处使用 textcoords 中提供的 xytext 处的文本标注提供坐标（xycoords）中的 xy 处的点。通常，数据坐标规定了标注点，偏移点规定了标注文本。

连接两个点（xy 和 xytext）的箭头可以通过指定 arrowprops 参数可选地进行绘制。为了仅绘制箭头，需要使用空字符串作为第一个参数，示例代码段如下：

```
ax.annotate("",
            xy=(0.2, 0.2), xycoords='data',
            xytext=(0.8, 0.8), textcoords='data',
            arrowprops=dict(arrowstyle="->",
                            connectionstyle="arc3"), )
```

绘制箭头的步骤如下。

（1）创建两个点之间的连接路径，由 connectionstyle 键值控制。

（2）如果提供了补丁对象（patchA 和 patchB），则会剪切路径以避开该补丁。

（3）路径进一步由提供的像素总量来缩小（shirnkA&shrinkB）。

（4）路径转换为箭头补丁，由 arrowstyle 键值控制。

先看一段示例代码（annotation_exp_3.py）：

```
import matplotlib.pyplot as plt
import matplotlib.patches as mpatches


x1, y1 = 0.3, 0.3
x2, y2 = 0.7, 0.7
```

```python
fig = plt.figure(1, figsize=(8,3))
fig.clf()
from mpl_toolkits.axes_grid.axes_grid import AxesGrid
from mpl_toolkits.axes_grid.anchored_artists import AnchoredText


def add_at(ax, t, loc=2):
    fp = dict(size=10)
    _at = AnchoredText(t, loc=loc, prop=fp)
    ax.add_artist(_at)
    return _at


grid = AxesGrid(fig, 111, (1, 4), label_mode="1", share_all=True)

grid[0].set_autoscale_on(False)

ax = grid[0]
ax.plot([x1, x2], [y1, y2], ".")
el = mpatches.Ellipse((x1, y1), 0.3, 0.4, angle=30, alpha=0.2)
ax.add_artist(el)
ax.annotate("",
            xy=(x1, y1), xycoords='data',
            xytext=(x2, y2), textcoords='data',
            arrowprops=dict(arrowstyle="-",
                            color="0.5",
                            patchB=None,
                            shrinkB=0,
                            connectionstyle="arc3,rad=0.3",
                            ),
            )

add_at(ax, "connect", loc=2)

ax = grid[1]
ax.plot([x1, x2], [y1, y2], ".")
el = mpatches.Ellipse((x1, y1), 0.3, 0.4, angle=30, alpha=0.2)
ax.add_artist(el)
ax.annotate("",
            xy=(x1, y1), xycoords='data',
            xytext=(x2, y2), textcoords='data',
            arrowprops=dict(arrowstyle="-",
                            color="0.5",
                            patchB=el,
                            shrinkB=0,
                            connectionstyle="arc3,rad=0.3",
```

```
                ),
            )

    add_at(ax, "clip", loc=2)



    ax = grid[2]
    ax.plot([x1, x2], [y1, y2], ".")
    el = mpatches.Ellipse((x1, y1), 0.3, 0.4, angle=30, alpha=0.2)
    ax.add_artist(el)
    ax.annotate("",
                xy=(x1, y1), xycoords='data',
                xytext=(x2, y2), textcoords='data',
                arrowprops=dict(arrowstyle="-",
                                color="0.5",
                                patchB=el,
                                shrinkB=5,
                                connectionstyle="arc3,rad=0.3",
                                ),
                )

    add_at(ax, "shrink", loc=2)



    ax = grid[3]
    ax.plot([x1, x2], [y1, y2], ".")
    el = mpatches.Ellipse((x1, y1), 0.3, 0.4, angle=30, alpha=0.2)
    ax.add_artist(el)
    ax.annotate("",
                xy=(x1, y1), xycoords='data',
                xytext=(x2, y2), textcoords='data',
                arrowprops=dict(arrowstyle="fancy",
                                color="0.5",
                                patchB=el,
                                shrinkB=5,
                                connectionstyle="arc3,rad=0.3",
                                ),
                )

    add_at(ax, "mutate", loc=2)

    grid[0].set_xlim(0, 1)
    grid[0].set_ylim(0, 1)
    grid[0].axis["bottom"].toggle(ticklabels=False)
    grid[0].axis["left"].toggle(ticklabels=False)
```

```
fig.subplots_adjust(left=0.05, right=0.95, bottom=0.05, top=0.95)

plt.draw()
plt.show()
```
执行 py 文件，得到的输出结果如图 7-5 所示。

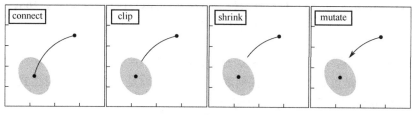

图 7-5　箭头标注图

关于标注还有许多高级且复杂的操作，如将艺术家放置在轴域的锚定位置、使用复杂坐标标注、使用 ConnectorPatch、轴域之间的缩放效果、定义自定义盒样式等，有兴趣的读者可以通过前言中提供的源码地址查看 annotation_exp_4.py 至 annotation_exp_12.py 源码文件的相关的写法，此处不做详细介绍。

7.4　数学表达式

可以在任何 Matplotlib 文本字符串中使用子 TeX 标记，TeX 不需要安装，Matplotlib 提供了自己的 TeX 表达式解析器、布局引擎和字体。

布局引擎是 Donald Knuth 的 TeX 中布局算法的一种相当直接的适配版，所以质量是相当不错的。

任何文本元素都可以使用数学文本。常规文本和数学文本可以在同一个字符串内交错。mathtext 可以使用 Computer Modern 字体、STIX 字体（为了与 Times 混合使用而设计）和 Unicode 字体，也可以使用自定义变量 mathtext.fontset 选择 mathtext 字体。

使用如下语句将生成 alpha > beta：
```
plt.title('alpha > beta')
```
但若更改为如下形式：
```
plt.title(r'$\alpha > \beta$')
```
该语句将生成 $\alpha > \beta$。

为了制作下标和上标，可以使用符号 "_" 或 "^"，语句形式如下：
```
plt.title(r'r'$\alpha_i > \beta_i$'')
```
一些符号会自动将它们的下标或上标放在操作符的底部或顶部。例如，为了编写 0 到无穷的 x 的和，编写的语句形式如下：
```
plt.text(120, 4, r'$\sum_{i=0}^\infty x_i$', fontsize=20)
```
可以使用\frac{}{}、\binomial{}{}和\stackrel{}{}命令分别创建分数、二项式和堆叠数字，语句形式如下：
```
# 创建分数
plt.text(220, 4, r'$\frac{3}{4} \binom{3}{4} \stackrel{3}{4}$', fontsize=20)
```

```python
# 创建二项式
plt.text(320, 4, r'$\frac{5 - \frac{1}{x}}{4}$', fontsize=20)
# 创建堆叠数字
plt.text(110, 0.5, r'$(\frac{5 - \frac{1}{x}}{4})$', fontsize=20)
# 创建堆叠数字
plt.text(220, 0.5, r'$\left(\frac{5 - \frac{1}{x}}{4}\right)$', fontsize=20)
```

也可以创建根式，根式可以由\sqrt[]{}产生，语句形式如下：

```python
# 创建根式
plt.text(350, 0.5, r'$\sqrt{2}$', fontsize=20)
```

方括号内可以（是可选的）设置任何底数。底数必须是一个简单的表达式，并且不能包含布局命令，如分数或上标和下标，语句形式如下：

```python
# 创建根式
plt.text(440, 0.5, r'$\sqrt[3]{x}$', fontsize=20)
```

完整的示例代码如下（mathe_matical_exp_1.py）：

```python
import numpy as np
import matplotlib.pyplot as plt


t = np.arange(0.0, 5.0, 0.01)
# s = np.sin(2 * np.pi * t)


plt.plot(t)
plt.title(r'mathematical', fontsize=20)
# 制作下标和上标
plt.text(10, 4, r'$\alpha_i > \beta_i$', fontsize=20)
# 编写 0 到无穷的 x
plt.text(120, 4, r'$\sum_{i=0}^\infty x_i$', fontsize=20)
# 创建分数
plt.text(220, 4, r'$\frac{3}{4} \binom{3}{4} \stackrel{3}{4}$', fontsize=20)
# 创建二项式
plt.text(320, 4, r'$\frac{5 - \frac{1}{x}}{4}$', fontsize=20)
# 创建堆叠数字
plt.text(110, 0.5, r'$(\frac{5 - \frac{1}{x}}{4})$', fontsize=20)
# 创建堆叠数字
plt.text(220, 0.5, r'$\left(\frac{5 - \frac{1}{x}}{4}\right)$', fontsize=20)
# 创建根式
plt.text(350, 0.5, r'$\sqrt{2}$', fontsize=20)
# 创建根式
plt.text(440, 0.5, r'$\sqrt[3]{x}$', fontsize=20)


plt.xlabel('x')
plt.ylabel('y')


plt.show()
```

执行 py 文件，得到的输出结果如图 7-6 所示。

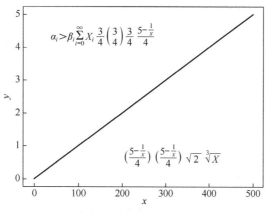

图 7-6 数学表达式 (一)

在数学表达式中，数学符号默认使用斜体。

但字体的默认值可以使用 mathtext.default rcParam 更改，这是非常有用的，如通过将字体设置为 regular，可以使用与常规非数学文本相同的字体作为数学文本。

如果需要修改字体，如以罗马字体编写 sin，可以使用字体命令闭合文本，也可以使用如下语句形式编写：

```
r'$s(t) = \mathcal{A}\mathrm{sin}(2 \omega t)$'
```

上面语句中 s 和 t 是斜体（默认）的变量，sin 是罗马字体，振幅 A 是书法字体。在上面的例子中，A 和 sin 之间的间距会被挤压，此处可以使用间距命令在它们之间添加一些空格，更改为如下形式：

```
r'$s(t) = \mathcal{A}\/\sin(2 \omega t)$'
```

除了字体，重音命令也有必要做一些讲解：重音命令可以位于任何符号之前，在其上添加重音。另外，重音命令中的一些命令拥有较长和较短的形式。

当把重音放在小写的 i 和 j 上时需要特别注意，如下示例语句中，\imath 用来避免 i 上额外的点：

```
r"$\hat i\ \ \hat \imath$"
```

完整的示例代码如下（mathe_matical_exp_2.py）：

```python
import matplotlib.pyplot as plt


plt.title(r'mathematical', fontsize=20)
# 字体编写
plt.text(0.3, 0.8, r'$s(t) = \mathcal{A}\mathrm{sin}(2 \omega t)$', fontsize=20)
# 字体编写
plt.text(0.3, 0.5, r'$s(t) = \mathcal{A}\/\sin(2 \omega t)$', fontsize=20)
# 创建重音符号
plt.text(0.4, 0.2, r"$\hat i\ \ \hat \imath$", fontsize=20)


plt.xlabel('x')
plt.ylabel('y')


plt.show()
```

执行 py 文件，得到的输出结果如图 7-7 所示。

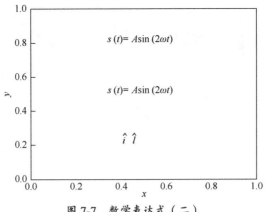

图 7-7　数学表达式（二）

也可以使用大量的 TeX 符号，如\infty、\leftarrow、\sum、\int。如果特定符号没有名称（STIX 字体中的许多较为模糊的符号也是如此），也可以使用 Unicode 字符。

如下示例展示了许多本节提到的特性（mathe_matical_exp_3.py）：

```
import numpy as np
import matplotlib.pyplot as plt

t = np.arange(0.0, 2.0, 0.01)
s = np.sin(2 * np.pi * t)

plt.plot(t, s)
plt.title(r'$\alpha_i > \beta_i$', fontsize=20)
plt.text(1.1, -0.6, r'$\sum_{i=0}^\infty x_i$', fontsize=20)
plt.text(0.45, 0.6, r'$\mathcal{A}\mathrm{sin}(2 \omega t)$', fontsize=20)

plt.xlabel('time (s)')
plt.ylabel('volts (mV)')

plt.show()
```

执行 py 文件，得到的输出结果如图 7-8 所示。

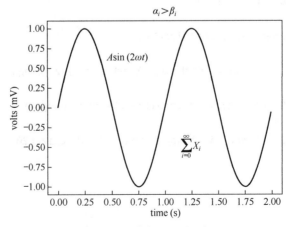

图 7-8　数学表达式（三）

7.5　颜色指定

在 Matplotlib 中，用户可以指定颜色，颜色可以以如下形式提供。

（1）RGB 或 RGBA 浮点值元组，取值范围为[0, 1]，如(0.1, 0.2, 0.5)或(0.1, 0.2, 0.5, 0.3)。

（2）RGB 或 RGBA 十六进制字符串，如#0F0F0F 或#0F0F0F0F。

（3）[0, 1]的浮点值的字符串，用于表示灰度，如 0.5。

（4）{'b', 'g', 'r', 'c', 'm', 'y', 'k', 'w'}之一。

（5）X11/CSS4 颜色名称。

（6）XKCD 颜色之一，以'xkcd:'为前缀，如'xkcd:sky blue'。

（7）{'C0', 'C1', 'C2', 'C3', 'C4', 'C5', 'C6', 'C7', 'C8', 'C9'}之一。

（8）{'tab:blue', 'tab:orange', 'tab:green', 'tab:red', 'tab:purple', 'tab:brown', 'tab:pink', 'tab:gray', 'tab:olive', 'tab:cyan'}之一，这是 T10 调色板的 Tableau 颜色（默认的色相环）。

所有颜色字符串都区分大小写。

颜色可以由匹配正则表达式 C[0～9]的字符串指定，所以可以在任何当前接收颜色的地方传递，并且可以在 matplotlib.Axes.plot 的 format-string 中用作"单个字符颜色"。

单个数字是默认属性环的索引（matplotlib.rcParams['axes.prop_cycle']）。如果属性环不包括'color'，则返回黑色。在创建艺术家时会对颜色求值。

示例代码如下（specify_colors.py）：

```
import numpy as np
import matplotlib.pyplot as plt
import matplotlib as mpl

th = np.linspace(0, 2 * np.pi, 128)


def colors_exp(sty):
    mpl.style.use(sty)
    fig, ax = plt.subplots(figsize=(3, 3))

    ax.set_title('style: {!r}'.format(sty), color='C0')

    ax.plot(th, np.cos(th), 'C1', label='C1')
    ax.plot(th, np.sin(th), 'C2', label='C2')
    ax.legend()


colors_exp('default')
plt.show()
```

执行 py 文件，得到的输出结果如图 7-9 所示。

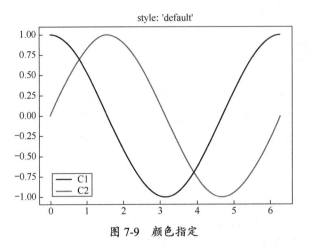

图 7-9　颜色指定

7.6　事件处理及拾取

Matplotlib 使用了许多用户界面工具包（如 wxpython、tkinter、qt4、gtk 和 macosx），为了支持交互式平移和缩放图形等功能，拥有一套 API 通过按键和鼠标移动与图形交互对开发人员十分有利，这样就可以不必重复大量的代码来跨越不同的用户界面。

虽然事件处理 API 是 GUI 中立的，但它是基于 GTK 模型的，这是 Matplotlib 支持的第一个用户界面。与标准 GUI 事件相比，被触发的事件比 Matplotlib 丰富一些，如包括发生事件的 matplotlib.axes.Axes 的信息。事件还能够理解 Matplotlib 坐标系，并且在事件中以像素和数据坐标为单位报告事件位置。

7.6.1　事件连接

要接收事件，需要先编写一个回调函数，然后将回调函数连接到事件管理器，事件管理器是 FigureCanvasBase 的一部分。

示例代码如下（event_handling_picking_1.py）：

```
import matplotlib.pyplot as plt
import numpy as np


fig = plt.figure()
ax = fig.add_subplot(111)
ax.plot(np.random.rand(10))


def onclick(event):
    print('发生点击操作: button={}, x={}, y={}, xdata={}, ydata={}'.
        format(event.button, event.x, event.y, event.xdata, event.ydata))


cid = fig.canvas.mpl_connect('button_press_event', onclick)
plt.show()
```

执行 py 文件，得到的输出结果如图 7-10 所示。

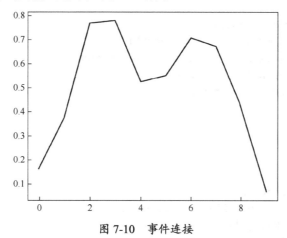

图 7-10　事件连接

在生成的图片上任意单击，在控制台可以看到类似于如下的输出信息：

发生点击操作：button=1, x=265, y=217.0, xdata=3.2425403225806444, ydata=0.380
4817381973358

发生点击操作：button=1, x=237, y=257.0, xdata=2.683669354838709, ydata=0.465
225947668525

发生点击操作：button=1, x=407, y=237.0, xdata=6.07681451612903, ydata=0.422
8538429329304

7.6.2　事件属性

所有 Matplotlib 事件继承自基类 matplotlib.backend_bases.Event，存储以下几方面属性。

name：事件名称。

canvas：生成事件的 FigureCanvas 实例。

guiEvent：触发 Matplotlib 事件的 GUI 事件，最常见的是按键按下/释放事件、鼠标按下/释放和移动事件。处理这些事件的 KeyEvent 和 MouseEvent 类都派生自 LocationEvent，它具有以下几方面属性。

x：在 x 轴的位置，与画布左端的距离，以像素为单位。

y：在 y 轴的位置，与画布底端的距离，以像素为单位。

inaxes：如果鼠标经过轴域，则为 Axes 实例。

xdata：鼠标在 x 轴的位置，以数据坐标为单位。

ydata：鼠标在 y 轴的位置，以数据坐标为单位。

在如下示例中，每次按下鼠标都会创建一条线段（event_handling_picking_2.py）：

```python
from matplotlib import pyplot as plt


class LineBuilder:
    def __init__(self, line_v):
        self.line = line_v
        self.xs = list(line_v.get_xdata())
        self.ys = list(line_v.get_ydata())
```

```
        self.cid = line_v.figure.canvas.mpl_connect('button_press_event', self)

    def __call__(self, event):
        print('点击输出:{}'.format(event))
        if event.inaxes != self.line.axes: return
        self.xs.append(event.xdata)
        self.ys.append(event.ydata)
        self.line.set_data(self.xs, self.ys)
        self.line.figure.canvas.draw()


fig = plt.figure()
ax = fig.add_subplot(111)
ax.set_title('click to build line segments')
line, = ax.plot([0], [0])
line_builder = LineBuilder(line)

plt.show()
```

执行 py 文件会得到一个空白图，输出结果如图 7-11 所示。

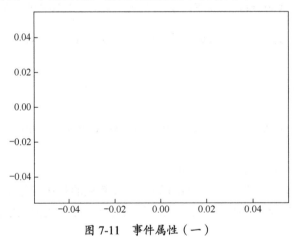

图 7-11　事件属性（一）

在空白图上单击可以得到类似于图 7-12 所示的图形。

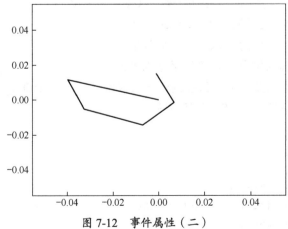

图 7-12　事件属性（二）

238

在控制台可以看到类似于如下的输出信息：

点击输出:MPL MouseEvent: xy=(149,276) xydata=(-0.0396975806451613,0.0114285714 2857144) button=1 dblclick=False inaxes=AxesSubplot(0.125,0.11;0.775x0.77)

点击输出:MPL MouseEvent: xy=(182,220) xydata=(-0.03237903225806452,-0.0052380952 38095236) button=1 dblclick=False inaxes=AxesSubplot(0.125,0.11;0.775x0.77)

点击输出:MPL MouseEvent: xy=(297,189) xydata=(-0.006875000000000006,-0.01446428 5714285714) button=1 dblclick=False inaxes=AxesSubplot(0.125,0.11;0.775x0.77)

点击输出:MPL MouseEvent: xy=(359,232) xydata=(0.006874999999999992,-0.00166666 66666666635) button=1 dblclick=False inaxes=AxesSubplot(0.125,0.11;0.775x0.77)

点击输出:MPL MouseEvent: xy=(324,287) xydata=(-0.0008870967741935604,0.01470238 0952380967) button=1 dblclick=False inaxes=AxesSubplot(0.125,0.11;0.775x0.77)

7.6.3　可拖曳的矩形

编写使用 Rectangle 实例初始化的可拖动矩形类，在拖动时会移动其 xy 位置。

在这个过程中需要存储矩形的原始 xy 位置，存储为 rect.xy，并链接到按下、移动和释放鼠标事件。当鼠标按下时，检查单击是否发生在矩形上，如果是，则存储矩形 xy 和以数据坐标为单位的单击位置。

在移动事件回调中，计算鼠标移动的 deltax 和 deltay，将这些增量添加到存储的原始矩形，并重新绘图。

在按钮释放事件中，只需要将所有存储的按钮按下，数据重置为 None。

在如下示例中，每次按下鼠标都会创建一条线段（event_handling_picking_3.py）：

```python
import numpy as np
import matplotlib.pyplot as plt


class DraggableRectangle:
    lock = None  # only one can be animated at a time

    def __init__(self, rect):
        self.rect = rect
        self.press = None
        self.background = None

    def connect(self):
        'connect to all the events we need'
        self.cidpress = self.rect.figure.canvas.mpl_connect(
            'button_press_event', self.on_press)
        self.cidrelease = self.rect.figure.canvas.mpl_connect(
            'button_release_event', self.on_release)
        self.cidmotion = self.rect.figure.canvas.mpl_connect(
            'motion_notify_event', self.on_motion)

    def on_press(self, event):
        'on button press we will see if the mouse is over us and store some data'
```

```python
        if event.inaxes != self.rect.axes: return
        if DraggableRectangle.lock is not None: return
        contains, attrd = self.rect.contains(event)
        if not contains: return
        print('event contains:{}'.format(self.rect.xy))
        x0, y0 = self.rect.xy
        self.press = x0, y0, event.xdata, event.ydata
        DraggableRectangle.lock = self

        # draw everything but the selected rectangle and store the pixel buffer
        canvas = self.rect.figure.canvas
        axes = self.rect.axes
        self.rect.set_animated(True)
        canvas.draw()
        self.background = canvas.copy_from_bbox(self.rect.axes.bbox)

        # now redraw just the rectangle
        axes.draw_artist(self.rect)

        # and blit just the redrawn area
        canvas.blit(axes.bbox)

    def on_motion(self, event):
        'on motion we will move the rect if the mouse is over us'
        if DraggableRectangle.lock is not self:
            return
        if event.inaxes != self.rect.axes: return
        x0, y0, xpress, ypress = self.press
        dx = event.xdata - xpress
        dy = event.ydata - ypress
        self.rect.set_x(x0+dx)
        self.rect.set_y(y0+dy)

        canvas = self.rect.figure.canvas
        axes = self.rect.axes
        # restore the background region
        canvas.restore_region(self.background)

        # redraw just the current rectangle
        axes.draw_artist(self.rect)

        # blit just the redrawn area
        canvas.blit(axes.bbox)

    def on_release(self, event):
        'on release we reset the press data'
        if DraggableRectangle.lock is not self:
```

```
        return

        self.press = None
        DraggableRectangle.lock = None

        # turn off the rect animation property and reset the background
        self.rect.set_animated(False)
        self.background = None

        # redraw the full figure
        self.rect.figure.canvas.draw()

    def disconnect(self):
        'disconnect all the stored connection ids'
        self.rect.figure.canvas.mpl_disconnect(self.cidpress)
        self.rect.figure.canvas.mpl_disconnect(self.cidrelease)
        self.rect.figure.canvas.mpl_disconnect(self.cidmotion)


fig = plt.figure()
ax = fig.add_subplot(111)
rects = ax.bar(range(10), 20*np.random.rand(10))
drs = []
for rect in rects:
    dr = DraggableRectangle(rect)
    dr.connect()
    drs.append(dr)

plt.show()
```

执行 py 文件，得到的输出结果如图 7-13 所示。

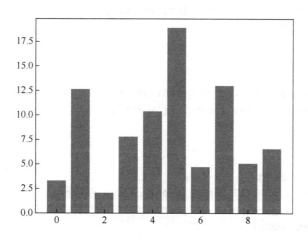

图 7-13　可拖曳矩形（一）

对图 7-13 进行拖曳，得到的新图形如图 7-14 所示。

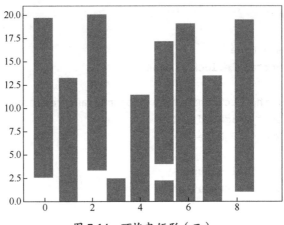

图 7-14 可拖曳矩形（二）

在控制台可以看到类似于如下的输出信息：

```
event contains:(5.6, 0)
event contains:(1.6, 0)
event contains:(-0.4, 0)
event contains:(7.6, 0)
event contains:(8.6, 0)
```

7.6.4 鼠标进入和离开

如果希望在鼠标进入或离开图形时收到通知，则可以链接到图形/轴域进入/离开事件。

如下示例代码（event_handling_picking_4.py）改变了鼠标所在的轴域和图形的背景颜色：

```python
import matplotlib.pyplot as plt


def enter_axes(event):
    print('enter_axes:{}'.format(event.inaxes))
    event.inaxes.patch.set_facecolor('yellow')
    event.canvas.draw()


def leave_axes(event):
    print('leave_axes:{}'.format(event.inaxes))
    event.inaxes.patch.set_facecolor('white')
    event.canvas.draw()


def enter_figure(event):
    print('enter_figure{}'.format(event.canvas.figure))
    event.canvas.figure.patch.set_facecolor('red')
    event.canvas.draw()


def leave_figure(event):
    print('leave_figure:{}'.format(event.canvas.figure))
```

```
    event.canvas.figure.patch.set_facecolor('grey')
    event.canvas.draw()


fig1 = plt.figure()
fig1.suptitle('mouse hover over figure or axes to trigger events')
ax1 = fig1.add_subplot(211)
ax2 = fig1.add_subplot(212)

fig1.canvas.mpl_connect('figure_enter_event', enter_figure)
fig1.canvas.mpl_connect('figure_leave_event', leave_figure)
fig1.canvas.mpl_connect('axes_enter_event', enter_axes)
fig1.canvas.mpl_connect('axes_leave_event', leave_axes)

plt.show()
```

执行 py 文件，得到的输出结果如图 7-15 所示。

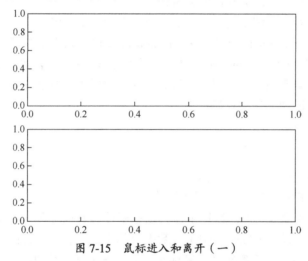

图 7-15　鼠标进入和离开（一）

将鼠标放到输出图片的上面的方框，得到的输出结果如图 7-16 所示。

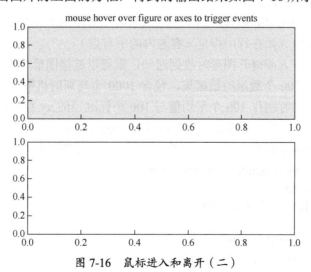

图 7-16　鼠标进入和离开（二）

由图 7-16 可以看到，将鼠标放在上面的方框后，上面的方框的填充颜色变为黄色，并且在控制台可以看到类似于如下的输出信息：

```
enter_axes:AxesSubplot(0.125,0.53;0.775x0.35)
```

7.6.5　对象拾取

可以通过设置艺术家的 picker 属性（如 Matplotlib Line2D、Text、Patch、Polygon、AxesImage 等）启用选择。

picker 属性有多种含义，具体如下。

None：选择对于该艺术家已禁用（默认）。

boolean：如果为 True，则启用选择，当鼠标移动到该艺术家上方时会触发事件。

float：如果选择器是数字，则将其解释为点的 ε 公差，并且如果其数据在鼠标事件的 ε 内，则艺术家将触发事件。对于线条和补丁集合，艺术家可以向生成的选择事件提供附加数据。例如，在选择事件的 ε 内的数据的索引。

函数：如果拾取器是可调用的，则它是用户提供的函数，用于确定艺术家是否被鼠标事件击中。如果签名为 hit, props = picker(artist, mouseevent)，则用于测试是否命中。如果鼠标事件在艺术家上，则返回 hit=True, props 是一个属性字典，它们会添加到 PickEvent 属性中。

设置 picker 属性启用对艺术家进行拾取后，需要链接到画布的 pick_event，以便在鼠标按下事件中获取拾取回调，示例代码如下：

```
def pick_handler(event):
    mouseevent = event.mouseevent
    artist = event.artist
    # now do something with this...
```

传递回调的 PickEvent 事件具有以下两个属性。

mouseevent：生成拾取事件的鼠标事件。鼠标事件具有像 x 和 y（显示空间中的坐标，如距离左、下的像素）以及 xdata 和 ydata（数据空间中的坐标）一样的属性。此外，还可以获取有关按下哪些按钮、按下哪些键、鼠标在哪个轴域上面等信息。

artist：生成拾取事件的 Artist。

另外，Line2D 和 PatchCollection 的某些艺术家可以将附加的元数据（如索引）附加到满足选择器标准的数据中（如在行中指定 ε 容差内的所有点）。

如果希望在鼠标进入或离开图形时收到通知，则可以链接图形/轴域进入/离开事件。

例如，创建含有 100 个数组的数据集，包含 1000 个高斯随机数，并计算每个数组的样本平均值和标准差，同时制作 100 个平均值与 100 个标准差的 xy 标记图。将绘图命令创建的线条链接拾取事件，并绘制数据的原始时间序列，这些数据生成了被单击的点。如果在被单击的点的容差范围内存在多于一个点，则可以使用多个子图绘制多个时间序列。

示例代码如下（event_handling_picking_5.py）：

```
import numpy as np
import matplotlib.pyplot as plt


X = np.random.rand(100, 1000)
xs = np.mean(X, axis=1)
```

```
ys = np.std(X, axis=1)


fig = plt.figure()
ax = fig.add_subplot(111)
ax.set_title('click on point to plot time series')
line, = ax.plot(xs, ys, 'o', picker=5)


def on_pick(event):
    if event.artist!=line: return True

    ind_len = len(event.ind)
    if not ind_len: return True

    fi_gi = plt.figure()
    for sub_plot_num, data_ind in enumerate(event.ind):
        ax = fi_gi.add_subplot(ind_len, 1, sub_plot_num+1)
        ax.plot(X[data_ind])
        ax.text(0.05, 0.9, 'mu=%1.3f\nsigma=%1.3f' % (xs[data_ind], ys[data_
ind]),
                transform=ax.transAxes, va='top')
        ax.set_ylim(-0.5, 1.5)
    fi_gi.show()
    return True


fig.canvas.mpl_connect('pick_event', on_pick)
plt.show()
```

执行 py 文件，得到的输出结果如图 7-17 所示。

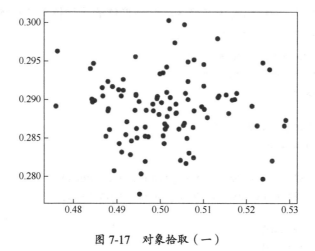

图 7-17　对象拾取（一）

单击图 7-17 中的某个点，得到的输出结果如图 7-18 所示。

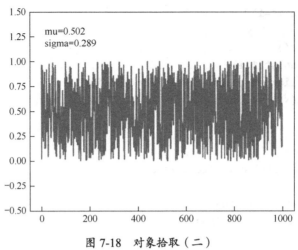

图 7-18　对象拾取（二）

7.7　扩展

本节是教程、示例和代码片段的集合，介绍了一些有用的经验和技巧，从而制作更精美的图像，并克服了 Matplotlib 的一些缺陷。

7.7.1　透明度填充

fill_between()函数在最小边界和最大边界之间生成阴影区域，用于展示范围。该函数有一个使用起来非常方便的参数，可以将填充范围与逻辑范围组合，如仅填充超过某个阈值的曲线。

在一般情况下，fill_between()函数可以用来增强图形的视觉外观。

如下示例展示的是计算随机漫步的两个群体，它们具有不同的正态分布平均值和标准差，并且可以从中绘制足迹，还可以使用共享区域绘制群体的平均位置的加/减一个标准差。这里的 Alpha 通道是有用的，不只是为了审美。

示例代码如下（favorite_recipes_1.py）：

```python
import matplotlib.pyplot as plt
import numpy as np


n_steps, n_walkers = 100, 250
t = np.arange(n_steps)


S1 = 0.002 + 0.01*np.random.randn(n_steps, n_walkers)
S2 = 0.004 + 0.02*np.random.randn(n_steps, n_walkers)


X1 = S1.cumsum(axis=0)
X2 = S2.cumsum(axis=0)


mu1 = X1.mean(axis=1)
sigma1 = X1.std(axis=1)
```

```
mu2 = X2.mean(axis=1)
sigma2 = X2.std(axis=1)

fig, ax = plt.subplots(1)
ax.plot(t, mu1, lw=2, label='mean population 1', color='blue')
ax.plot(t, mu2, lw=2, label='mean population 2', color='yellow')
ax.fill_between(t, mu1+sigma1, mu1-sigma1, facecolor='blue', alpha=0.5)
ax.fill_between(t, mu2+sigma2, mu2-sigma2, facecolor='yellow', alpha=0.5)
ax.set_title('random walkers empirical $\mu$ and $\pm \sigma$ interval')
ax.legend(loc='upper left')
ax.set_xlabel('num steps')
ax.set_ylabel('position')
ax.grid()

plt.show()
```

执行 py 文件，得到的输出结果如图 7-19 所示。

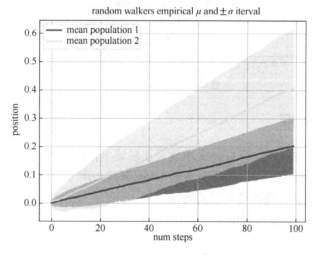

图 7-19　透明度填充

7.7.2　透明、花式图例

有时在绘制数据之前就知道数据是什么样的，并且可能知道诸如右上角没有太多数据等，然后就可以安全地创建不覆盖数据的图例。

当不知道数据在哪里时，可以设置 loc='best' 尝试放置图例。

即使如此，图例仍可能覆盖数据，这种情况适合使用透明图例框架。

示例代码如下（favorite_recipes_2.py）：

```
import numpy as np
import matplotlib.pyplot as plt

np.random.seed(1234)
fig, ax = plt.subplots(1)
ax.plot(np.random.randn(300), 'o-', label='normal distribution')
```

```
ax.plot(np.random.rand(300), 's-', label='uniform distribution')
ax.set_ylim(-3, 3)
ax.legend(loc='best', fancybox=True, framealpha=0.5)

ax.set_title('fancy, transparent legends')
plt.show()
```

执行 py 文件，得到的输出结果如图 7-20 所示。

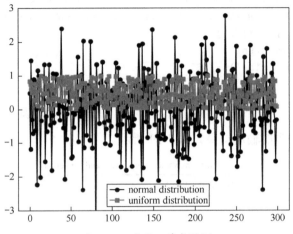

图 7-20 透明、花式图例

7.7.3 放置文本框

当使用文本框装饰轴时，可以将文本放置在轴域坐标中，这样文本就不会随着 x 轴或 y 轴的变化而移动。另外，还可以使用文本的 bbox 属性，用 Patch 实例包围文本——bbox 关键字参数接收字典，字典的键是补丁的属性。

示例代码如下（favorite_recipes_3.py）：

```
import numpy as np
import matplotlib.pyplot as plt

np.random.seed(1234)
fig, ax = plt.subplots(1)
x = 30*np.random.randn(10000)
mu = x.mean()
median = np.median(x)
sigma = x.std()
text_str = '$\mu=%.2f$\n$\mathrm{median}=%.2f$\n$\sigma=%.2f$' % (mu, median,
sigma)

ax.hist(x, 50)
# these are matplotlib.patch.Patch properties
props = dict(boxstyle='round', facecolor='wheat', alpha=0.5)

# place a text box in upper left in axes coords
```

```
ax.text(0.05, 0.95, text_str, transform=ax.transAxes, fontsize=14,
        verticalalignment='top', bbox=props)

plt.show()
```
执行 py 文件，输出结果如图 7-21 所示。

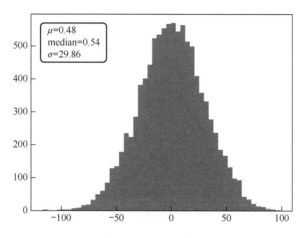

图 7-21　放置文本框

第五部分　项目实战

　　游览完"NumPy 科技馆"、"Pandas 数据展览中心"和"Matplotlib 艺术宫"之后，接下来介绍如何在项目实战中使用 NumPy、Pandas、Matplotlib，以及使用这几个工具可以带米的便捷性。

第8章　数据加载与数据库操作

上面介绍了 NumPy、Pandas 等知识点的具体内容。从本章开始，将具体介绍如何使用这些技术。

本章主要介绍如何使用 Pandas 加载数据和操作数据库。

8.1　读写文本格式的数据

Pandas 提供了一些用于将表格型数据读取为 DataFrame 对象的函数，如表 8-1 所示。

表 8-1　DataFrame 对象的函数

函　　数	说　　明
read_csv()	从文件、URL、文件型对象中加载带分隔符的数据，默认分隔符为逗号
read_table()	从文件、URL、文件型对象中加载带分隔符的数据，默认分隔符为制表符（\t）
read_fwf()	读取定宽列格式数据
read_clipboard()	读取剪切板中的数据，是 read_table 的剪贴板，将网页转换为表格时非常有用
read_excel()	从 Excel XLS 或 XLSX file 中读取表格数据
read_hdf()	读取 Pandas 写的 HDF5 文件
read_html()	读取 HTML 文档中的所有表格
read_json()	读取 JSON 字符串中的数据
read_msgpack()	读取二进制格式编码的 Pandas 数据
read_pickle()	读取 Python pickle 格式中存储的任意对象
read_sas()	读取存储于 SAS 系统自定义存储格式的 SAS 数据集
read_sql()	（使用 SQLAlchemy）读取 SQL 查询结果为 Pandas 的 DataFrame
read_stata()	读取 Stata 文件格式的数据集
read_feather()	读取 Feather 二进制文件格式

表 8-1 列举的 read_csv() 函数和 read_table() 函数的使用频率比较高。

这些函数在将文本数据转换为 DataFrame 时一般会用到以下几个大类的技术。

- 索引：将一个或多个列当作返回的 DataFrame 处理，以及是否从文件、用户获取列名。
- 类型推断和数据转换：包括用户定义值的转换和自定义的缺失值标记列表等。
- 日期解析：包括组合功能，如将分散在多个列中的日期时间信息组合成结果中的单个列。
- 迭代：支持对大文件进行逐块迭代。
- 不规整数据问题：跳过一些行、页脚、注释或其他不重要的内容（如由众多逗号隔开的数值数据）。

在实际工作中碰到的数据大部分都比较混乱，一些数据加载函数（尤其是 read_csv() 函数）的选项就会逐渐变得复杂，如 read_csv() 函数的参数超过了 50 个。Pandas 的官方文档有这些参数的对应例子，若读者不清楚某个参数的用法，则可以通过对应的示例找到参数的正确使用方式。

下面看一个示例（csv_read_1.py）：

```python
import pandas as pd


df = pd.read_csv('files/basic_info_1.csv')
print('从csv文件中读取的文本内容如下：\n{}'.format(df))
```

该示例使用csv文件的完整路径为chapter8/files/basic_info_1.csv。在源码中可以找到该目录，将csv文件下载下来。

执行该示例代码，得到的输出结果如下：

```
从csv文件中读取的文本内容如下：
      image_id product_code      create_date  update_date
0          343    SKU009955  2018/4/13 13:33:46          NaN
1          685    SKU011620  2018/4/13 13:33:46          NaN
.
.
.
1157  28000926    SKU954626  2018/5/31 15:01:31          NaN

[1158 rows x 4 columns]
```

示例中的csv文件是以逗号分隔的，可以使用read_csv()函数将其读入一个DataFrame。

除了read_csv()函数，还可以使用read_table()函数，使用read_table()函数可以指定分隔符，示例代码如下（csv_read_2.py）：

```python
import pandas as pd


df_1 = pd.read_table('files/basic_info_1.csv', sep=',')
print('指定逗号（,）为分隔符，从csv文件中读取到的文本内容如下：\n{}'.format(df_1))


df_2 = pd.read_table('files/basic_info_1.csv', sep='/')
print('指定斜杠（/）为分隔符，从csv文件中读取到的文本内容如下：\n{}'.format(df_2))
```

执行py文件，得到的输出结果如下：

```
指定逗号（,）为分隔符，从csv文件中读取到的文本内容如下：
      image_id product_code      create_date  update_date
0          343    SKU009955  2018/4/13 13:33:46          NaN
1          685    SKU011620  2018/4/13 13:33:46          NaN
.
.
.
1157  28000926    SKU954626  2018/5/31 15:01:31          NaN

[1158 rows x 4 columns]
指定斜杠（/）为分隔符，从csv文件中读取到的文本内容如下：
                     image_id,product_code,create_date,update_date
343,SKU009955,2018          4              13 13:33:46,
685,SKU011620,2018          4              13 13:33:46,
.
.
```

```
28000926,SKU954626,2018 5                                    31 15:01:31,
```

```
[1158 rows x 1 columns]
```

在该示例中，basic_info_1.csv 文件是带有标题行的，不带标题行的 csv 文件的数据读取及处理方式有一些不同之处。

示例代码如下（csv_read_3.py）：

```python
import pandas as pd

df_1 = pd.read_csv('files/basic_info_2.csv')
print('从 csv 文件中读取的文本内容如下（分配默认的列名）: \n{}'.format(df_1))

df_2 = pd.read_csv('files/basic_info_2.csv', names=['a', 'b', 'c', 'updt'])
print('从 csv 文件中读取的文本内容如下（自定义列名）: \n{}'.format(df_2))
```

执行 py 文件，得到的输出结果如下：

从 csv 文件中读取的文本内容如下（分配默认的列名）：

```
         343  SKU009955  2018/4/13 13:33:46  Unnamed: 3
0        685  SKU011620  2018/4/13 13:33:46         NaN
1        689  SKU011794  2018/4/13 13:33:46         NaN
.
.
1156  28000926  SKU954626  2018/5/31 15:01:31         NaN

[1157 rows x 4 columns]
```

从 csv 文件中读取的文本内容如下（自定义列名）：

```
           a          b                    c  updt
0        343  SKU009955  2018/4/13 13:33:46   NaN
1        685  SKU011620  2018/4/13 13:33:46   NaN
.
.
1157  28000926  SKU954626  2018/5/31 15:01:31   NaN

[1158 rows x 4 columns]
```

由输出结果可以看到，对于没有标题行的 csv 文件，要读入文件，可以通过 Pandas 为其分配默认的列名或自己定义列名。

若要将某列做成 DataFrame 的索引，可以通过 index_col 参数指定要添加索引的列名。

示例代码如下（csv_read_4.py）：

```python
import pandas as pd

df = pd.read_csv('files/basic_info_1.csv', index_col='product_code')
print('指定索引位置，从 csv 文件中读取的文本内容如下: \n{}'.format(df))

df_2 = pd.read_csv('files/basic_info_2.csv', names=['a', 'b', 'c', 'updt'],
index_col='b')
print('指定索引位置，读取的文本内容如下（自定义列名）: \n{}'.format(df_2))
```

执行 py 文件，得到的输出结果如下：

指定索引位置，从 csv 文件中读取的文本内容如下：

```
             image_id           create_date  update_date
product_code
SKU009955          343   2018/4/13 13:33:46          NaN
SKU011620          685   2018/4/13 13:33:46          NaN
.
.
SKU954626     28000926   2018/5/31 15:01:31          NaN

[1158 rows x 3 columns]
```

指定索引位置，读取的文本内容如下（自定义列名）：

```
                  a                     c  updt
b
SKU009955       343   2018/4/13 13:33:46   NaN
SKU011620       685   2018/4/13 13:33:46   NaN
.
.
SKU954626  28000926   2018/5/31 15:01:31   NaN

[1158 rows x 3 columns]
```

若要将多个列做成一个层次化索引，只需要传入由列编号或列名组成的列表即可。

示例代码如下（csv_read_5.py）：

```python
import pandas as pd

df_1 = pd.read_csv('files/basic_info_1.csv', index_col=['product_code', 'imag
e_id'])
print('指定索引列表，从 csv 文件中读取的文本内容如下：\n{}'.format(df_1))


df_2 = pd.read_csv('files/basic_info_1.csv', index_col=[1, 0])
print('指定索引编号，从 csv 文件中读取的文本内容如下：\n{}'.format(df_2))
```

执行 py 文件，得到的输出结果如下：

指定索引列表，从 csv 文件中读取的文本内容如下：

```
                          create_date  update_date
product_code image_id
SKU009955    343       2018/4/13 13:33:46          NaN
SKU011620    685       2018/4/13 13:33:46          NaN
.
.
SKU954626    28000926  2018/5/31 15:01:31          NaN

[1158 rows x 2 columns]
```

指定索引编号，从 csv 文件中读取的文本内容如下：

```
                          create_date  update_date
product_code image_id
SKU009955    343       2018/4/13 13:33:46          NaN
SKU011620    685       2018/4/13 13:33:46          NaN
```

.

.

SKU954626   28000926   2018/5/31 15:01:31   NaN

[1158 rows x 2 columns]

若要跳过指定的行，可以用 skiprows 参数。

示例代码如下（csv_read_6.py）：

```python
import pandas as pd


df_1 = pd.read_csv('files/basic_info_1.csv')
print('读取的完整文本内容如下: \n{}'.format(df_1))


df_2 = pd.read_csv('files/basic_info_1.csv', skiprows=[1, 3])
print('跳过文件的第二行和第四行后，读取的文本内容如下: \n{}'.format(df_2))
```

执行 py 文件，得到的输出结果如下：

读取的完整文本内容如下：

```
   image_id product_code      create_date update_date
0       343    SKU009955  2018/4/13 13:33:46         NaN
1       685    SKU011620  2018/4/13 13:33:46         NaN
2       689    SKU011794  2018/4/13 13:33:46         NaN
3       757    SKU013213  2018/4/13 13:33:46         NaN
4       758    SKU013213  2018/4/13 13:33:46         NaN
5       759    SKU013213  2018/4/13 13:33:46         NaN
6       760    SKU013213  2018/4/13 13:33:46         NaN
```

跳过文件的第二行和第四行后，读取的文本内容如下：

```
   image_id product_code      create_date update_date
0       685    SKU011620  2018/4/13 13:33:46         NaN
1       757    SKU013213  2018/4/13 13:33:46         NaN
2       758    SKU013213  2018/4/13 13:33:46         NaN
3       759    SKU013213  2018/4/13 13:33:46         NaN
4       760    SKU013213  2018/4/13 13:33:46         NaN
```

由输出结果可以看到，可以跳过指定的行，如示例中指定跳过第二行和第四行。

8.2   逐块读取文本文件

在处理很大的文件，或找出大文件中的参数集以便于后续处理时，有时可能只想读取文件的一小部分或逐块对文件进行迭代。Pandas 中提供的一些参数便于做这种处理。

示例代码如下（csv_read_7.py）：

```python
import pandas as pd


pd.options.display.max_rows = 5


df = pd.read_csv('files/basic_info_1.csv')
print('读取的文本内容如下: \n{}'.format(df))
```

执行 py 文件，得到的输出结果如下：

读取的文本内容如下：

```
      image_id product_code       create_date update_date
0          343   SKU009955  2018/4/13 13:33:46         NaN
1          685   SKU011620  2018/4/13 13:33:46         NaN
...        ...         ...                 ...         ...
1156  28000835   SKU948351  2018/5/31 15:01:31         NaN
1157  28000926   SKU954626  2018/5/31 15:01:31         NaN

[1158 rows x 4 columns]
```

由输出结果可以看到，通过设置 pd 中 options 的 display 的最大行数为 5，输出结果中只展示 5 行内容，超过 5 行的部分全部被省略。

若只想读取几行（避免读取整个文件），则可以通过 nrows 参数进行指定。

示例代码如下（csv_read_8.py）：

```python
import pandas as pd

df = pd.read_csv('files/basic_info_1.csv', nrows=4)
print('读取的指定行数的文本内容如下：\n{}'.format(df))
```

执行 py 文件，得到的输出结果如下：

读取的指定行数的文本内容如下：

```
   image_id product_code       create_date update_date
0       343   SKU009955  2018/4/13 13:33:46         NaN
1       685   SKU011620  2018/4/13 13:33:46         NaN
2       689   SKU011794  2018/4/13 13:33:46         NaN
3       757   SKU013213  2018/4/13 13:33:46         NaN
```

由输出结果可以看到，通过指定 nrows 的值，输出的结果中只展示对应的行数（是从标题行开始计算的）。

Pandas 的 read_csv()函数中提供了一个 chunksize 参数，该参数可用于逐块读取文件。read_csv()函数返回了一个 TextParser 对象，使用这个对象可以根据 chunksize 参数对文件进行逐块迭代。

示例代码如下（csv_read_9.py）：

```python
import pandas as pd

df = pd.read_csv('files/basic_info_1.csv', chunksize=100)
print('读取的文本内容如下：\n{}'.format(df))

tot = pd.Series([])
for piece in df:
    tot = tot.add(piece['product_code'].value_counts(), fill_value=0)

tot = tot.sort_values(ascending=False)
print('对 product_code 聚合结果如下：\n{}'.format(tot))
```

执行 py 文件，得到的输出结果如下：

读取的文本内容如下：

```
<pandas.io.parsers.TextFileReader object at 0x00000000025558D0>
对 product_code 聚合结果如下:
SKU670733     135.0
SKU864531     67.0
SKU943043     58.0
 .
 .
SKU929428       1.0
SKU009955       1.0
Length: 90, dtype: float64
```

由输出结果可以看到,该示例通过对 product_code 列进行聚合得到了对应的聚合结果。

8.3 数据写入文本

利用 DataFrame 的 to_csv()方法,默认可以将数据写到一个以逗号分隔的文件中。

示例代码如下(write_csv_1.py):

```
import pandas as pd

df = pd.read_csv('files/basic_info_1.csv', nrows=4)
df.to_csv('files/write_1.csv')

df_1 = pd.read_csv('files/write_1.csv')
print('读取的文本内容如下: \n{}'.format(df_1))
```

执行 py 文件,得到的输出结果如下:

```
读取的文本内容如下:
   Unnamed: 0  image_id product_code        create_date  update_date
0           0       343    SKU009955  2018/4/13 13:33:46          NaN
1           1       685    SKU011620  2018/4/13 13:33:46          NaN
2           2       689    SKU011794  2018/4/13 13:33:46          NaN
3           3       757    SKU013213  2018/4/13 13:33:46          NaN
```

由输出结果可以看到,已成功将指定内容写入 csv 文件。

将数据写入文本时,除了默认的逗号分隔符,还可以自己指定其他分隔符。

示例代码如下(write_csv_2.py):

```
import pandas as pd

df = pd.read_csv('files/basic_info_1.csv', nrows=4)
df.to_csv('files/write_1.csv', sep='|')

df_1 = pd.read_csv('files/write_1.csv')
print('指定分隔符写入后,读取的文本内容如下: \n{}'.format(df_1))
```

执行 py 文件,得到的输出结果如下:

```
指定分隔符写入后,读取的文本内容如下:
  |image_id|product_code|create_date|update_date
0          0|343|SKU009955|2018/4/13 13:33:46|
```

```
1              1|685|SKU011620|2018/4/13 13:33:46|
2              2|689|SKU011794|2018/4/13 13:33:46|
3              3|757|SKU013213|2018/4/13 13:33:46|
```

由输出结果可以看到，写入文件中的内容以指定分隔符的形式被写入。

由前面两个示例可以看到，在写入文件时先直接从文件中读取数据，然后将读取的数据写入文件，这样写入的结果会将索引号也写入文本，若不想索引号被写入，可以将 index 的参数值设置为 False。

示例代码如下（write_csv_3.py）：

```python
import pandas as pd


df = pd.read_csv('files/basic_info_1.csv', nrows=4)
df.to_csv('files/write_1.csv', index=False)


df_1 = pd.read_csv('files/write_1.csv')
print('读取的文本内容如下: \n{}'.format(df_1))
```

执行 py 文件，得到的输出结果如下：

```
读取的文本内容如下:
   image_id product_code        create_date update_date
0       343    SKU009955  2018/4/13 13:33:46         NaN
1       685    SKU011620  2018/4/13 13:33:46         NaN
2       689    SKU011794  2018/4/13 13:33:46         NaN
3       757    SKU013213  2018/4/13 13:33:46         NaN
```

由输出结果可以看到，索引值没有写入文本。

在默认情况下，标题行是会写入文本的，若不想将标题行写入文本，可以将 header 的参数值设置为 False。

示例代码如下（write_csv_4.py）：

```python
import pandas as pd


df = pd.read_csv('files/basic_info_1.csv', nrows=4)
df.to_csv('files/write_1.csv', index=False, header=False)


df_1 = pd.read_csv('files/write_1.csv')
print('读取的文本内容如下: \n{}'.format(df_1))
```

执行 py 文件，得到的输出结果如下：

```
读取的文本内容如下:
   343    SKU009955  2018/4/13 13:33:46  Unnamed: 3
0  685    SKU011620  2018/4/13 13:33:46         NaN
1  689    SKU011794  2018/4/13 13:33:46         NaN
2  757    SKU013213  2018/4/13 13:33:46         NaN
```

由输出结果可以看到，标题行没有被写入文本。

还可以只写入一部分列，并以指定的顺序排列。

示例代码如下（write_csv_5.py）：

```python
import pandas as pd
```

```
df = pd.read_csv('files/basic_info_1.csv', nrows=4)
df.to_csv('files/write_1.csv', index=False, columns=['product_code', 'create_date',
'image_id'])

df_1 = pd.read_csv('files/write_1.csv')
print('读取的文本内容如下: \n{}'.format(df_1))
```

执行 py 文件，得到的输出结果如下：

```
读取的文本内容如下:
  product_code            create_date  image_id
0   SKU009955  2018/4/13 13:33:46       343
1   SKU011620  2018/4/13 13:33:46       685
2   SKU011794  2018/4/13 13:33:46       689
3   SKU013213  2018/4/13 13:33:46       757
```

由输出结果可以看到，参数中设置写入 3 列，输出结果显示只写入 3 列，并按指定的顺序正确写入。

8.4 JSON 数据处理

Pandas 中的 read_json()函数可以自动将 JSON 格式的数据集转换为 Series 或 DataFrame。示例代码如下（json_read_1.py）：

```
import pandas as pd


df = pd.read_json('files/basic_info.json')
print('pandas 读取 JSON 文件结果: \n{}'.format(df))
```

执行 py 文件，得到的输出结果如下：

```
pandas 读取 JSON 文件结果:
         create_date   id product_code
0  2018/4/13 13:33:46  343    SKU009955
1  2018/4/13 13:33:46  685    SKU011620
2  2018/4/13 13:33:46  689    SKU011794
3  2018/4/13 13:33:46  757    SKU013213
4  2018/4/13 13:33:46  758    SKU013213
```

该示例使用的 JSON 文件的完整路径为 chapter8/files/basic_info.json。在源码中可以找到该路径，并且可以将 JSON 源文件下载下来。

JSON 源文件的文本内容如下：

```
[
{
"id":343,
"product_code":"SKU009955",
"create_date":"2018\/4\/13 13:33:46"
},
{
"id":685,
"product_code":"SKU011620",
```

```json
        "create_date":"2018\/4\/13 13:33:46"
    },
    {
        "id":689,
        "product_code":"SKU011794",
        "create_date":"2018\/4\/13 13:33:46"
    },
    {
        "id":757,
        "product_code":"SKU013213",
        "create_date":"2018\/4\/13 13:33:46"
    },
    {
        "id":758,
        "product_code":"SKU013213",
        "create_date":"2018\/4\/13 13:33:46"
    }
]
```

由输出结果可以看到，通过 read_json()函数，JSON 格式的文本转换为 DataFrame 格式，并且 pandas.read_json 的默认选项假设 JSON 数组中的每个对象是表格中的一行。

如果需要将数据从 Pandas 输出到 JSON，可以使用 to_json()方法。

示例代码如下（json_read_2.py）：

```python
import pandas as pd


df = pd.read_json('files/basic_info.json')
print('pandas 数据转 JSON 格式结果: \n{}'.format(df.to_json()))
```

执行 py 文件，得到的输出结果如下：

pandas 数据转 JSON 格式结果：
    {"create_date":{"0":"2018\/4\/13   13:33:46","1":"2018\/4\/13   13:33:46","2":
"2018\/4\/13 13:33:46","3":"2018\/4\/13 13:33:46","4":"2018\/4\/13 13:33:46"},"id":
{"0":343,"1":685,"2":689,"3":757,"4":758},"product_code":{"0":"SKU009955","1":"SKU01
1620","2":"SKU011794","3":"SKU013213","4":"SKU013213"}}

输出结果将 DataFrame 格式的文本转换为 JSON 格式的文本。但此刻输出的 JSON 格式的文本和之前的 JSON 格式不同，这里输出的结果是 Pandas 中每一列的数据在 JSON 格式文件中属于同一个数组，而不是原来的每一行数据在 JSON 格式文本中属于同一个数组。

要保持 Pandas 中每一行的数据在 JSON 格式文本中属于同一个数组，需要使用 orient 参数。

示例代码如下（json_read_3.py）：

```python
import pandas as pd


df = pd.read_json('files/basic_info.json')
print('pandas 数据转 JSON 格式结果: \n{}'.format(df.to_json(orient='records')))
```

执行 py 文件，得到的输出结果如下：

pandas 数据转 JSON 格式结果：
[{"create_date":"2018\/4\/13   13:33:46","id":343,"product_code":"SKU009955"},

{"create_date":"2018\/4\/13 13:33:46","id":685,"product_code":"SKU011620"},{"create_date":"2018\/4\/13   13:33:46","id":689,"product_code":"SKU011794"},{"create_date":"2018\/4\/13   13:33:46","id":757,"product_code":"SKU013213"},{"create_date":"2018\/4\/13 13: 33:46","id":758,"product_code":"SKU013213"}]

由输出结果可以看到，现在得到的结果正是期望的输出结果。

8.5　二进制数据格式

要实现数据的高效二进制格式存储，最简单的办法之一是使用 Python 内置的 pickle 序列化。Pandas 对象中提供了一个用于将数据以 pickle 格式保存到磁盘上的 to_pickle()方法。

示例代码如下（pickle_1.py）：

```
import pandas as pd

df = pd.read_csv('files/basic_info_1.csv')
df.to_pickle('files/df_pickle')
```

执行 py 文件，在 chapter8/files 文件夹下会生成一个 df_pickle 文件。

要查看 df_pickle 文件的数据内容，可以使用 Pandas 提供的 read_pickle()函数。

示例代码如下（pickle_2.py）：

```
import pandas as pd

pd.options.display.max_rows = 5

read_data = pd.read_pickle('files/df_pickle')
print('read pickle 结果: \n{}'.format(read_data))
```

执行 py 文件，得到的输出结果如下：

```
read pickle 结果:
      image_id product_code        create_date  update_date
0          343   SKU009955  2018/4/13 13:33:46          NaN
1          685   SKU011620  2018/4/13 13:33:46          NaN
...        ...         ...                 ...          ...
1156  28000835   SKU948351  2018/5/31 15:01:31          NaN
1157  28000926   SKU954626  2018/5/31 15:01:31          NaN

[1158 rows x 4 columns]
```

需要注意的是，pickle 格式的文件仅建议用作短期存储，这是因为很难保证该格式永远是稳定的；另外，pickle 格式的对象可能无法被后续版本 unpickle（pickle 反系列化）出来。虽然目前可以保证这种事情不会发生在 Pandas 中，但是今后的某个时候可能会"打破"该pickle 格式。

8.6　HDF5 数据格式

HDF5 是一种存储大规模科学数组数据的文件格式。

HDF5 可以作为 C 标准库，并且带有许多语言的接口，如 Java、Python 和 MATLAB 等。

HDF5 中的 HDF 指的是层次型数据格式（Hierarchical Data Format）。每个 HDF5 文件都含有一个文件系统式的节点结构，它能够存储多个数据集并支持元数据。

与其他简单格式相比，HDF5 支持多种压缩器的即时压缩，还能更高效地存储重复模式数据。对于那些非常大的且无法直接放入内存的数据集，HDF5 就是很好的选择，因为它可以高效地分块读写。

虽然可以用 PyTables 或 h5py 库直接访问 HDF5 文件，但 Pandas 提供了更高级的接口，可以简化存储 Series 和 DataFrame 对象。HDFStore 类可以像字典一样处理低级的细节。

示例代码如下（hdf_use_1.py）：

```python
import pandas as pd
import numpy as np

frame = pd.DataFrame({'a': np.random.randn(100)})
store = pd.HDFStore('files/my_data.h5')
store['obj_1'] = frame
store['obj_1_col'] = frame['a']
print('执行结果: \n{}'.format(store))
```

执行 py 文件，得到的输出结果如下：

```
执行结果:
<class 'pandas.io.pytables.HDFStore'>
File path: files/my_data.h5
```

由输出结果可以看到，代码执行后，在指定的文件夹下会生成一个名为 my_data.h5 的文件。

要访问 HDF5 文件中的对象，可以通过与字典一样的 API 获取。

示例代码如下（hdf_use_2.py）：

```python
import pandas as pd
import numpy as np

frame = pd.DataFrame({'a': np.random.randn(100)})
store = pd.HDFStore('files/my_data.h5')
store['obj_1'] = frame
store['obj_1_col'] = frame['a']
print('数据读取结果: \n{}'.format(store['obj_1']))
```

执行 py 文件，得到的输出结果如下：

```
数据读取结果:
          a
0  -1.106886
1   0.276910
2   1.832558
.
.
.
98  1.555801
99  0.188744
```

```
[100 rows x 1 columns]
```

HDFStore 支持两种存储模式，即'fixed'和'table'。'table'通常更慢，但是其支持使用特殊语法进行查询操作。

示例代码如下（hdf_use_3.py）：

```python
import pandas as pd
import numpy as np

frame = pd.DataFrame({'a': np.random.randn(100)})
store = pd.HDFStore('files/my_data.h5')

store.put('obj_2', frame, format='table')
store.select('obj_2', where=['index >= 10 and index <= 15'])
print('执行结果: \n{}'.format(store))
```

执行 py 文件，得到的输出结果如下：

```
执行结果:
<class 'pandas.io.pytables.HDFStore'>
File path: files/my_data.h5
```

put 是 store['obj_2'] = frame 方法的显示版本，允许设置其他的选项，如格式。

pandas.read_hdf()函数可以快捷地使用 h5 这些文件工具。

示例代码如下（hdf_use_4.py）：

```python
import pandas as pd
import numpy as np

frame = pd.DataFrame({'a': np.random.randn(100)})
frame.to_hdf('files/my_data.h5', 'obj_3', format='table')

read_result = pd.read_hdf('files/my_data.h5', 'obj_3', where=['index < 5'])
print('执行结果: \n{}'.format(read_result))
```

执行 py 文件，得到的输出结果如下：

```
执行结果:
          a
0 -0.377088
1  1.882511
2 -0.108308
3  0.132566
4  0.437241
```

HDF5 不是数据库，它适合用作"一次写多次读"的数据集。虽然数据可以在任何时候被添加到文件中，但如果同时发生多个写操作，文件可能会被破坏。

如果需要本地处理海量数据，应认真研究 PyTables 和 h5py，并观察它们能满足哪些需求。由于许多数据分析问题都是 IO 密集型（而不是 CPU 密集型）的，所以利用 HDF5 这样的工具能显著提升应用程序的效率。

8.7　Pandas 操作数据库

在商业场景下，大多数数据可能没有存储在文本中，而是需要存放在数据库中。因此，基于 SQL 的关系型数据库（如 SQL Server、PostgreSQL 和 MySQL 等）使用非常广泛，其他一些数据库也很流行。数据库的选择通常取决于性能、数据完整性及应用程序的伸缩性需求。

将数据从 SQL 加载到 DataFrame 的过程很简单，此外，Pandas 还有一些能够简化该过程的函数。

从表中选取数据时，大部分 Python SQL 驱动器（PyODBC、Psycopg 2、MySQLDB、pymssql 等）都会返回一个元组列表。

SQLAlchemy 项目是一个流行的 Python SQL 工具，它抽象出了 SQL 数据库中的许多常见差异。Pandas 中的 read_sql() 函数可以轻松地从 SQLAlchemy 连接读取数据。

若读者已经对数据库有一定了解，使用 Pandas 操作数据库还是比较简单的；若不了解，根据下面的指导，加上一些实战操作读者也可快速了解。

先通过 SQLAlchemy 创建示例表。

示例代码如下（create_table.py）：

```
import datetime
from sqlalchemy.ext.declarative import declarative_base
from sqlalchemy.orm import sessionmaker
from sqlalchemy import create_engine
from sqlalchemy import Column, Integer, String, DATETIME


# 声明映射
Base = declarative_base()
# 创建 Session
Session = sessionmaker()
# 创建连接引擎
engine    =    create_engine('mysql+pymysql://root:root@localhost:3306/ai?charset=
utf8', echo=False)
Session.configure(bind=engine)
# 构造新的 Session
session = Session()



# 定义 Course 对象和课程表对象
class BasicInfo(Base):
    # 表的名字
    __tablename__ = 'basic_info'
    id = Column(Integer, primary_key=True)
    image_id = Column(Integer, default=0, nullable=False, comment='图片 id')
    product_code = Column(String(200), default=None, nullable=False, comment='产
品代码')
    create_date  =  Column(DATETIME,  default=datetime.datetime.now(),  nullable=
```

```
False, comment='创建时间')
        update_date = Column(DATETIME, default=None, nullable=True, comment='更改时
间')


    Base.metadata.create_all(engine)
```

在执行这段代码之前，读者需要在本地先安装 MySQL 服务，或指定的 MySQL 服务器，有了 MySQL 服务地址后，需要在 MySQL 服务器上创建一个名为 ai 的数据库，也可以自己命名指定数据库名。

将对应配置信息配置好之后，执行该 py 文件即可创建一个名为 basic_info 的数据库表。

然后封装数据库访问和表数据更改方法，具体看代码实现。

示例代码如下（pandas_conn_mysql.py）：

```python
"""
Python 与 MySQL 的通信模块，使用连接池的方式，可以执行使用多个连接池连接不同的数据库
"""
import pymysql
import pandas as pd
import traceback
from collections import defaultdict
from DBUtils.PooledDB import PooledDB


# 构建全局的数据库连接池
_db_pool = defaultdict()



class MySql(object):
    """MySQL 连接对象"""
    def __init__(self, host=None, port=None, db='ai', connect_timeout=1000,
                 min_cached=0, max_cached=1,max_shared=0, max_connections=30):
        self.host = 'localhost'
        self.port = 3306
        self.user = 'root'
        self.passwd = 'root'
        # 需要连接哪个数据库
        self.db = 'ai'
        # 超时时间
        self.connect_timeout = connect_timeout
        # 初始化时，连接池至少要创建的空闲的连接，0 表示不创建
        self.min_cached = min_cached
        # 连接池空闲的最多连接数，0 和 None 表示没有限制
        self.max_cached = max_cached
        # 连接池允许的最多连接数，0 和 None 表示没有限制
        self.max_connections = max_connections
        # 连接池中最多可以共享的连接数量，0 和 None 表示全部共享
        self.max_shared = max_shared
        # 区分不同实例数据库连接池需要的名称
```

```python
        self.pool_key = '{}:{}:{}'.format(str(host), str(port), db)
        _db_pool[self.pool_key] = PooledDB(creator=pymysql, host=self.host,
                                    port=int(self.port), user=self.user,
                                    passwd=self.passwd,    db=self.db,    char
set='utf8',
                                    connect_timeout=self.connect_timeout,
                                    mincached=self.min_cached,
                                    maxcached=self.max_cached,
                                    maxconnections=self.max_connections,
                                    maxshared=self.max_shared)

    def get_conn(self, only_conn=True):
        """从数据库获取一个连接"""
        conn = _db_pool.get(self.pool_key).connection()
        if only_conn:
            return conn
        else:
            cur = conn.cursor()
            return conn, cur


    @staticmethod
    def close(conn=None, cur=None):
        """关闭数据库连接"""
        if cur:
            cur.close()
        if conn:
            conn.close()


    def read_table(self, sql=None):
        """读取表数据，如果传入表名则直接读取表数据，否则按照 SQL 来读"""
        # print('-' * 80)
        conn = _db_pool.get(self.pool_key).connection()
        data = pd.read_sql(sql, conn)
        data.columns = [col.lower().split('.')[-1] for col in data.columns]
        self.close(conn)
        return data

    def df_into_db(self, tb_name, df, each_commit_row=20000):
        """
        将 df 导入 MySQL 数据库，不需要特别处理日期列，相比 Oracle 还是很方便的。
        注意，这里是以 MySQL 写的，如果是其他数据库，那么需要重新实现该方法。
        """

        if len(df) == 0:
            return 1, ''
        # 获取连接
        conn, cur = self.get_conn(only_conn=False)
```

```python
    # 创建入库的 SQL
    sql = "insert into {} ({}) values ({}) "
    cols = list(df.columns)
    cols_string = ', '.join(cols)
    num = len(list(df.columns))
    num_string = ','.join(['%s' for i in range(num)])

    sql = sql.format(tb_name, cols_string, num_string)

    # 入库，默认每次最多提交 2 万条记录
    try:
        df_len = len(df)
        each_cnt = each_commit_row
        for i in range(0, df_len, each_cnt):
            """
            取出子集，全部转成字符串格式，主要针对数值，df 中的
            时间此时肯定是字符串类型的。
            处理空值问题，因为刚才转成字符串时 None 被转成"None"，
            对于原来是 NaN 的，则要转成空字符串。
            """
            df2 = df.iloc[i:i + each_cnt].applymap(lambda s: str(s))
            nan_df = df.notnull()
            df2 = df2.where(nan_df, None)  # 转成空字符串或空值
            # 将 df 转成 list-tuple 格式才能导入数据库
            param = df2.to_records(index=False).tolist()
            cur.executemany(sql, param)
            conn.commit()
        # 正常关闭连接
        self.close(conn, cur)
        return 1, ''
    except:
        error = traceback.format_exc()
        conn.rollback()
        self.close(conn, cur)
        return 0, error

def db_update(self, sql):
    """执行 SQL"""
    conn, cur = self.get_conn(only_conn=False)
    try:
        cur.execute(sql)
        conn.commit()
        cur.close()
        return 1, ''
    except:
        conn.rollback()
        error = traceback.format_exc()
```

```
        print(error)
        return 0, error


def conn_try():
    """
    连接测试
    :return:
    """
    # 连接本地 MySQL
    local = MySql()  # 非加密方式
    result = local.read_table(sql='select * from basic_info limit 20')
    print(result)


if __name__ == "__main__":
    conn_try()
```

此处封装的是功能相对比较全面的数据库访问及数据库更改方法。其中，df_into_db()方法可以直接将 DataFrame 格式的数据插入数据库，在调用之前需要将待插入的数据转换为 DataFrame 格式的数据。

接下来调用对应方法对数据库进行操作。

示例代码如下（db_operation.py）：

```
import pandas as pd
from chapter8.common.pandas_conn_mysql import MySql


def db_insert():
    """
    从 csv 读取数据插入数据表
    :return:
    """
    # 连接本地 MySQL
    conn = MySql()
    # 为了便于查看操作数据，此处设置插入 5 条记录
    df = pd.read_csv('files/basic_info_1.csv', nrows=5)
    conn.df_into_db('basic_info', df)
    print('数据插入成功。')


def db_update():
    """
    表记录更新
    :return:
    """
    # 连接本地 MySQL
    conn = MySql()
```

```
# 将 id 为 2 的记录的 image_id 值更改为 123456
update_sql = 'update basic_info set image_id={} WHERE id={}'.format(123456, 2)
conn.db_update(update_sql)
print('数据更新成功。')


def db_query():
    """
    表记录查询
    :return:
    """
    # 连接本地 MySQL
    conn = MySql()
    query_sql = 'select * from basic_info'
    query_result = conn.read_table(query_sql)
    print('表记录查询结果: \n{}'.format(query_result))


if __name__ == "__main__":
    db_insert()
    db_query()
    # db_update()
```

执行上述 py 文件，只执行 db_insert()方法和 db_query()方法，可以得到如下形式的输出结果：

```
数据插入成功。
表记录查询结果:
   id  image_id product_code          create_date update_date
0   1       343    SKU009955  2018-04-13 13:33:46        None
1   2       685    SKU011620  2018-04-13 13:33:46        None
2   3       689    SKU011794  2018-04-13 13:33:46        None
3   4       757    SKU013213  2018-04-13 13:33:46        None
4   5       758    SKU013213  2018-04-13 13:33:46        None
```

做如下修改，只执行 db_update()方法和 db_query()方法：

```
if __name__ == "__main__":
    db_update()
    db_query()
```

修改后执行 py 文件，可以得到如下形式的输出结果：

```
数据更新成功。
表记录查询结果:
   id  image_id product_code          create_date update_date
0   1       343    SKU009955  2018-04-13 13:33:46        None
1   2    123456    SKU011620  2018-04-13 13:33:46        None
2   3       689    SKU011794  2018-04-13 13:33:46        None
3   4       757    SKU013213  2018-04-13 13:33:46        None
4   5       758    SKU013213  2018-04-13 13:33:46        None
```

对于数据查询，Pandas 中提供了一个更简单的 read_sql()方法。

示例代码如下（record_read.py）：

```python
import pandas as pd
from sqlalchemy import create_engine


def db_read():
    try:
        connect_str = 'mysql+pymysql://root:root@localhost:3306/ai?charset=utf8'
        engine = create_engine(connect_str, echo=False)
        read_result = pd.read_sql('select * from basic_info', engine)
        print('表记录查询结果: \n{}'.format(read_result))
    except Exception as ex:
        print(ex)


if __name__ == "__main__":
    db_read()
```

执行 py 文件，得到的输出结果如下：

```
表记录查询结果:
   id  image_id product_code         create_date update_date
0   1       343    SKU009955 2018-04-13 13:33:46        None
1   2    123456    SKU011620 2018-04-13 13:33:46        None
2   3       689    SKU011794 2018-04-13 13:33:46        None
3   4       757    SKU013213 2018-04-13 13:33:46        None
4   5       758    SKU013213 2018-04-13 13:33:46        None
```

在该示例中，可以将数据库连接部分抽取出来，并封装到一个单独的 py 文件中，可以如下操作。

示例代码如下（engine_create.py）：

```python
from sqlalchemy import create_engine


def get_engine():
    """
    创建 engine 并返回
    :return: engine 对象
    """
    connect_str = 'mysql+pymysql://root:root@localhost:3306/ai?charset=utf8'
    engine = create_engine(connect_str, echo=False)
    return engine
```

对于 record_read.py 文件，可以更改为如下形式：

```python
import pandas as pd
from chapter8.common.engine_create import get_engine


def db_query():
    try:
```

```
        engine = get_engine()
        read_result = pd.read_sql('select * from basic_info', engine)
        print('表记录查询结果: \n{}'.format(read_result))
    except Exception as ex:
        print(ex)


if __name__ == "__main__":
    db_query()
```

执行该 py 文件，可以得到和之前一样的结果。

第9章 数据分析

在数据分析过程中，数据加载、清理、转换及重塑等操作需要花费大量时间。有时，存储在文件和数据库中的数据格式不适合某个特定的任务。Pandas 和内置的 Python 标准库提供了一组高级的、灵活的、快速的工具，可以轻松地将数据规整为我们想要的格式。

9.1 数据准备

在做数据分析之前，需要先进行数据的准备，本章将通过爬虫从网络爬取数据进行数据分析。

接下来引用《Python 实战之数据库应用和数据获取》第 10 章的示例获取数据，即从 QQ 音乐网站获取一些数据进行分析。通过以下几步获取数据，此处主要展示示例代码，要了解更详细的过程，可以参考《Python 实战之数据库应用和数据获取》第 10 章的相关内容。

第一步：创建一个名为 ai 的数据库。

用以下示例代码创建对应的数据表（music_model.py）：

```python
from sqlalchemy import *
from sqlalchemy.orm import sessionmaker
from sqlalchemy.ext.declarative import declarative_base


# 连接数据库
def get_db_conn_info():
    conn_info_r = "mysql+pymysql://root:root@localhost/ai?charset=UTF8"
    return conn_info_r


# 创建会话对象，用于数据表的操作
conn_info = get_db_conn_info()
engine = create_engine(conn_info, echo=False)

# 创建 session 实例
db_session = sessionmaker(bind=engine)
session = db_session()
"""
创建基类实例
declarative_base()是一个工厂函数，为声明性类定义构造基类
"""
BaseModel = declarative_base()
```

```
# 映射数据表
class Song(BaseModel):
    # 表名
    __tablename__ ='song'
    # 字段，属性
    id = Column(Integer, primary_key=True)
    song_name = Column(String(50), default=None, nullable=True, comment='歌名')
    song_ablum = Column(String(50), default=None, nullable=True, comment='专辑')
    song_interval = Column(Integer, default=0, nullable=Flase, comment='时长')
    song_songmid = Column(String(50), default=None, nullable=True, comment='歌曲
mid')
    song_singer = Column(String(50), default=None, nullable=True, comment='歌手')
    song_count = Column(Integer, default=0, nullable=False, comment='歌曲数')
    create_time = Column(DATETIME, default=None, nullable=True, comment='创建时
间')


# 创建数据表
BaseModel.metadata.create_all(engine)
```

执行 py 文件，在 ai 数据库中将会创建一个名为 song 的数据表。

第二步：封装数据库连接。

此处以 SQLAlchemy 的封装为例，示例代码如下（sqlalchemy_conn.py）：

```
from sqlalchemy import create_engine
from sqlalchemy.orm import sessionmaker


# 数据库连接
def db_conn():
    conn_info = "mysql+pymysql://root:root@localhost/ai?charset=utf8"
    engine = create_engine(conn_info, echo=False)

    db_session = sessionmaker(bind=engine)
    session = db_session()
    return session


# 数据库查询
def query_mysql(sql_str):
    session = db_conn()
    return session.execute(sql_str)


# 数据库更新
def update_mysql(update_sql):
    session = db_conn()
```

```python
        session.execute(update_sql)
        session.commit()
        session.close()


if __name__ == "__main__":
    sql = 'select * from song'
    result = query_mysql(sql)
    for item in result:
        print(item)
```

第三步：编写数据爬取代码，从网站爬取一些基本数据。

爬取示例代码如下（music_download.py）：

```python
import math
import os
import requests
import datetime

from chapter9.common.sqlalchemy_conn import db_conn
from concurrent.futures import ThreadPoolExecutor, ProcessPoolExecutor
from chapter9.common.music_model import Song

download_path = os.path.join(os.getcwd(), 'music_file')

# 创建请求头和会话
headers = {'User-Agent': 'Mozilla/5.0 (Windows NT 6.3; WOW64; rv:41.0) '
                          'Gecko/20100101 Firefox/41.0'}
"""
创建一个 session 对象
requests 库的 session 对象能够帮我们跨请求保持某些参数，也会在同一个 session 实例
发出的所有请求之间保持 cookies。
session 对象还能为我们提供请求方法的默认数据，通过设置 session 对象的属性来实现。
"""

session = requests.session()


# 下载歌曲
def download_music(song_mid, song_name):
    try:
        print('begin download-------------------------------------')
        file_name = 'C400' + song_mid
        """
        获取 vkey
        原生地址：
        https://c.y.qq.com/base/fcgi-bin/fcg_music_express_mobile3.fcg?g_tk= 5381&
        jsonpCallback=MusicJsonCallback8359183970915902&loginUin=0&hostUin= 0&
        format=json&inCharset=utf8&outCharset=utf-8&notice=0&platform=yqq&
needNewCode=0&
```

```
            cid=205361747&callback=MusicJsonCallback8359183970915902&uin=0&song
mid=002AOwqK2rwcrb&
            filename=C400002AOwqK2rwcrb.m4a&guid=3192684595
        优化后地址：
        https://c.y.qq.com/base/fcgi-bin/fcg_music_express_mobile3.fcg?login
Uin=0&hostUin=0&
            cid=205361747&uin=0&songmid=002AOwqK2rwcrb&filename=C400002AOwqK2rw
crb.m4a&guid=0
        """
        vkey_url    =    'https://c.y.qq.com/base/fcgi-bin/fcg_music_express_mobil
e3.fcg?' \
                    'loginUin=0&hostUin=0&cid=205361747&uin=0&songmid={}' \
                    '&filename={}.m4a&guid=0'.format(song_mid, file_name)
        vkey_response = session.get(vkey_url, headers=headers)
        vkey = vkey_response.json()['data']['items'][0]['vkey']
        # 下载歌曲
        url    =    'http://dl.stream.qqmusic.qq.com/{}.m4a?vkey={}&guid=0&uin=0&
fromtag=66'.\
            format(file_name, vkey)
        response = session.get(url, headers=headers)
        if os.path.exists(download_path) is False:
            os.makedirs(download_path)
        music_download_path = download_path + '/{}.m4a'.format(song_name)
        with open(music_download_path, 'wb') as f_write:
            f_write.write(response.content)
    except Exception as ex:
        print('download error:{}'.format(ex))
        raise Exception


# 获取歌手的全部歌曲
def get_singer_songs(singer_mid):
    """
    获取歌手姓名和歌曲总数
    原生地址形式：
    https://c.y.qq.com/v8/fcg-bin/fcg_v8_singer_track_cp.fcg?g_tk=5381&
    jsonpCallback=MusicJsonCallbacksinger_track&loginUin=0&hostUin=0&
    format=jsonp&inCharset=utf8&outCharset=utf-8&notice=0&platform=yqq&
    needNewCode=0&singermid=003oUwJ54CMqTT&order=listen&begin=0&num=30&song
status=1
    优化后地址形式：
    https://c.y.qq.com/v8/fcg-bin/fcg_v8_singer_track_cp.fcg?loginUin=0&host
Uin=0&
        singermid=003oUwJ54CMqTT&order=listen&begin=0&num=30&songstatus=1
    """
    url = 'https://c.y.qq.com/v8/fcg-bin/fcg_v8_singer_track_cp.fcg?' \
        'loginUin=0&hostUin=0&singermid={}' \
```

```
                '&order=listen&begin=0&num=30&songstatus=1'.format(singer_mid)
        r = session.get(url)
        """
        """
        # 获取歌手姓名
        song_singer = r.json()['data']['singer_name']
        # 获取歌曲总数
        song_count = r.json()['data']['total']
        # 根据歌曲总数计算总页数
        page_count = int(math.ceil(int(song_count) / 30))
        print('singer:{}, song count:{}'.format(song_singer, song_count))
        # 循环页数，获取每一页歌曲信息
        for page_num in range(page_count):
            url = 'https://c.y.qq.com/v8/fcg-bin/fcg_v8_singer_track_cp.fcg?' \
                  'loginUin=0&hostUin=0&singermid={}' \
                  '&order=listen&begin={}&num=30&songstatus=1'.format(singer_mid,
page_num * 30)
            r = session.get(url)
            # 得到每页的歌曲信息
            music_data = r.json()['data']['list']
            # songname 为歌名，ablum 为专辑，interval 为时长，songmid 为歌曲 id，用于下载音
频文件

            down_num = 0
            for i in music_data:
                song_name = i['musicData']['songname']
                song_ablum = i['musicData']['albumname']
                song_interval = int(['musicData']['interval'])
                song_songmid = i['musicData']['songmid']
                # 下载歌曲
                download_music(song_songmid, song_name)
                # 入库处理
                song_obj=Song(song_name=song_name,song_ablum=song_ablum,
                            song_interval=song_interval,song_songmid=song_song mid,
                            song_singer=song_singer,
    create_time=datetime.datime.now())
                session_db = db_conn()
                session_db.add(song_obj)
                session_db.commit()
                session_db.close()
                down_num += 1
                # 为演示使用，此处示例下载 5 首歌曲
                if down_num > 5:
                    break


# 获取当前字母下的全部歌手
def get_alphabet_singer(alphabet, page_list):
```

```python
        for page_num in page_list:
            url = 'https://c.y.qq.com/v8/fcg-bin/v8.fcg?channel=singer&page=list&key=
all_all_{}' \
                  '&pagesize=100&pagenum={}&loginUin=0&hostUin=0&format=jsonp'.\
                format(alphabet, page_num + 1)
            response = session.get(url)
            # 循环每一个歌手
            for k in response.json()['data']['list']:
                singer_mid = k['Fsinger_mid']
                get_singer_songs(singer_mid)


    # 多线程
    def multi_threading(alphabet):
        # 每个字母分类的歌手列表页数
        url = 'https://c.y.qq.com/v8/fcg-bin/v8.fcg?channel=singer&page=list&' \
              'key=all_all_{}&pagesize=100&pagenum={}&loginUin=0&hostUin=0&format=
jsonp'.\
            format(alphabet, 1)
        response = session.get(url, headers=headers)
        page_num = response.json()['data']['total_page']
        page_list = [x for x in range(page_num)]
        thread_num = 5
        # 将每个分类总页数平均分给线程数
        per_thread_page = math.ceil(page_num / thread_num)
        # 设置线程对象
        thread_obj = ThreadPoolExecutor(max_workers=thread_num)
        for thread_order in range(thread_num):
            # 计算每条线程应执行的页数
            start_num = per_thread_page * thread_order
            if per_thread_page * (thread_order + 1) <= page_num:
                end_num = per_thread_page * (thread_order + 1)
            else:
                end_num = page_num
            # 每个线程各自执行不同的歌手列表页数
            thread_obj.submit(get_alphabet_singer, alphabet, page_list[start_num: end_
num])


    # 多进程
    def execute_process():
        with ProcessPoolExecutor(max_workers=2) as executor:
            for i in range(65, 91):
                # 创建 26 个线程，分别执行 A~Z 分类
                executor.submit(multi_threading, chr(i))
```

```
if __name__ == '__main__':
    # 执行多进程多线程
    execute_process()
```

执行 py 文件，会在 song 数据库插入爬取到的数据。可以选择是否下载音乐文件，示例代码中是支持下载音频文件的，若不想下载，可以注释音频文件下载部分的代码。

通过这 3 个操作步骤，本章需要用于分析的基础数据就已准备好，下面进行相关的数据分析。

9.2 数据处理

9.1 节已经准备好了实验数据。

下面先观察通过 Pandas 获取的数据的形式。

Pandas 连接数据库的代码封装如下（pandas_conn_mysql.py）：

```
"""
Python 与 MySQL 的通信模块，使用连接池的方式，可以执行使用多个连接池连接不同的数据库
"""
import pymysql
import pandas as pd
import traceback
from collections import defaultdict
from DBUtils.PooledDB import PooledDB


# 构建全局的数据库连接池
_db_pool = defaultdict()


class MySql(object):
    """MySQL 连接对象"""
    def __init__(self, host=None, port=None, db='ai', connect_timeout=1000,
                 min_cached=0, max_cached=1, max_shared=0, max_connections=30):
        self.host = 'localhost'
        self.port = 3306
        self.user = 'root'
        self.passwd = 'root'
        # 需要连接哪个数据库
        self.db = 'ai'
        # 超时时间
        self.connect_timeout = connect_timeout
        # 初始化时，连接池至少要创建的空闲的连接，0 表示不创建
        self.min_cached = min_cached
        # 连接池空闲的最多连接数，0 和 None 表示没有限制
        self.max_cached = max_cached
        # 连接池允许的最大连接数，0 和 None 表示没有限制
        self.max_connections = max_connections
        # 连接池中最多可以共享的连接数量，0 和 None 表示全部共享
```

```
                self.max_shared = max_shared
                # 区分不同实例数据库连接池需要的名称
                self.pool_key = '{}:{}:{}'.format(str(host), str(port), db)
                _db_pool[self.pool_key] = PooledDB(creator=pymysql, host=self.host,
                                                   port=int(self.port), user=self.user,
                                                   passwd=self.passwd,    db=self.db,    charset=
'utf8',
                                                   connect_timeout=self.connect_timeout,
                                                   mincached=self.min_cached,
                                                   maxcached=self.max_cached,
                                                   maxconnections=self.max_connections,
                                                   maxshared=self.max_shared)

        def get_conn(self, only_conn=True):
            """从数据库获取一个连接"""
            conn = _db_pool.get(self.pool_key).connection()
            if only_conn:
                return conn
            else:
                cur = conn.cursor()
                return conn, cur

        @staticmethod
        def close(conn=None, cur=None):
            """关闭数据库连接"""
            if cur:
                cur.close()
            if conn:
                conn.close()

        def read_table(self, sql=None):
            """读取表数据，如果传入表名则直接读取表数据，否则按照 SQL 来读"""
            # print('-' * 80)
            conn = _db_pool.get(self.pool_key).connection()
            data = pd.read_sql(sql, conn)
            data.columns = [col.lower().split('.')[-1] for col in data.columns]
            self.close(conn)
            return data

        def df_into_db(self, tb_name, df, each_commit_row=20000):
            """
            将 df 导入 MySQL 数据库，不需要特别处理日期列，相比 Oracle 还是很方便的。
            注意，这里是以 MySQL 写的，如果是其他数据库，则需要重新实现该方法。
            """
            if len(df) == 0:
                return 1, ''
            # 获取连接
```

```python
        conn, cur = self.get_conn(only_conn=False)

        # 创建入库的 SQL
        sql = "insert into {} ({}) values ({}) "
        cols = list(df.columns)
        cols_string = ', '.join(cols)
        num = len(list(df.columns))
        num_string = ','.join(['%s' for i in range(num)])

        sql = sql.format(tb_name, cols_string, num_string)

        # 入库, 默认每次最多提交 2 万条记录
        try:
            df_len = len(df)
            each_cnt = each_commit_row
            for i in range(0, df_len, each_cnt):
                """
                取出子集, 全部转成字符串格式, 主要针对数值, df 中的
                时间此时肯定是字符串类型的。
                处理空值问题, 因为刚才转成字符串时, None 被转成"None",
                对于原来是 NaN 的, 要转成空字符串。
                """
                df2 = df.iloc[i:i + each_cnt].applymap(lambda s: str(s))
                nan_df = df.notnull()
                df2 = df2.where(nan_df, None)  # 转成空字符串或空值
                # 将 df 转成 list-tuple 格式, 才能导入数据库
                param = df2.to_records(index=False).tolist()
                cur.executemany(sql, param)
                conn.commit()
            # 正常关闭连接
            self.close(conn, cur)
            return 1, ''
        except:
            error = traceback.format_exc()
            conn.rollback()
            self.close(conn, cur)
            return 0, error

    def db_update(self, sql):
        """执行 SQL"""
        conn, cur = self.get_conn(only_conn=False)
        try:
            cur.execute(sql)
            conn.commit()
            cur.close()
            return 1, ''
        except:
```

```python
            conn.rollback()
            error = traceback.format_exc()
            print(error)
            return 0, error


def conn_try():
    """
    连接测试
    :return:
    """
    # 连接本地 MySQL
    local = MySql()  # 非加密方式
    result = local.read_table(sql='select * from song limit 20')
    print(result)


if __name__ == "__main__":
    conn_try()
```

数据查询示例代码如下（data_analysis_1.py）：

```python
from chapter9.common.pandas_conn_mysql import MySql


def get_data():
    # 为了便于观看结果形式，示例中只输出一条记录
    sql = 'select * from song limit 1'
    result = MySql().read_table(sql)
    print('数据查询结果: \n{}'.format(result))
    return result


if __name__ == "__main__":
    get_data()
```

执行 py 文件，得到的输出结果如下：

```
数据查询结果:
   id song_name                          song_ablum  song_interval  \
0   1    Kimini  the best of Angel'in Heavy Syrup              660

     song_songmid          song_singer  song_count create_time
0  001CsM3F2Z11Td  Angel'in Heavy Syrup           0        None
```

查询到数据后，可以对查询的结果进行数据重复性判断，并删除重复数据。重复性判断可以使用 duplicated() 方法，删除重复数据可以使用 drop_duplicates() 方法。

示例代码如下（data_analysis_2.py）：

```python
import pandas as pd
from chapter9.common.pandas_conn_mysql import MySql
```

```python
def get_data():
    # 连接本地 MySQL
    sql = 'select song_ablum,song_singer from song limit 15'
    result = MySql().read_table(sql)
    return result


def data_deal():
    record_list = get_data()
    df = pd.DataFrame(record_list)
    # 行是否重复判断
    print('数据是否重复判断结果: \n{}'.format(df.duplicated()))
    # 移除重复数据
    print('移除重复数据: \n{}'.format(df.drop_duplicates()))


if __name__ == "__main__":
    data_deal()
```

执行 py 文件，得到的输出结果如下：

数据是否重复判断结果:
```
0     False
1     False
2      True
3     False
4     False
5      True
6     False
7      True
8     False
9     False
10    False
11     True
12     True
13     True
14    False
dtype: bool
```
移除重复数据:

	song_ablum	song_singer
0	the best of Angel'in Heavy Syrup	Angel'in Heavy Syrup
1	Return	iKON
3	The Dub Lab	Enrico Musto
4	Post Life Crisis	Gozzard
6	Til Jomfru Maria - Songs to Our Lady	Elisabeth Meyer
8	To Quitta	King Nancy
9	Die Schönsten Weihnachtslieder	Der Bielerfelder Kinderchor
10	AMLW 2009	All Finalis AMLW 2009

是否重复判断的结果中，True 指代数据重复，False 指代数据不重复，第一列的数字为对应结果行号。删除重复数据结果中，输出的是删除重复数据后的结果集，由第一列的行号可以看到，有一些行号没有在结果集中，如行号 2、5、7 等。

Pandas 中提供了一种简单、灵活的值替换方式。如果希望一次性替换多个值，可以传入一个由待替换值组成的列表及一个替换值。若要让每个值有不同的替换值，可以传递一个替换列表。传入参数也可以是字典。

通过列表替换的示例代码如下（data_analysis_3.py）：

```python
import pandas as pd
from chapter9.common.pandas_conn_mysql import MySql


def get_data():
    # 为了便于观看结果形式，只展现指定结果集
    sql = 'select song_ablum,song_singer from song limit 8'
    result = MySql().read_table(sql)
    return result


def data_deal():
    record_list = get_data()
    df = pd.DataFrame(record_list)
    print('数据替换前: \n{}'.format(df))
    # 传递一个替换列表进行数据替换
    rp_data = df.replace(['Post Life Crisis', 'Gozzard'], ['test', 'replace'])
    print('数据替换后: \n{}'.format(rp_data))


if __name__ == "__main__":
    data_deal()
```

执行 py 文件，得到的输出结果如下：

```
数据替换前:
                               song_ablum          song_singer
0       the best of Angel'in Heavy Syrup  Angel'in Heavy Syrup
1                                 Return                  iKon
2       the best of Angel'in Heavy Syrup  Angel'in Heavy Syrup
3                            The Dub Lab          Enrico Musto
4                        Post Life Crisis               Gozzard
5                        Post Life Crisis               Gozzard
6  Til Jomfru Maria - Songs to Our Lady      Elisabeth Meyer
7       the best of Angel'in Heavy Syrup  Angel'in Heavy Syrup
数据替换后:
                               song_ablum          song_singer
0       the best of Angel'in Heavy Syrup  Angel'in Heavy Syrup
1                                 Return                  iKon
```

```
2            the best of Angel'in Heavy Syrup    Angel'in Heavy Syrup
3                              The Dub Lab           Enrico Musto
4                                   test              replace
5                                   test              replace
6  Til Jomfru Maria - Songs to Our Lady          Elisabeth Meyer
7            the best of Angel'in Heavy Syrup    Angel'in Heavy Syrup
```

由输出结果可以看到，replace()方法可以将原数据对应字段替换成对应的值。

Pandas 中提供的 fillna()方法的功能与 replace()方法类似。fillna()方法用于将缺失值替换为指定值，默认会返回新对象，也可以对现有对象直接进行修改。

使用 fillna()方法的示例代码如下（data_analysis_4.py）：

```python
import pandas as pd
import datetime
from chapter9.common.pandas_conn_mysql import MySql


def get_data():
    # 为了便于观看结果形式，只展现指定结果集
    sql = 'select song_singer,create_time from song limit 3'
    result = MySql().read_table(sql)
    return result


def data_deal():
    record_list = get_data()
    df = pd.DataFrame(record_list)
    print('填充前: \n{}'.format(df))
    res_rt = df.fillna(datetime.datetime.now())
    print('填充后: \n{}'.format(res_rt))


if __name__ == "__main__":
    data_deal()
```

执行 py 文件，得到的输出结果如下：
```
填充前:
          song_singer create_time
0  Angel'in Heavy Syrup        None
1                 iKON        None
2  Angel'in Heavy Syrup        None
填充后:
          song_singer                 create_time
0  Angel'in Heavy Syrup  2019-02-26 11:38:49.660600
1                 iKON  2019-02-26 11:38:49.660600
2  Angel'in Heavy Syrup  2019-02-26 11:38:49.660600
```

由输出结果可以看到，结果中将 create_time 列的值都填充为当前时间的值。

对数据集进行分组并对各组应用一个函数（无论是聚合还是转换），通常是数据分析工

作中的重要环节。

　　Pandas 提供了一个灵活高效的 groupby 功能，它可以以一种自然的方式对数据集进行切片、切块、摘要等操作。

　　可以使用一个或多个键（形式可以是函数、数组或 DataFrame 列名）分割 Pandas 对象。
示例代码如下（data_analysis_5.py）：

```python
import pandas as pd
from chapter9.common.pandas_conn_mysql import MySql


def get_data():
    # 为了便于观看结果形式，只展现指定结果集
    sql = 'select song_singer from song limit 10'
    result = MySql().read_table(sql)
    return result


def data_deal():
    record_list = get_data()
    df = pd.DataFrame(record_list)
    print('分组前: \n{}'.format(df))
    group_res = df.groupby(['song_singer'])
    print('分组结果: \n{}'.format(group_res.size()))


if __name__ == "__main__":
    data_deal()
```

执行 py 文件，得到的输出结果如下：

```
分组前:
                   song_singer
0        Angel'in Heavy Syrup
1                        iKon
2        Angel'in Heavy Syrup
3               Enrico Musto
4                    Gozzard
5                    Gozzard
6             Elisabeth Meyer
7        Angel'in Heavy Syrup
8                 King Nancy
9  Der Bielerfelder Kinderchor
分组结果:
song_singer
Angel'in Heavy Syrup          3
iKon                          1
Der Bielerfelder Kinderchor   1
Elisabeth Meyer               1
Enrico Musto                  1
```

```
Gozzard                          2
King Nancy                       1
dtype: int64
```

由输出结果可以看到，该示例通过一个数组对数据集进行分割，并得到对应的操作结果。

groupby 对象支持迭代，可以产生一组二元元组（由分组名和数据块组成）。

示例代码如下（data_analysis_6.py）：

```python
import pandas as pd
from chapter9.common.pandas_conn_mysql import MySql


def get_data():
    # 为了便于观看结果形式，只展现指定结果集
    sql = 'select song_name,song_singer from song limit 10'
    result = MySql().read_table(sql)
    return result


def data_deal():
    record_list = get_data()
    df = pd.DataFrame(record_list)
    group_res = df.groupby(['song_singer'])
    for name, group in group_res:
        print(name)
        print(group)


if __name__ == "__main__":
    data_deal()
```

执行 py 文件，得到的输出结果如下：

```
Angel'in Heavy Syrup
         song_name           song_singer
0            Kimini  Angel'in Heavy Syrup
2          Hatsukoi  Angel'in Heavy Syrup
7  Underground Railroad  Angel'in Heavy Syrup
iKon
  song_name song_singer
1    IF YOU        iKon
Der Bielerfelder Kinderchor
         song_name                  song_singer
9  O Du Fröhliche  Der Bielerfelder Kinderchor
Elisabeth Meyer
          song_name       song_singer
6  Otello: Ave Maria  Elisabeth Meyer
Enrico Musto
   song_name   song_singer
3  Get Daddy  Enrico Musto
```

```
Gozzard
                       song_name song_singer
4  Hair Triggered For Holy War      Gozzard
5          The Forbidden Dance      Gozzard
King Nancy
                     song_name song_singer
8  Someone Like Yourself  King Nancy
```

由输出结果可以看到，通过迭代的方式，可以得到对应的数据片段，并且还可以对这些数据片段做任何操作，如可以将这些数据片段做成一个字典。

示例代码如下（data_analysis_7.py）：

```python
import pandas as pd
from chapter9.common.pandas_conn_mysql import MySql


def get_data():
    # 为了便于观看结果形式，只展现指定结果集
    sql = 'select song_name,song_ablum,song_singer from song limit 6'
    result = MySql().read_table(sql)
    return result


def data_deal():
    record_list = get_data()
    df = pd.DataFrame(record_list)
    pieces = dict(list(df.groupby('song_singer')))
    print('分组迭代结果: \n{}'.format(pieces))


if __name__ == "__main__":
    data_deal()
```

执行 py 文件，得到的输出结果如下：

```
分组迭代结果:
{"Angel'in Heavy Syrup":   song_name              song_ablum   song_singer
0   Kimini  the best of Angel'in Heavy Syrup  Angel'in Heavy Syrup
2  Hatsukoi  the best of Angel'in Heavy Syrup  Angel'in Heavy Syrup, ' iKON ':
song_name       song_ablum   song_singer
1   Return   iKON , 'Enrico Musto':   song_name   song_ablum   song_singer
3  Get Daddy  The Dub Lab  Enrico Musto, 'Gozzard':   song_name   song_ablum
song_singer
4  Hair Triggered For Holy War  Post Life Crisis     Gozzard
5          The Forbidden Dance  Post Life Crisis     Gozzard}
```

由输出结果可以看到，分组迭代得到了对应的字典结构的结果集。

对于由 DataFrame 产生的 groupby 对象，用一个（单个字符串）或一组（字符串数组）列名对其进行索引，就能实现选取部分列进行聚合的目的。

分组求平均值的示例代码如下（data_analysis_8.py）：

```python
import pandas as pd
from chapter9.common.pandas_conn_mysql import MySql


def get_data():
    # 为了便于观看结果形式，只展现指定结果集
    sql = 'select song_name,song_ablum,song_singer,song_interval from song limit 20'
    result = MySql().read_table(sql)
    return result


def data_deal():
    record_list = get_data()
    df = pd.DataFrame(record_list)
    group_res = df.groupby('song_singer')['song_interval']
    print('分组平均值: \n{}'.format(group_res.mean()))


if __name__ == "__main__":
    data_deal()
```

执行 py 文件，得到的输出结果如下：

```
分组平均值:
song_singer
All Finalis AMLW 2009        283.00
Angel'in Heavy Syrup         551.25
iKon                         264.00
Coya Tula                    153.00
Der Bielerfelder Kinderchor  254.00
...
```

分组求和示例代码如下（data_analysis_9.py）：

```python
import pandas as pd
from chapter9.common.pandas_conn_mysql import MySql


def get_data():
    # 为了便于观看结果形式，只展现指定结果集
    sql = 'select song_name,song_ablum,song_singer,song_interval from song limit 20'
    result = MySql().read_table(sql)
    return result


def data_deal():
    record_list = get_data()
    df = pd.DataFrame(record_list)
    group_res = df.groupby('song_singer')['song_interval']
```

```
        print('分组求和: \n{}'.format(group_res.sum()))


    if __name__ == "__main__":
        data_deal()
```

执行 py 文件，得到的输出结果如下：

```
分组求和:
song_singer
All Finalis AMLW 2009          283
Angel'in Heavy Syrup          2205
iKon                           264
Coya Tula                      153
```

分组求最大值和最小值的示例代码如下（data_analysis_10.py）：

```
import pandas as pd
from chapter9.common.pandas_conn_mysql import MySql


def get_data():
    # 为了便于观看结果形式，只展现指定结果集
    sql = 'select song_name,song_ablum,song_singer,song_interval from song limit
20'
    result = MySql().read_table(sql)
    return result


def data_deal():
    record_list = get_data()
    df = pd.DataFrame(record_list)
    group_res = df.groupby('song_singer')['song_interval']
    print('分组求最大值: \n{}'.format(group_res.max()))
    print('分组求最小值: \n{}'.format(group_res.min()))


    if __name__ == "__main__":
        data_deal()
```

执行 py 文件，得到的输出结果如下：

```
分组求最大值:
song_singer
All Finalis AMLW 2009          283
Angel'in Heavy Syrup          660
iKon                           264
Coya Tula                      153
...
分组求最小值:
song_singer
All Finalis AMLW 2009          283
```

```
Angel'in Heavy Syrup              403
iKon                              264
Coya Tula                         153
...
```

9.3 数据可视化

在将数据集加载、融合、准备好之后，通常就是计算分组统计或生成图表。

本节将结合前面学习的 Matplotlib 和 Pandas，将准备好的统计数据通过图表展现出来。

在数据处理的示例中，通过分组可以得到分组平均值和分组求和的值，分组得到的平均值及求和的值可以通过柱状图进行展示。

分组平均值的柱状图表示如下（data_show_1.py）：

```python
import pandas as pd
import matplotlib.pyplot as plt
from chapter9.common.pandas_conn_mysql import MySql


def get_data():
    # 为了便于观看结果形式，只展现指定结果集
    sql = 'select * from song limit 10'
    result = MySql().read_table(sql)
    return result


def data_deal():
    record_list = get_data()
    df = pd.DataFrame(record_list)
    group_res = df.groupby('song_singer')['song_interval']
    avg = group_res.mean()
    # 取得索引列转为 list 集合
    name_list = list(avg.index)
    # 取得值列转为 list 集合
    num_list = list(avg.values)
    # 设置 x 轴标签
    plt.xlabel('song_singer')
    # 设置 y 轴标签
    plt.ylabel('song_interval')
    # 设置标题
    plt.title('singer average song interval')
    plt.bar(range(len(num_list)), num_list, color='rgb', tick_label=name_list)
    plt.show()


if __name__ == "__main__":
    data_deal()
```

执行 py 文件，得到的输出结果如图 9-1 所示。

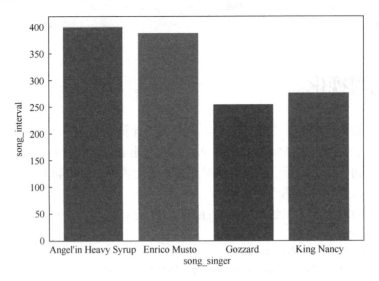

图 9-1　分组平均值柱状图

分组求和的柱状图表示如下（data_show_2.py）：

```python
import pandas as pd
import matplotlib.pyplot as plt
from chapter9.common.pandas_conn_mysql import MySql


def get_data():
    # 为了便于观看结果形式，只展现指定结果集
    sql = 'select song_name,song_ablum,song_singer,song_interval from song limit 10'
    result = MySql().read_table(sql)
    return result


def data_deal():
    record_list = get_data()
    df = pd.DataFrame(record_list)
    group_res = df.groupby('song_singer')['song_interval']
    avg = group_res.sum()
    # 取得索引列转为 list 集合
    name_list = list(avg.index)
    # 取得值列转为 list 集合
    num_list = list(avg.values)
    # 设置 x 轴标签
    plt.xlabel('song_singer')
    # 设置 y 轴标签
    plt.ylabel('song_interval')
    # 设置标题
```

```
plt.title('singer total song interval')
plt.bar(range(len(num_list)), num_list, color='rgb', tick_label=name_ list)
plt.show()


if __name__ == "__main__":
    data_deal()
```

执行 py 文件，得到的输出结果如图 9-2 所示。

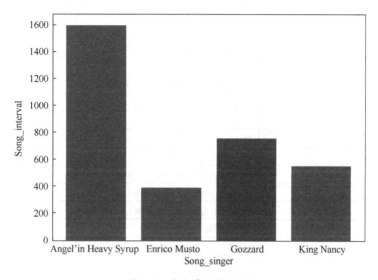

图 9-2　分组求和柱状图

附录 A 可用 Line2D 属性

字 符	值 类 型
alpha	浮点值
animated	[True / False]
antialiased or aa	[True / False]
clip_box	matplotlib.transform.Bbox 实例
clip_on	[True / False]
clip_path	Path 实例、Transform 实例、Patch 实例
color or c	任何 matplotlib 颜色
contains	命中测试函数
dash_capstyle	['butt' / 'round' / 'projecting']
dash_joinstyle	['miter' / 'round' / 'bevel']
dashes	以点为单位的连接/断开墨水序列
data	(np.array xdata, np.array ydata)
figure	matplotlib.figure.Figure 实例
label	任何字符串
linestyle or ls	['-' / '--' / '-.' / ':' / 'steps' / ...]
linewidth or lw	以点为单位的浮点值
lod	[True / False]
marker	['+' / ',' / '.' / '1' / '2' / '3' / '4']
markeredgecolor or mec	任何 matplotlib 颜色
markeredgewidth or mew	以点为单位的浮点值
markerfacecolor or mfc	任何 matplotlib 颜色
markersize or ms	浮点值
markevery	[None / 整数值 / (startind, stride)]
picker	用于交互式线条选择
pickradius	线条的拾取选择半径
solid_capstyle	['butt' / 'round' / 'projecting']
solid_joinstyle	['miter' / 'round' / 'bevel']
transform	matplotlib.transforms.Transform 实例
visible	[True / False]
xdata	np.array
ydata	np.array
zorder	任何数值

附录 B　习题参考答案

反侵权盗版声明

电子工业出版社依法对本作品享有专有出版权。任何未经权利人书面许可，复制、销售或通过信息网络传播本作品的行为；歪曲、篡改、剽窃本作品的行为，均违反《中华人民共和国著作权法》，其行为人应承担相应的民事责任和行政责任，构成犯罪的，将被依法追究刑事责任。

为了维护市场秩序，保护权利人的合法权益，我社将依法查处和打击侵权盗版的单位和个人。欢迎社会各界人士积极举报侵权盗版行为，本社将奖励举报有功人员，并保证举报人的信息不被泄露。

举报电话：（010）88254396；（010）88258888

传　　真：（010）88254397

E - m a i l：dbqq@phei.com.cn

通信地址：北京市万寿路 173 信箱

　　　　　电子工业出版社总编办公室

邮　　编：100036